有機合成化学協会 編

# 有機合成のための遷移金属触媒反応

辻 二郎 著

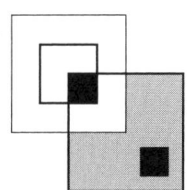

東京化学同人

有機合成化学協会　出版委員会

委 員 長　辻　　二　郎　　東京工業大学 名誉教授
副委員長　竜　田　邦　明　　早稲田大学理工学術院 教授
　　　　　福　山　　透　　東京大学大学院薬学系研究科 教授
委　　員　戸　嶋　一　敦　　慶應義塾大学理工学部 教授
　　　　　徳　山　英　利　　東北大学大学院薬学研究科 教授

# 序

　二十世紀後半の有機合成化学の進歩は世界的に目覚ましいものがあり，その中でわが国の化学者の貢献は多大でありました．さらに，日本の金属触媒化学の寄与も非常に大きく，いわゆる人名反応にも日本人の名前がかなりの数で表れています．これらの状況のなかで今回，日本の有機金属化学の先駆者であると同時に大御所でもある辻二郎先生が本書を執筆されたことは非常に意義あることと思います．

　1950～60年代の有機合成における金属化学は織田信長の鉄砲の導入になぞらえて「飛び道具」といわれ，普通の有機反応ではできないことが可能になったということで大きな注目を集めていましたが，有機金属化学の研究者は国際的にみてもそれほど多くはありませんでした．しかし，その後わが国でもこの分野の重要性と将来の発展性を俯瞰し，多くの優れた研究者が参入，努力を重ねた結果，二十世紀の後半までにそれが花咲き結実したことは多くの人々の知るとおりです．その中でも有機金属触媒の不斉合成反応への大発展は医薬品合成，いわゆる生命科学，健康産業分野へ貢献することとなりました．しかし，これらの新規不斉合成反応の中で不斉光学収率が非常に高く工業的に利用された例は未だ少なく，産業界からみれば今までの研究は富士登山にたとえれば1～2合目までの到達度と思われます．すなわち，今後も若い化学者の参入，チャレンジが期待されます．一方，ここ1～2年において金属の関与しない有機触媒のみでの高い光学収率反応が数種報告され，世界的に注目を集め，不斉合成反応における「有機金属触媒 対 有機触媒」の競争が始まりました．しかし，当然のことながらそれぞれに「得意・不得意」と「できること・できないこと」があり，同じ土俵の中での戦いとみなすにはいささか疑問が残ります．

　このような時期に，タイミングよく本書が出版されることは非常に幸運であり，また有意義と感じられます．すなわち，有機金属触媒の無限の将来性・可能性を改めて展望し，本書が若い化学者のチャレンジ精神を奮起させる一助になることを願っています．

　本書では，辻先生が遷移金属錯体触媒の基礎的反応機構について，また個々の反応例でも明快な説明を展開されています．したがって学生，大学院生，最先端の研究者にとって本書が将来の新反応の発見・発明への糧となることを期待しています．さらに本書が有機合成化学の将来の益々の発展に役立てば，有機合成化学協会とその出版委員会にとっても望外の喜びとなります．

2007年12月

次期出版委員会委員長
平　岡　哲　夫

# はじめに

　遷移金属錯体触媒を用いる有機合成の進歩は目覚ましく，今日では有機化学に欠くことのできない一部門となった．その学習は有機化学者，とくに有機合成化学者にとって必須となり，大学で講義するところが増えてきている．本書は有機合成化学協会の出版委員会の一企画としてとくに合成を専門とする有機化学者のために，錯体触媒を用いる有機合成反応をその有用性の見地から簡潔に解説したものである．講義用の教科書に，また研究者の参考書として活用されることを期待している．

　本書ではそれぞれの反応を理解しやすいように適切な最小限の代表例を選び，簡明な反応機構で説明した．個々の反応の文献は引用しないで，参考となるいくつかの単行本と入手が容易な総説をその表題とともに章末にあげた（2章は各節末）．

　錯体触媒反応の有機合成への応用を研究課題としてきた著者は，従来不可能または夢と考えられていた反応が，容易に進行することが次々に発見されてゆくのを目の当たりに見聞してきたので，若い研究者が前途に希望をもってこの分野の研究に邁進されることを望んでいる．

2007年12月

辻　　二　郎

# 謝　辞

　過去の執筆経験から単独執筆は著者の独断，偏見，不注意による誤りが多いのを痛感しているので，それを最小限にするため，中井 武 東京工業大学名誉教授と有機合成化学協会の出版委員会委員である徳山英利 東北大学教授，戸嶋一敦 慶應義塾大学教授に全体の査読をお願いした．さらに正確を期するため，山本明夫 東京工業大学名誉教授，碇屋隆雄 東京工業大学教授，北村雅人 名古屋大学教授，小澤文幸 京都大学教授，森美和子 北海道大学名誉教授，村橋俊一 大阪大学名誉教授の方々に専門とされる章を読んでいただいて，間違いのご指摘だけでなく，いろいろ貴重なご意見や助言をいただいた．またこの企画については，村井真二 大阪大学名誉教授の示唆を受けた．ご多忙にもかかわらず，この本のために時間を費やされたこれらの諸教授のご協力とご厚意に感謝する．また，本書の出版についていろいろお世話になった東京化学同人の橋本純子氏，仁科由香利氏にお礼を申し上げる．

本書を読む前に必要な予備知識を列挙する

　1．有機化学者は有機反応の機構の説明と理解のために，反応に際し結合に関与する電子対の動きとその方向を示すのに巻矢印を常用している．一方，有機化合物を基質とする遷移金属錯体の触媒反応は機構が明らかでないものが多く，また通常の有機反応とは機構が異なるので，同様に矢印を用いて説明することは必ずしも適切でない．そのために有機金属化学の成書では矢印はあまり用いられていない．しかし，巻矢印の使用に慣れた有機化学者が，有機反応とはタイプの異なる触媒反応の進行経路や反応機構を容易に理解できる手助けとして，本書ではあえて巻矢印を使用した．しかし，反応機構が十分明らかされていない錯体触媒化学での矢印の使用は，あくまで理解のための補助手段であって，その方向などで有機化学本来の矢印の使用法と異なることもある．（巻矢印の使い方については，「大学院講義有機化学Ⅱ」野依良治 ほか 編，2頁，および「ウォーレン有機化学（上）」，野依良治 ほか 訳，121，132頁 参照）

　2．金属に配位する配位子はいずれも略語で示されるが，その略語は大文字で書かれたり，小文字を使用したりしていて両者が混用されている．しかし，配位子の表記には規則があり，それぞれが単独の化合物であるときは DBA, BINAP, DPPF, DPPE, COD のように大文字で書く．ところが配位子が金属と結合して錯体を形成し，錯体の成分であるときは，$Pd_2(dba)_3$ や $Ni(cod)_2$ のように小文字で書くのが IUPAC の規則である．DPPF も錯体の成分となれば $PdCl_2(dppf)$ となる．しかし，文章中の反応式で $PdCl_2(dppf)$ のように錯体そのものを触媒として反応溶液に加えるのでなく，反応系に $Pd(OAc)_2$ と DPPF を種々の割合で別々に加えたときは $Pd(OAc)_2$, DPPF のように大文字を用いた．

　3．触媒反応では金属の配位子として"第三級ホスフィン"が広く使用される．ホスフィンとは正確には $PH_3$ であるが，有機化学分野の成書の多くでは，第三級ホスフィンに対して簡便化のために略して"ホスフィン"を使用している．このように本書でも"第三級"を略し"ホスフィン"の略称で書くことにならった．

　4．本書全般を通じ反応式中で錯体を示すのに，正確な構造式の $Ni(CO)_4$, $RhCl(PPh_3)_3$ や $Pd(PPh_3)_4$ などを用いないで，多くの場合，錯体の非関与配位子を省略し，単に中心金属だけを $Ni(0)$ や $Rh(I)$, $Pd(0)$ のように記載した．金属一般の略号として $M(0)$ や $M(I)$ で示した．なぜなら錯体そのものや，遷移金属に特定の数の配位子を触媒成分として反応前に加えても，実際に反応中の触媒活性種に配位している配位子の数は変化し，いくつとも決めがたいからである．また Mg, B, Sn のような典型金属は略号 $M'$ で示した．

5. 有機化合物の共有結合は通常 1 本の実線で示される．一方，錯体の構造式における配位子と金属との結合は共有結合だけではない．孤立電子対の供与による配位もあり，正確には両者を区別して下記の錯体 A の例のように実線と矢印の両方で示すことになっている．しかし，一般的にはこのような区別はほとんどされておらず錯体 B のように書かれている．多くの場合それで差し支えないが，錯体の反応によってはこの区別が必要な場合もあるので，一応この区別のあることを念頭においておくことが必要である．

# 目　次

**第 1 章　遷移金属錯体の生成と反応** ……………………………………………1
　序　論 …………………………………………………………………………………1
　1・1　錯体の生成について ……………………………………………………………2
　　1・1・1　金属-配位子結合の形成（電子の供与と逆供与）……………………2
　　1・1・2　酸化数，18 電子則，配位数 ……………………………………………2
　1・2　配位子の種類と役割 ……………………………………………………………4
　　1・2・1　関与配位子と非関与配位子 ………………………………………………4
　　1・2・2　1 価アニオン性配位子と中性配位子 ……………………………………4
　　1・2・3　配位子の性質と役割 ………………………………………………………5
　1・3　遷移金属錯体の基本的反応と触媒サイクル ………………………………6
　　1・3・1　配位子置換反応 ……………………………………………………………6
　　1・3・2　酸化的付加 …………………………………………………………………6
　　1・3・3　還元的脱離 ………………………………………………………………11
　　1・3・4　挿　入 ……………………………………………………………………12
　　1・3・5　β 水素脱離 ………………………………………………………………15
　　1・3・6　トランスメタル化（金属交換）………………………………………16
　　1・3・7　遷移金属錯体の配位子への求核攻撃 …………………………………18
　　1・3・8　反応の終結と触媒サイクルの成立 ……………………………………20
　1・4　Grignard 反応と遷移金属錯体の触媒反応との比較 ……………………21

**第 2 章　パラジウムを用いる有機合成** ………………………………………25
　2・1　パラジウムの関与する反応の概要 …………………………………………25
　2・2　Pd(0) 錯体の触媒反応：有機ハロゲン化物および擬ハロゲン化物の反応 ……29
　　2・2・1　それらの触媒反応は酸化的付加で始まる ……………………………29
　　2・2・2　酸化的付加に続く挿入で進行する反応：
　　　　　　　　　　　　　　　　Pd(0) 錯体の触媒反応 I …………32
　　2・2・3　酸化的付加に続くトランスメタル化で進行する反応：
　　　　　　　　　　　　　　　　Pd(0) 錯体の触媒反応 II …………47
　　2・2・4　有機ハロゲン化物および擬ハロゲン化物と
　　　　　　　　　炭素，窒素，酸素およびリン求核剤との反応 ………63
　2・3　Pd(II) 化合物を用いる酸化反応 ……………………………………………78
　　2・3・1　Pd(II) 化合物の関与する反応の概要 …………………………………78
　　2・3・2　アルケンの反応 …………………………………………………………79
　　2・3・3　芳香族化合物の反応 ……………………………………………………84
　　2・3・4　酸化的カルボニル化 ……………………………………………………85

## 第3章　カルベン錯体を触媒とするアルケンおよびアルキンメタセシス……89
- 3・1　カルベン錯体とアルケンメタセシスの機構……89
- 3・2　アルケンメタセシス……92
  - 3・2・1　ホモメタセシス……92
  - 3・2・2　クロスメタセシス……95
  - 3・2・3　末端ジエンの閉環メタセシスによる環状化合物の合成……98
  - 3・2・4　シクロアルケンとアルケンとの開環閉環メタセシス……100
- 3・3　エンインのメタセシス……102
  - 3・3・1　エチレンとアルキンとのクロスメタセシスによる共役ジエンの合成……102
  - 3・3・2　エンインおよびジエンインの閉環メタセシス……103
- 3・4　アルキンメタセシス……108
  - 3・4・1　直鎖アルキンのホモおよびクロスメタセシス……108
  - 3・4・2　ジインの閉環メタセシス……109
- 3・5　まとめ……110

## 第4章　均一系水素化反応，特に不斉水素化……113
- 4・1　均一系水素化とは……113
- 4・2　アルケンの不斉水素化……115
  - 4・2・1　ロジウム錯体を用いるアルケンの不斉水素化……115
  - 4・2・2　ロジウム錯体を用いるアルケンの不斉水素化の機構……117
  - 4・2・3　ルテニウム錯体を用いるアルケンの不斉水素化とその機構……119
  - 4・2・4　共役ジエンの位置選択的水素化……123
- 4・3　ケトンの水素化および不斉水素化……124
  - 4・3・1　単純ケトンの水素化……124
  - 4・3・2　配位性官能基のないケトンの不斉水素化……127
  - 4・3・3　配位性官能基をもつケトンの不斉水素化……129
  - 4・3・4　動的速度論分割を伴う不斉水素化……130

## 第5章　アルケン，共役ジエンおよびアルキンの種々の反応……133
- 5・1　アルケンおよびアルキンのヒドロカルボニル化とヒドロシリル化反応……133
- 5・2　共役ジエンおよびアルキンの環化付加反応……136
  - 5・2・1　ニッケル触媒を用いるブタジエンの環化付加反応……136
  - 5・2・2　パラジウム触媒を用いるブタジエンの鎖状二量化および求核剤の付加反応……138
  - 5・2・3　アルキンおよびベンザインの環化付加による多環状芳香環の合成……140

索　引……149

# 略 号 表

| | |
|---|---|
| acac | acetylacetonato |
| Ar | aryl |
| 9-BBN | 9-borabicyclo[3.3.1]nonane |
| BINAP | 2,2′-bis(diphenylphosphino)-1,1′-binaphthyl |
| Bn | benzyl |
| Boc | $t$-butoxycarbonyl |
| bpy | 2,2′-bipyridyl |
| BQ | 1,4-benzoquinone |
| Bz | benzoyl |
| CDT | 1,5,9-cyclododecatriene |
| COD | 1,5-cyclooctadiene |
| Cy | cyclohexyl |
| DBA | dibenzylideneacetone |
| DABCO | 1,4-diazabicyclo[2.2.2]octane |
| DMA | $N,N$-dimethylacetamide |
| DME | 1,2-dimethoxyethane |
| DMF | dimethylformamide |
| DMSO | dimethyl sulfoxide |
| El | electrophile |
| L | ligand |
| NMP | $N$-methyl-2-pyrrolidone |
| Nu | nucleophile |
| PMP | pentamethylpiperidine |
| TBAF | tetrabutylammonium fluoride |
| TBDMS | $t$-butyldimethylsilyl |
| TBDPS | $t$-butyldiphenylsilyl |
| TES | triethylsilyl |
| Tf | trifluoromethylsulfonyl (triflyl) |
| THF | tetrahydrofuran |
| TMS | trimethylsilyl |
| Tol | tolyl |
| Ts | $p$-toluenesulfonyl (tosyl) |

配位子

- **L-1**: (t-Bu)₂P-OH
- **L-2**: (t-Bu)₂P-Me
- **L-3**: PCy₃
- **L-4**: P(o-tolyl)₃
- **L-5**: TFP (tri-2-furylphosphine)
- **L-6**: 2-biphenylyl-P(t-Bu)₂
- **L-7**: 2-biphenylyl-PCy₂
- **L-8**: 2'-Me-2-biphenylyl-P(t-Bu)₂
- **L-9**: 2'-NMe₂-2-biphenylyl-P(t-Bu)₂
- **L-10**: 2'-NMe₂-2-biphenylyl-PCy₂
- **L-11**: DPPE
- **L-12**: DPPP
- **L-13**: DPPB
- **L-14**: DPEPHOS
- **L-15**: XANTPHOS
- **L-16**: DPPF
- **L-17**: (NHC, mesityl)
- **L-18**: (NHC, 2,6-iPr₂C₆H₃)
- **L-19**: DBA

光学活性配位子

- **L-20**: (R,R)-DIOP
- **L-21**: (R,R)-DIPAMP
- **L-22**: (R,R)-BisP

## 光学活性配位子（つづき）

(S,S)-Me-DuPHOS
**L-23**

(R,R)-Me-BPE
**L-24**

(R)-BINAP | (S)-BINAP
**L-25**

(R)-TolBINAP
**L-26**

(R)
**L-27**

(R)-MeO-MOP
**L-28**

(R)
**L-29**

(R)-BICHEP
**L-30**

(R)-SEGPHOS
**L-31**

(R)-CAMP
**L-32**

(S)-PHOX
**L-33**

(S,S)
**L-34**

有機合成のための遷移金属触媒反応

# 1. 遷移金属錯体の生成と反応

**序　論**

　マグネシウムやアルミニウムのような典型金属とは異なり，遷移金属には第三級ホスフィン（以下ホスフィン，$PPh_3$ のように略），一酸化炭素（CO と略），アミン，アルケンやアルキンなどが配位結合することにより遷移金属錯体を形成する．錯体を形成すると遷移金属の物理的，化学的性質が大きく変化する．たとえばパラジウムは貴金属として装飾品などに使用されるが，化学的操作によりパラジウム金属から合成できるホスフィン錯体 $Pd(PPh_3)_4$ (**1**) は，有機溶媒に溶ける黄緑色結晶である．またニッケル金属は融点も高く，溶媒に全く不溶であるが，これに 4 分子の CO が配位すると，ニッケルカルボニル $Ni(CO)_4$ (**2**) を生成する．この錯体はエーテルのように揮発性（沸点 42 ℃）の液体で，有機溶媒に溶け猛毒であり，その使用は危険である．

　化学的に高活性な化合物が，配位子として遷移金属錯体に配位することにより安定化されることがある．たとえば，そのままでは単離できない高活性なカルベン **3** は，安定なカルベン錯体 **4** を形成し単離できる．また，ベンゼン環の二重結合の一つが三重結合になったベンザインも単離できない活性中間体であるが，ニッケルやパラジウムに配位したベンザイン錯体 **5** が合成単離されている．

　遷移金属錯体を触媒とする有機反応は，基質分子が配位子として遷移金属に種々の形式で配位し，その配位圏内で進行する．配位によって基質分子の化学的性質は大きく変化する．わかりやすい例をあげると，エチレン（エテン）は $PdCl_2$ に配位するとその電子密度が減少し，本来なら反応しない $^-OH$ のような求核剤と反応するようになる．$PdCl_2$ と $CuCl_2$ とを触媒にして，エチレンからアセトアルデヒドを製造する Wacker 法では，$^-OH$ のエチレンへの求核攻撃が起こっている（§2・3・2 参照）．

## 1・1 錯体の生成について
### 1・1・1 金属-配位子結合の形成（電子の供与と逆供与）

錯体を形成する金属と配位子との結合は，電子の供与と逆供与(back donation)とによって説明される．配位子が金属に配位するには，まず配位子，たとえばアルケンやCOのπ軌道から，金属に電子対が供与され結合が生成する．それに加えて金属のd軌道は，配位子の空いた反結合性π*軌道と同じ対称性をもつので重なることができ，その結果金属から配位子に電子が供与される．これは逆供与とよばれる．このような供与-逆供与により金属のd軌道と配位子のπ軌道間での，電子の"give and take"があって強い結合が成立している．大切なことは錯体を形成するおのおのの結合における電子の供与と逆供与の貢献度の大小により，金属と配位子それぞれの電子密度が増減することである．たとえば，配位子であるアルケンは配位して電子を供与するので，その電子密度は減少する．結果として反応性が変化し，金属触媒なしでは起こらない配位子分子の反応が進行するようになる．逆供与の寄与は電子が豊富な低原子価の金属が大きい．COの配位した金属カルボニル錯体ではCOから金属への電子供与は小さいが，逆に金属からの逆供与は大きいので，COは配位によって金属の電子密度を減少させる効果が大きい．すなわち，電子求引性配位子として働く．ホスフィンは非共有電子対で金属との供与性結合をつくる．同時にホスフィンには金属からの逆供与もあり，供与と逆供与で低原子価錯体を安定化させる．とりわけ，トリアルキルホスフィンは供与性が大きく，金属の電子密度の増大に役立つ電子供与性配位子として働く．触媒設計にはこのような供与と逆供与の考察が必要になる．

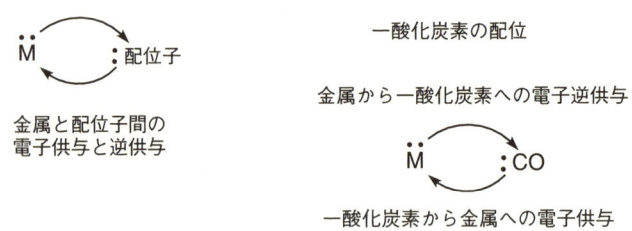

金属と配位子間の
電子供与と逆供与

一酸化炭素の配位
金属から一酸化炭素への電子逆供与
一酸化炭素から金属への電子供与

### 1・1・2 酸化数，18電子則，配位数

錯体の形成を説明するのに重要な因子として酸化数(oxidation number)，18電子則，配位数(coordination number)がある．酸化数とは金属がもつ荷電数であり，金属原子が配位子と結合をつくるとき，そのイオン化によって金属原子から失われる電子の数である．酸化数は物理的特性でなく，錯体の全電子数を数えるのに役立つ形式的なものである．金属はいくつかの安定な酸化数をとることができる．とりわけ異なる酸化数に容易に変化することが，遷移金属が有機合成で有用であることの根源的性質である．パラジウムはPd(0)とPd(II)のように0とIIの酸化数をもち，ロジウムはIとIIIの酸化数をもつ．アルキル，ヒドリドやハロゲン化物などの1価のアニオン性配位子が結合すると，形式的に金属から配位子に1電子が移動したものと考え，その数によって中心金属の酸化数を数える．一方，CO，ホスフィン，カルベン，芳香環，アルケンのような中性配位子が配位しても酸化数は変化しない．

遷移金属が錯体を形成する際，たとえばPd(PPh$_3$)$_4$は生成するが，Pd(PPh$_3$)$_5$ができないのはなぜだろうか．どれだけの配位子が金属に配位して錯体を形成できるかを理解するのに有用な18電子則という経験則がある．これは単核錯体の結合殻の全電子数(金属のd電子数と配位子から供与される電子の合計)は希ガス構造の18を超えないことと，それが18になると安定な錯体を形成するという規則である．錯体の中心金属の酸化数が決まれば，錯体の形成に直接関与する金属上のd電子数は周

期表から容易に求まる．表1・1に代表的な遷移金属のIUPAC命名法による族番号，酸化数とd電子数の関係を示した．この表から0価金属のd電子数は，族番号と同じであることがわかるので覚えやすい．たとえばPd(0)は10電子で，Pd(II)は8電子であり，Rh(I)は8，Rh(III)は6電子である．

表1・1 遷移金属の酸化数とd電子数との関係

| 族番号 | 6 | 7 | 8 | 9 | 10 |
|---|---|---|---|---|---|
| | Cr | Mn | Fe | Co | Ni |
| | Mo | Tc | Ru | Rh | Pd |
| | W | Re | Os | Ir | Pt |
| 酸化数 | | | d電子数 | | |
| 0 | 6 | 7 | 8 | 9 | 10 |
| I | 5 | 6 | 7 | 8 | 9 |
| II | 4 | 5 | 6 | 7 | 8 |
| III | 3 | 4 | 5 | 6 | 7 |
| IV | 2 | 3 | 4 | 5 | 6 |

錯体を生成する際，中性配位子および1価アニオン性配位子は金属に2電子を供与する．有機合成によく利用される錯体の中心金属の酸化数，錯体の配位数，d電子数，および配位子の供与する電子数から全電子数を計算できることを表1・2に示した．

この表1・1と表1・2から合成によく利用される錯体についてその全電子数を計算すると，その多くは18になり18電子則に従っていることがわかる．すなわち，$Pd(PPh_3)_4$ではPd(0)のd電子数は表1・1から10であり，これに4分子の$PPh_3$が合計8電子を提供するので，その合計は18である．これは一つのs軌道，三つのp軌道，五つのd軌道，計9軌道がおのおの2個の電子で満たされることによる．したがって，$Pd(PPh_3)_4$は生成するが，$Pd(PPh_3)_5$（全電子数20になる）は生成しないことがわかる．18電子則はどのような金属がどのような酸化数であっても，許される最大の配位子の数を規定する．18から金属の電子数を差し引いた数，すなわち配位子が供与可能な電子数を2で割れば配位数は求まる．2で割るのは配位子はおのおの2電子を供給するからである．$Pd(PPh_3)_4$は$(18-10)/2=4$配位になる．そこで許される最大数の配位子が配位した錯体を"配位的に飽和"しているという．

しかし，16電子であっても安定な錯体もある．たとえば$PdCl_2(PPh_3)_2$ではPdは酸化数IIであり8

表1・2 電子数16および18の錯体

| 錯体 | 酸化数 | 配位数 | 金属からのd電子数 | 配位子からの電子数 | | 全電子数 |
|---|---|---|---|---|---|---|
| $Pd(PPh_3)_4$ | 0 | 4 | Pd(0) 10 | $4(PPh_3)$ | $2×4=8$ | 18 |
| $PdCl_2(PPh_3)_2$ | II | 4 | Pd(II) 8 | $2(Cl), 2(PPh_3)$ | $2×4=8$ | 16 |
| $Ni(cod)_2$ | 0 | 4 | Ni(0) 10 | 4(二重結合) | $2×4=8$ | 18 |
| $Ni(CO)_4$ | 0 | 4 | Ni(0) 10 | 4(CO) | $2×4=8$ | 18 |
| $Cp_2Fe$ フェロセン | II | 6 | Fe(II) 6 | 2(Cpアニオン), 4(二重結合) | $2×6=12$ | 18 |
| $Fe(CO)_5$ | 0 | 5 | Fe(0) 8 | 5(CO) | $2×5=10$ | 18 |
| $Mo(CO)_6$ | 0 | 6 | Mo(0) 6 | 6(CO) | $2×6=12$ | 18 |
| $RuCl_2(PCy_3)_2$ （カルベン） Grubbs触媒 | II | 5 | Ru(II) 6 | $2(Cl), 2(PCy_3)$, カルベン | $2×5=10$ | 16 |
| $RhCl(PPh_3)_3$ Wilkinson錯体 | I | 4 | Rh(I) 8 | $Cl, 3(PPh_3)$ | $2×4=8$ | 16 |

電子をもつ．PPh$_3$とClはおのおの2電子を供与するので，合計$8+(2×4)=16$となる．Wilkinson錯体RhCl(PPh$_3$)$_3$ではRhは酸化数Iでd電子数8であり，それに4配位子から8電子($2×4=8$)が供与されるので全電子数は16である．これらの16電子の錯体のように，18電子則で許される最大数の配位子をもたない錯体は"配位的に不飽和"であり，空いた配位座が存在する．空いた配位座の存在は触媒反応の開始に重要である．

触媒反応が起こるには反応基質がまず金属に配位するのが必要条件で，そのために空いた配位座が必要である．したがって，配位的に不飽和な錯体を用いるか，または配位的に飽和した錯体であれば，その配位子のいくつかを熱や光で解離させ，18電子より少ない不飽和の状態にすることが反応の開始に必要である．たとえば，Pd(PPh$_3$)$_4$は溶媒に溶解すると，いくつかの配位子が解離し，配位不飽和になって触媒反応を開始する．しかし，実際に空いた配位座がなくても，反応基質とすでに存在する配位子とで配位子交換が起こり反応が進行することもある．

## 1・2 配位子の種類と役割

### 1・2・1 関与配位子と非関与配位子

配位子は関与配位子と非関与配位子とに分類できる．関与配位子とはCO, イソニトリル，アルケン，アルキンやカルベンなどのように，反応の基質として有機反応に直接関与する可能性のある配位子である．これらの配位子の反応基質としての性質は配位によって大きく変わり，先に述べたように安定な化合物が活性化されたり，逆に高活性な分子が安定化されたりする．

非関与配位子は安定化配位子，支持配位子ともよばれ，触媒反応には関与しないが錯体を安定化させ，その反応性を制御する働きのある配位子で，ホスフィン，アミンやL-17, L-18 (Lはligandの略号で，これらの記号は巻頭に記載の配位子一覧表の記号である)のような含窒素ヘテロ環カルベンである．また，関与配位子であるCOやアルケン，アルキンは場合によっては反応しないで非関与配位子にもなる．これらの非関与配位子の種類と数を変えることで，中心金属の電子密度や立体効果を変化させその反応性を調節できる．したがって，関与，非関与を問わず適切な配位子の選択は目的反応の達成に重要である．特に触媒の選定にあたっては，典型的な非関与配位子であるホスフィンの電子供与性や，COの電子求引性をよく考慮しなければならない．しかしながら，現在のところ，目的とする反応の触媒になる金属錯体とその最適の配位子の種類と数を理論的，定量的に決めようとする触媒設計はまだ完全にはできない．したがって，最適の配位子とその数を見つけるには，試行錯誤が必要である．

### 1・2・2 1価アニオン性配位子と中性配位子

配位子は形式的に1価アニオン性配位子と中性配位子にも分類できる．1価アニオン性配位子には次のものがある．

$R^\ominus$ (アルキル)　$Ar^\ominus$ (アリール)　$^\ominus Cp$ (シクロペンタジエニル)　$H^\ominus$ (ヒドリド)

$^\ominus OR$　$^\ominus CN$　$Cl^\ominus$　$Br^\ominus$　$I^\ominus$

これらの1価アニオン性配位子は金属の一つの配位座を満たす2電子供与体である．水素イオンを有機化学者はプロトン($H^+$)と考えるが，注意すべきは水素原子が遷移金属に配位して生成するH-M結合での水素は，電気陰性度の差から$H^--M^+$のように分極すると考え，ヒドリド($H^-$)とみ

なすことである．実際には金属に配位した水素の酸性度は，共存する他の配位子の種類によって大きく変化する．逆供与があるために電子求引性配位子であるCOが電子供与性のホスフィンと置換すると，金属に配位した水素の酸性度は低下する．たとえば，H−Co(CO)$_4$は塩酸と同じ程度の強酸性を示すが，H−Co(PPh$_3$)$_4$になると酸性を示さない．しかし，両者ともコバルトヒドリド錯体とよぶ．すなわち，錯体化学では金属に配位したHは，実態とは合わない場合もあるが，いずれの場合も形式的にH$^-$(ヒドリド)とみなされる．

電荷をもたない中性配位子には，ホスフィン，アミンのような非関与配位子もあれば，関与配位子であるCO，イソニトリル，アルケンやアルキンのようなものもある．カルベン **L-17**，**L-18** はホスフィン類似物(phosphine mimic)ともよばれ，中性配位子として最近広く用いられるようになった．これらの中性配位子はいずれも形式電荷は0で，2電子を提供して配位するが金属の酸化数は変化しない．

| R-P(R)R | R-N(R)R | :C≡O | R-C≡N: | R-N≡C: | **L-18** |
|---|---|---|---|---|---|
| ホスフィン | アミン | | ニトリル | イソニトリル | カルベン |

### 1・2・3 配位子の性質と役割

非関与配位子であるホスフィンやアミンは，非共有の電子対(2e)を提供するσ電子供与性である．それらを配位させることにより，金属原子の電子密度を増加させ金属の反応性を制御できる．配位子として最も広く使用されているホスフィンが触媒反応で示す効果は，その塩基性(電子供与性)と配位子全体の立体因子により大きく変動する．したがって，どのホスフィンをどれだけ配位させるかで，目的とする触媒反応の成否が決まる．ホスフィンの触媒活性に及ぼす効果を考察するのに必要な因子として，主なホスフィンの電子供与性(塩基性)の目安となるその共役酸のp$K_a$と，単座ホスフィンの立体効果(かさ高さ)を示す円錐角(cone angle)という計算値を図1・1と表1・3に示した．よく利用されるホスフィンの中で，P($t$-Bu)$_3$が最も強い塩基性をもち，しかも円錐角の大きいかさ高いホスフィンであることが表1・3からわかる．カルベン配位子も強い電子供与性をもち，立体効果の大きい中性配位子として同様の目的に使用される．

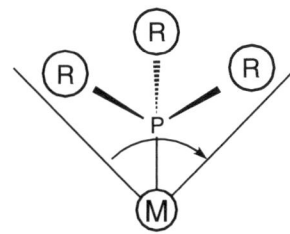

図1・1 ホスフィンの円錐角

表1・3 ホスフィンの円錐角(°)と塩基性を示す共役酸のp$K_a$

|  | 円錐角 | p$K_a$ |  | 円錐角 | p$K_a$ |
|---|---|---|---|---|---|
| PMe$_3$ | 118 |  | PCy$_3$ (**L-3**) | 170 | 9.7 |
| P($n$-Bu)$_3$ | 132 | 8.4 | P($t$-Bu)$_3$ | 182 | 11.4 |
| P(O-$o$-Tol)$_3$ | 141 |  | P($o$-Tol)$_3$ (**L-4**) | 194 |  |
| PPh$_3$ | 145 | 2.7 | P(Mesityl)$_3$ | 217 |  |

二座ホスフィン(bidentate phosphine)は単座配位子(monodentate ligand)に比べ，キレート効果により強く配位する．その立体効果の目安になる配位挟角(bite angle)を図1・2と表1・4に示した．錯体を形成する配位子の配位挟角と触媒活性とは密接な関係があるが，あまり配位挟角が大きくなると一つのリンがはずれ，単座配位子として働くことがある．

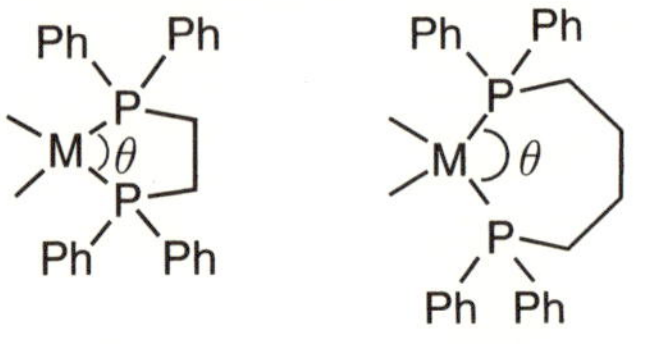

$\theta$ = 配位挟角 (bite angle)

図1・2 二座ホスフィンの配位挟角

表1・4 二座ホスフィンの配位挟角

| 配位子 | 配位挟角 $\theta°$ |
|---|---|
| DPPE (**L-11**) | 78 |
| DPPP (**L-12**) | 91 |
| BINAP (**L-25**) | 92 |
| DPPB (**L-13**) | 99 |
| DPEPHOS (**L-14**) | 102 |
| XANTPHOS (**L-15**) | 110 |

## 1・3 遷移金属錯体の基本的反応と触媒サイクル

遷移金属錯体の触媒反応がどのように進行するかは，下記の素反応の組合わせで理解できる．

1) 配位子置換反応，2) 酸化的付加(oxidative addition)，3) 還元的脱離(reductive elimination)，4) 挿入(insertion)，5) $\beta$水素脱離($\beta$-hydrogen elimination)，6) トランスメタル化(transmetalation，金属交換)，7) 遷移金属錯体の配位子への求核攻撃

そこで，触媒反応のサイクルをこれらの素反応の組合わせで説明する．

### 1・3・1 配位子置換反応

配位的に飽和している遷移金属錯体を触媒に用いて有機基質を反応させるためには，錯体のどれかの非関与配位子を解離させて配位座を空け，代わりに反応基質を関与配位子として配位させる必要がある．関与配位子となる反応基質の存在下では，このような解離反応とともに配位子置換(または交換)が起こる．配位子置換反応は遷移金属錯体を利用する触媒反応開始の重要なステップである．金属中心での配位子置換反応は，炭素中心での求核置換反応と似たところがある．

$$M-L^1 + L^2 \rightleftharpoons M-L^2 + L^1$$

$L^1$ = 非関与配位子　　$L^2$ = 関与配位子

### 1・3・2 酸化的付加

ここで用いる"酸化"という言葉は，アルコールをケトンに"酸化"するというのと全く違った意味をもつ．これは次の一般式のように，基質A-Bの共有結合が切断し，その間に錯体中の酸化数$n$の

金属 M が挿入して A-M-B を生成する反応である．結果的に中心金属 M の 2 電子酸化が起こるので酸化的付加とよぶのである．酸化的付加により金属の酸化数とともに電子数，配位数もそれぞれ二つずつ増える．基質，反応条件などによりシスまたはトランス配位した新しい錯体 6, 7 を生成する．水素のように無極性分子か，あるいは極性の低いヒドロシランのような分子は，シス配位した 6 を生成し，ハロゲン化アルキル，アリール，アシルなどの極性の高い配位子はトランス配位した錯体 7 を生成する傾向がある．

$$A-B + M(0)L_n \text{(酸化数 } n\text{)} \longrightarrow \underset{\substack{\textbf{6}\\ \text{シス配位}\\ \text{酸化数 } n+2}}{\text{M(II)}} \underset{\textbf{7}}{\overset{\text{異性化}}{\rightleftarrows}} \underset{\text{トランス配位}}{A-M-B}$$

エーテル中でハロゲン化アルキルが金属マグネシウムと反応して，エーテルの配位した Grignard 反応剤 8 を生成するのは，詳しい機構はさておき，形式的には炭素-ハロゲン結合が Mg(0) に酸化的付加する反応と理解できる．

$$R-X + Mg \xrightarrow{R_2O} \textbf{8}$$

種々の共有結合を有する反応基質の代表的な結合として Ar-X(Ar はアリール基)の金属への酸化的付加は，基本的には金属の $Ar^+$ 基への求核反応とみなされる．したがって，Pd(0) のようにその酸化数が低く電子密度が大きい金属ほど酸化的付加が起こりやすい．さらに電子供与性の高い，すなわち電子密度の大きい非関与配位子であるホスフィンやカルベン配位子 L-17 などが配位すれば，酸化的付加が促進される．とくに配位したアルキルホスフィンは，アリールホスフィンよりも電子供与性が大きいため，Ar-X の酸化的付加をより促進する．顕著な例として，塩化アリールの Heck 反応は $PPh_3$ ではほとんど進行しないが，強い塩基性の $P(t-Bu)_3$, ジ-$t$-ブチル亜ホスフィン酸(L-1)†やカルベン配位子 L-17 を配位させると，酸化的付加が起こるようになるので，より安価な塩化アリールを触媒反応の合成原料に用いることが可能となった[1]．一方，CO やアルケンのような逆供与の寄与の大きい配位子は，金属の電子密度を下げるため酸化的付加を抑制する．

---

† ジ-$t$-ブチルホスフィン塩化物と水から合成できる不安定なジ-$t$-ブチル亜ホスフィン酸(di-$t$-butylphosphinous acid)(L-1) は安定な第二級のジ-$t$-ブチルホスフィンオキシドに互変異性化するが，遷移金属錯体が存在すると配位子として亜ホスフィン酸錯体を生成する．そのパラジウム錯体は市販されていて，Heck 反応やクロスカップリング反応で $P(t-Bu)_3$ 錯体と同等の触媒活性を示すので，酸化されやすくて取扱いにくい $P(t-Bu)_3$ の代わりに L-1 は利用されている[2].

8    1. 遷移金属錯体の生成と反応

酸化的付加が起これば錯体の中心金属の配位数が増えるため，錯体に空いた配位座がなければ酸化的付加は起きない．18電子で飽和のPd(PPh$_3$)$_4$は，溶液中でそのPPh$_3$ 2分子が解離して不飽和になってから有機ハロゲン化物が酸化的付加をする．酸化的付加で生成したPd(II)の錯体 **9** は，16電子 [8+(2×4)] であってまだ不飽和であるので，さらに別の分子が配位する可能性がある．

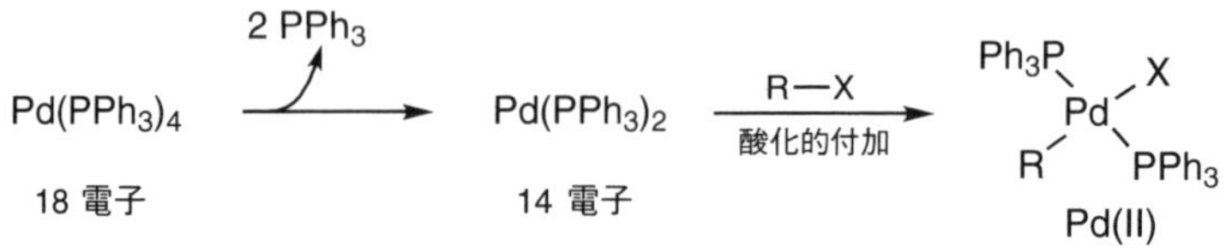

$$Pd(PPh_3)_4 \xrightarrow{-2\,PPh_3} Pd(PPh_3)_2 \xrightarrow[\text{酸化的付加}]{R-X} \begin{array}{c} Ph_3P \\ Pd \\ R \end{array} \begin{array}{c} X \\ PPh_3 \end{array}$$

18電子 　　　　14電子 　　　　Pd(II)
　　　　　　　　　　　　　　　　**9** 16電子

酸化的付加をする共有結合の種類は多い．それらを極性求電子剤，非極性化合物，多重結合の3種に分類して説明する．

### (a) 極性求電子剤，特にハロゲン化物，擬ハロゲン化物の付加

典型的な極性求電子剤は有機ハロゲン化物および擬ハロゲン化物である．通常の有機反応ではsp$^2$炭素よりもsp$^3$炭素に結合したハロゲン化物の方が反応性が高い．しかし，遷移金属触媒反応では，ハロゲン化アリールやアルケニルの方が反応性が高いので，広く合成反応に用いられる．メチル基を除いて最近まで触媒反応では反応性が低いと考えられていたハロゲン化アルキルも，電子密度の大きい配位子を用いると酸化的に付加する[3]．

擬ハロゲン化物とはハロゲン化物と同様に酸化的付加するものである．酸化的付加後，脱カルボニルする塩化アシルのほかに，フェノール類から誘導されるアリールトリフラートや，アニリン類から得られるジアゾニウム塩がある．アリールトリフラートとは，強酸であるトリフルオロメタンスルホン酸のフェノール類とのエステルであり，略号のAr–OTfで示す．いずれも容易に酸化的付加する（図1・3）．この反応を利用して，フェノール類のヒドロキシ基やアニリン類のアミノ基を，間接的にアリール，アルケニル，アルキル基などに置換することが可能となり，芳香族化合物の関与する有機合成に新分野が拓けた．

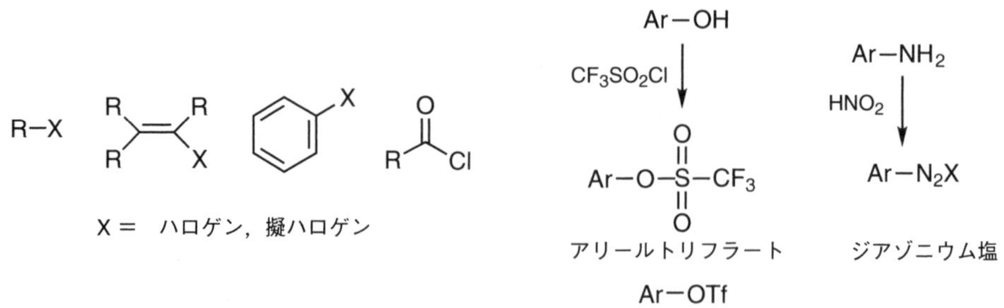

**図1・3　極性求電子剤**

アリル化合物は触媒反応で広く利用される重要な化合物である．Pd(0)錯体にはハロゲン化アリルだけでなく，酢酸アリル，炭酸アリルのようなアリルエステル類が **10** で示すように容易に酸化的付加し，まずアリル錯体 **11a** が生成する．この錯体には酸化的付加により生成するσ結合のほかに，二重結合のπ電子の配位によるπ結合がある．極限構造が **11a** と **11b** である共鳴構造体がπ–アリル錯体 **12** とよばれる．酢酸アリルとPd錯体 **1** との反応では配位的に不飽和の **13** が生成する．**12** のアリル基は二つの配位座を占め4電子供与体である．

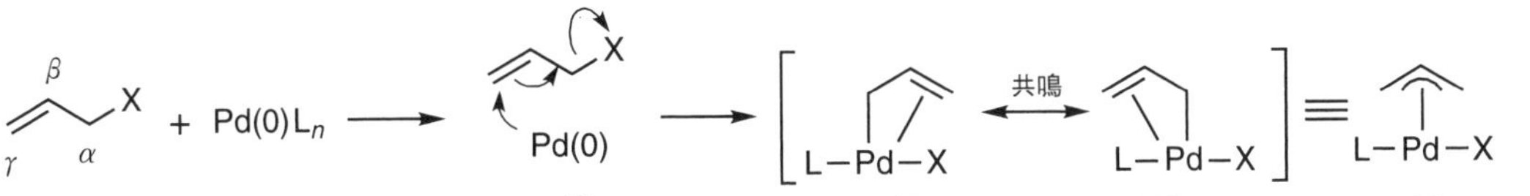

1・3 遷移金属錯体の基本的反応と触媒サイクル

X = OAc, OCO₂R, OP(O)(OR)₂, OPh, NO₂, Cl, Br

反応例

8 + 4 + 2×2 = 16

### (b) ヒドリド錯体の生成

水素原子をもつ種々の化合物は，一般的な反応性は高くなくても遷移金属錯体と反応すれば，その水素の結合が開裂して酸化的付加し，ヒドリド錯体をつくる．ケイ素，スズ，ホウ素などの水素化物の反応がその例である．必ずしも単離，確認されたわけではないが，アルデヒド，末端アルキンをはじめマロン酸エステル **14** のような活性メチレン化合物を基質とする触媒反応は，ヒドリド錯体 **15** を生成して進行すると考えられる．カルボン酸の触媒反応もヒドリド錯体 **16** の生成を経由する場合もある．すなわち，これらの化合物の反応はその C−H や O−H 結合の開裂と酸化的付加を経て進行する．

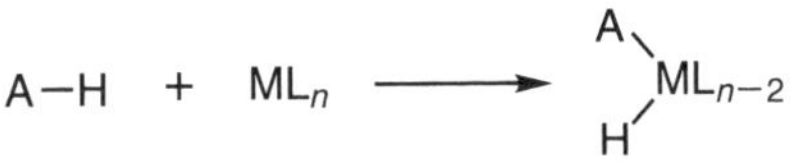

各種ヒドリド源

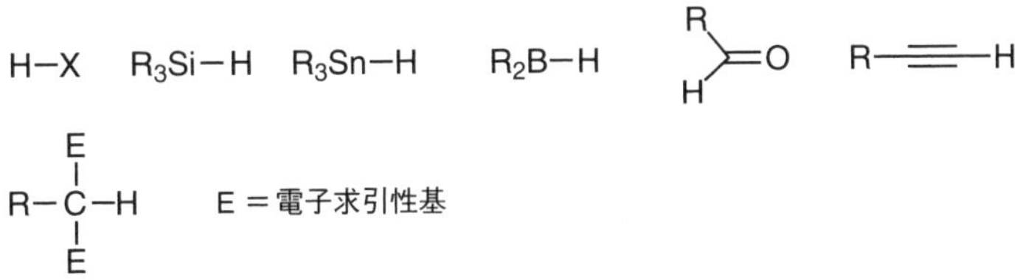

H−X  R₃Si−H  R₃Sn−H  R₂B−H  RCHO  R−C≡C−H

E = 電子求引性基

反応例

マロン酸エステル

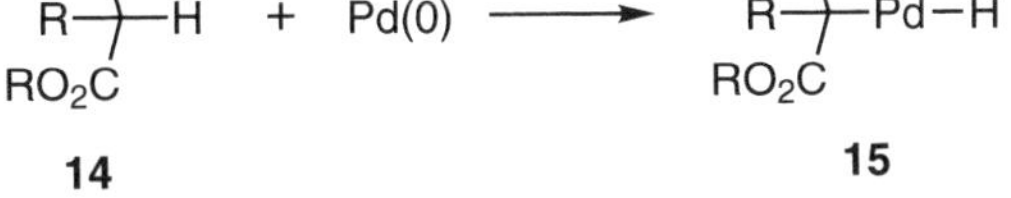

カルボン酸の酸化的付加

ふつう不活性とみなされるベンゼンや特殊なアルカンの C−H 結合も酸化的付加することがある．たとえば，N,N-ジメチルベンジルアミン (**17**) はキレート形成による安定化効果によって，容易にオルト位の C−H 結合に酸化的付加が起こるので，オルトメタル化が起こり **18** のようなヒドリド錯体

を生成する．このような酸化的付加はベンゼンやアルカンのC-H結合を活性化させ，反応させる手段として重要である．

　水素分子は金属に配位すると，H-H結合が切断して酸化的付加する．有機化学者にとっては奇妙に思われるが，通常は還元剤として働く水素分子が，酸化的付加によってジヒドリド **19** を生成し，金属が形式的に酸化されることになる．すなわち，この反応は水素分子によって金属が"酸化"されたということである．水素分子の酸化的付加で生成したH-M結合は，形式的にはすべて$H^--M^+$のイオン結合のように考えて，金属は酸化されたとみなすのである．

キレート効果による芳香環炭素-水素結合への酸化的付加（オルトメタル化）

水素の酸化的付加

## (c) 多重結合の酸化的環化

　多重結合をもつ化合物はその結合の切断を伴わないで広義の酸化的付加をする．すなわち2分子のアルケンやアルキンが金属に配位すると，パラダシクロペンタン **20** およびパラダシクロペンタジエン **21** のようなメタラサイクル（metalacycle）[†]がそれぞれ生成する．そしてC-Pd結合の電子対は炭素に帰属するという定義により，パラジウムは2電子酸化を受けたことになる．このようなメタラサイクルの生成する酸化的付加は，また"酸化的環化"（oxidative cyclization）ともいわれる．

　同様に1,6-ヘプタジエン **22**，1,6-エンイン **25** や1,6-ジイン **28** は，Pd(0)に酸化的に環化してそれぞれビシクロパラダシクロペンタン **23**，ビシクロパラダシクロペンテン **26** とビシクロパラダシクロペンタジエン **29** を生成する．これらの中間体はさらに他の基質と反応させ有機合成に使われる．たとえば，反応中間体 **23** はβ水素脱離により生成したPd-Hを経て **24** を生成する．**26** はCOと反応してシクロペンテノン誘導体 **27** を与える．これはPauson-Khand反応とよばれる．

---

[†] 金属原子を一つの構成員として含む環状化合物をメタラサイクルと名づけ，含まれる金属の種類によりパラダサイクル（palladacycle）やニッケラサイクル（nickelacycle）などとよぶ．

## 1・3・3 還元的脱離

"酸化"的付加と同様に"還元"的脱離の"還元"も, 有機化学で用いられる"還元反応"とは違った意味をもつ. これは酸化的付加の逆反応であって, 触媒反応の最終過程で起こる. 錯体 30 の金属 M にシス配位した二つの配位子 A と B とが, 金属 M から脱離して結合し, 電荷をもたない A−B を生成物として放出する. この脱離によって金属 M の形式的酸化数は 2 だけ減少し, 金属は還元されたことになるので, 還元的脱離とよぶわけである. そして, 金属は酸化的付加を受ける前の酸化数に戻る. たとえば, ベンゾイルメチルパラジウム錯体 31 から, 還元的脱離によりアセトフェノン (32) が生成する. 同時に触媒活性種の Pd(0) が再生され, 触媒サイクルが成立することになる. 還元的脱離は合成に必要な結合生成を可能にする重要なステップの一つである. 還元的脱離をしない典型金属化合物と異なり, 遷移金属の還元が容易に起こるのがその触媒反応の駆動力である.

還元的脱離ではシス配置の二つの配位子 A と B とが脱離するが, 脱離基がトランスに配置した場合は, いったんシス体 33 に異性化しないと脱離できない. その場合にはトランス体から配位子 L が解離し, それに続いてシス配位に異性化してから還元的脱離が進行する.

シス錯体とトランス錯体の反応性の違いを示す例がある．シス-ジエチル錯体 **34** は還元的脱離でブタンが生成するが，トランス-ジエチル錯体 **35** からはエチレンとエタンを生成する．トランス体 **35** は β 水素の脱離によりエチレンとヒドリドを発生し，錯体 **36** を生成する．ついでエチレンの解離とともに，シス配位のエチル基とヒドリド基の還元的脱離でエタンが生成する．

二座配位子が配位すれば，**37** のように必然的に A と B はシス配位をとるので，その還元的脱離で A−B を生成させるのに適している．図 1・2 と表 1・4 に示した二座配位子の配位挟角 θ (bite angle) がある程度大きい方が A と B がはさむ角 θ′ が小さくなり，還元的脱離を促進する効果があると考えられる．これが二座配位子の役割の一つである．

## 1・3・4 挿　入

挿入反応とは，次の一般式で示すように，金属 M とその配位子 A との σ 結合に，不飽和結合（多重結合）をもつ分子が形式上 "挿入" し，**38** を生成する反応である．挿入では中心金属の酸化数は変化しない．まず，不飽和結合 C＝D の π 結合が金属に配位し，分極した A−M 結合の配位子 A が π 結合した C 原子に移動するので空いた配位座ができる．実際には金属に配位した不飽和結合 C＝D に対し配位子 A が移動して空の配位座を残すので，単に挿入というよりも移動挿入とよぶ方が適切である．挿入は A と M の C＝D へのシス付加である．遷移金属錯体に挿入する C＝D には，アルケンや共役ジエン，アルキンのような炭素-炭素不飽和化合物のほか，ニトリル，カルボニル，イミンなどの不飽和結合がある．

C＝D の例

## 1・3 遷移金属錯体の基本的反応と触媒サイクル

　触媒反応でよく起こるヒドリド錯体 **39** にアルケンが挿入する場合，アルケンがヒドリド($H^-$)に対しシス位に配位し，ヒドリドが金属 M から移動してアルキルメタル錯体 **40** になる．結果として H と M がアルケンの二重結合にシス付加したことになるので，この反応はシス-ヒドロメタル化とよばれる．アリール錯体 **41** の炭素-金属結合へのアルキンの挿入によるビニル金属錯体の生成は，シス-カルボメタル化である．具体例として Pd(0) 触媒を用いて，ブロモベンゼンとアクリル酸エステルからケイ皮酸エステルを合成する Heck 反応は，アクリル酸エステルのシス-カルボパラジウム化による **42** の生成と，その β 水素脱離で説明できる．

　上記のアルケンやアルキンの挿入は，$\alpha,\beta$-(または 1,2) 挿入である．一方，CO の付加の起こるカルボニル化反応では，CO の挿入によりアシル錯体 **44** が生成するが，この挿入は $\alpha,\alpha$-(または 1,1) 挿入である．**43** で示したようにシス配位した CO の挿入は，機構的にはアルキル基やアリール基などの可逆的な 1,2-転位とみなされる．CO の挿入で生成した **44** の還元的脱離によってカルボニル化合物 **45** を生成し，カルボニル化反応のサイクルが終わる．イソニトリルやカルベンも $\alpha,\alpha$-挿入をする．

　CO の挿入の逆反応は脱カルボニルである．塩化ベンゾイルが Wilkinson 錯体に酸化的付加して生成したアシル錯体 **46** は，容易にフェニル基が転位してカルボニル錯体となり脱カルボニルが起こる．ついでフェニル基と塩素との還元的脱離で，クロロベンゼンとカルボニル錯体 **47** が量論的に生成する．高温では $RhCl(PPh_3)_3$ からこのようにして生成する **47** によって，塩化アシル，アルデヒドの脱カルボニルが触媒的に進行する．

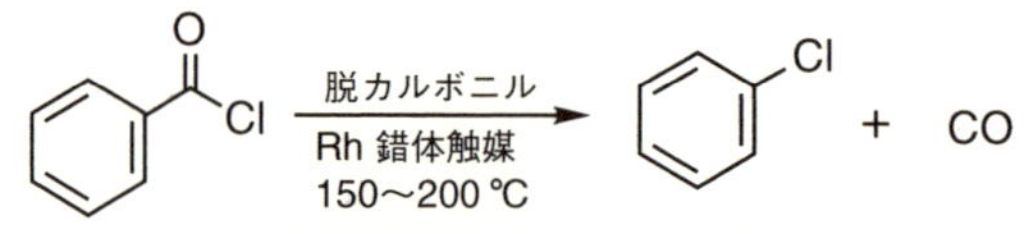

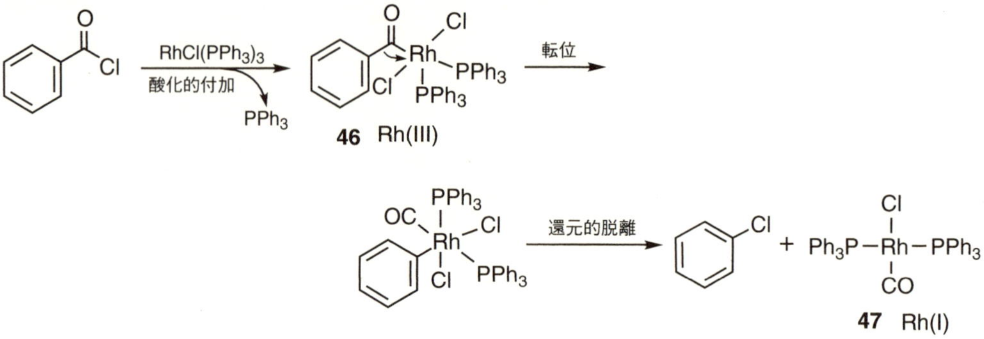

### (a) ドミノ反応

遷移金属錯体に酸化的付加や挿入をする化合物の種類は多い．ここで強調しておきたいことは，挿入は1回だけでは終わらず，同一か，または異なる不飽和結合の挿入が連続して起こりうることである．分子内の適当な位置に複数の二重結合，三重結合のような不飽和結合が存在する化合物では，それらの分子内挿入が繰返され，結果としてドミノ反応[†]とよばれる連続反応が起こり（図1・4），多環状化合物が形成される．たとえば，Pd(0)触媒を用いるヨードジエン **48** と CO との反応では，まず酸化的付加で **49** が生成し，それに CO が挿入してアシル錯体 **50** になる．さらに **50** の末端二重結合の分子内挿入で環化が起こり，シクロペンテノンのアルキルパラジウム錯体 **51** が生成する．再び CO の挿入が起こりアシル錯体 **52** になる．最後にアルコールがアシルパラジウム結合を求核攻撃し

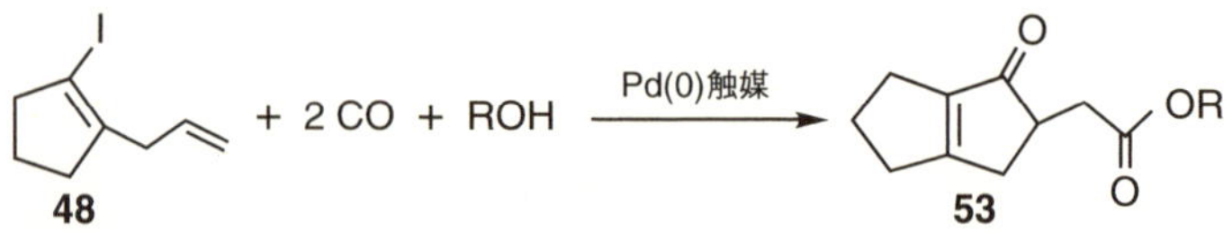

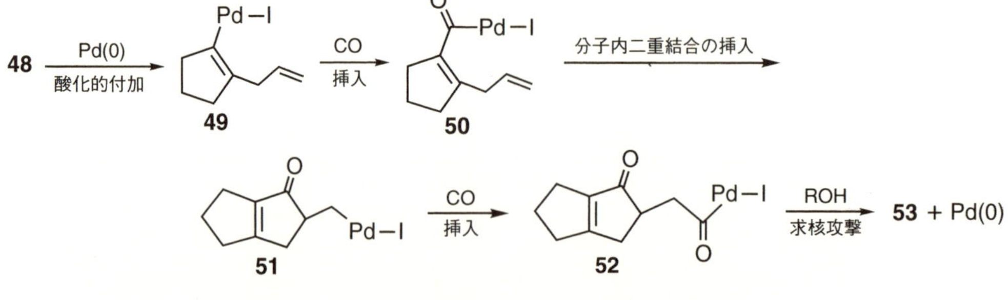

図1・4 ドミノ反応の例とアシルパラジウムの反応

---

[†] 図1・4の反応のように中間体を単離することなく，途中で新しい反応剤を加えず，反応条件も変えないで，複数の結合が生成する反応はドミノ(domino)反応とよばれる．これはドミノというゲームに由来するが，日本人には将棋倒しといったほうがわかりやすい．縦に多くの将棋の駒を並べてその端の駒を倒すと次々と順番に駒は倒れて行くように，反応が連続する場合をいう．このような連続反応にはタンデム(tandem)，カスケード(cascade)という名称も用いられるが，ドミノ反応が適切な名称と思われる[4]．

てエステル **53** が生成する.

　一言付け加えると，アシルパラジウム錯体 **54** はカルボン酸無水物 **55** のような活性なアシル化合物と似たところがあり，アルコールなどの求核剤と容易に反応する.

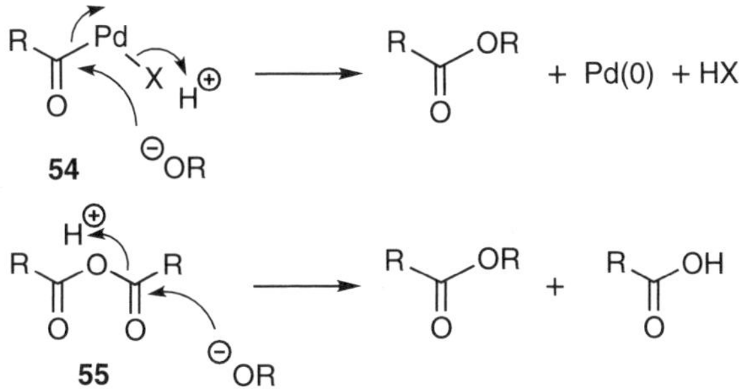

別の例として Ziegler 触媒を用いるエチレンの重合によるポリエチレンの生成では，**56** のアルキル–チタン結合に，驚くべきことに 1 秒間に約 2 万 5 千というエチレン分子が連続的に挿入していき，長鎖アルキルチタン錯体 **57** に成長していくと計算されている（図 1·5）．確認は難しいが，おそらく錯体 **57** の β 水素脱離によって，ポリエチレンが生成すると考えられる．同時に生成したチタンヒドリドにはエチレンの挿入が再び次々と起こり，ポリエチレンが生成する．このように挿入する分子の種類と数の多いことは，遷移金属錯体が広範な有機反応に活用できることを示している.

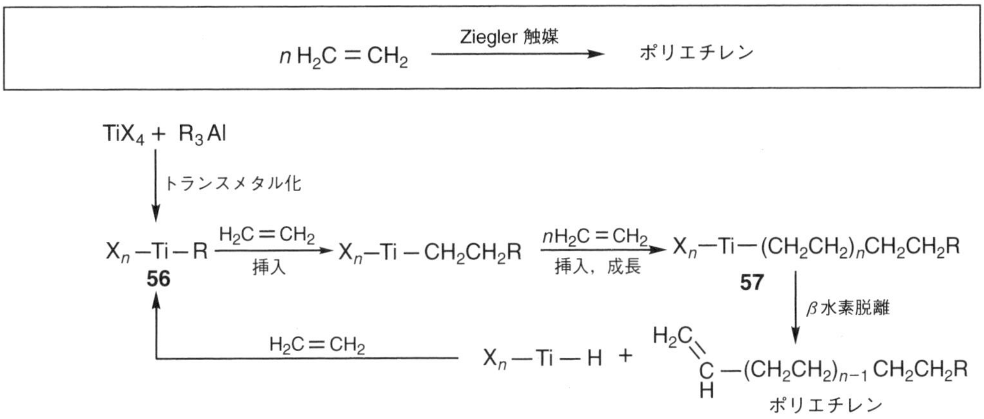

図 1·5　ポリエチレンの生成

## 1·3·5　β 水 素 脱 離

　β 水素脱離は金属ヒドリド結合へのアルケンの挿入（ヒドロメタル化）の逆反応である．β 位に水素のあるアルキル基の配位した錯体 **58** で広く起こる．β 水素脱離では配位したアルキル基から金属ヒドリドとアルケンとが生成するので，β ヒドリド脱離（β-hydride elimination）ともいう．そして錯体 **59** が形成され，その配位数が増える.

　形式的なことにすぎないが，ここで一般の有機反応と錯体の反応での β 水素脱離における矢印の方向について注意したい．β 水素脱離は Pd–X 基を脱離基と考えると，有機化学で知られている E2 反応に似たところがある．しかし，E2 反応は **60** で示すようにプロトンのアンチ脱離である．しかし，パラジウム錯体の場合には，水素はプロトン（$H^+$）でなくヒドリド（$H^-$）としてシン脱離し，パラジウムヒドリドを生成すると考えるので，錯体からの β ヒドリド脱離は **58** のように E2 反応の場合とは逆方向の矢印で示すようにシン脱離することになる．このように，遷移金属錯体では β ヒドリ

ドが脱離すると考えるので β ヒドリド脱離ともいうが，本書では β ヒドリド脱離ではなく β 水素脱離に統一する．

β 水素脱離の例としてニッケル触媒によるエチレンから 1-ブテンの生成をあげて説明する．ここではニッケルヒドリド **61** が触媒活性種で，その Ni—H 結合にエチレンが挿入してエチルニッケル錯体 **62** になり，再びエチレンの挿入が起こりブチルニッケル錯体 **63** を生成する．ここで，**63** から β 水素の脱離が起こり 1-ブテンが生成し，同時に Ni—H 結合をもつ触媒活性種 **61** が再生することになる．この場合，エチレン 3 分子が挿入した 1-ヘキセンは得られない．

β 水素脱離はアルケンを生成するだけでない．Pd(II) 化合物を用いるアルコールの酸化では，パラジウムのアルコキシド **64** が中間体で，その β ヒドリド脱離によりケトンとパラジウムヒドリドが生成する．

## 1・3・6 トランスメタル化（金属交換）

トランスメタル化の範囲は広いが，それを単純化すると，遷移金属錯体の X が典型金属化合物の有機基 R やヒドリドと交換する反応である．トランスメタル化はクロスカップリング反応での重要な鍵反応である．

M = 遷移金属　　金属の他の配位子は省略
M′ = 典型金属　　MgX, ZnX, BR$_2$, AlX$_2$, SnR$_3$, SiR$_3$ など

## 1・3 遷移金属錯体の基本的反応と触媒サイクル

芳香族ハロゲン化物(Ar—X)とGrignard反応剤とのクロスカップリングは，通常の条件では起こり難いが，$NiX_2(PR_3)_2$を触媒に用いると容易に進行する．これを玉尾-熊田-Corriu反応とよぶ．この反応ではトランスメタル化が鍵反応である．まず，反応に用いる触媒前駆体の$NiX_2(PR_3)_2$にGrignard反応剤が反応すると，ニッケル錯体のXとGrignard反応剤のRとが交換し，続く還元的脱離により触媒活性種であるNi(0)(PR_3)_2(**65**)が発生する．このようにして発生した**65**を触媒として玉尾-熊田-Corriu反応を進行させる．Ar—Xと**65**から生成したAr—Ni—XとGrignard反応剤との反応で**66**を与える．このような交換反応をトランスメタル化(または金属交換)とよぶ．すなわち，トランスメタル化とは具体的には酸化的付加の生成物Ar—Ni—XのXが，典型金属化合物のRまたはHで置換されて，金属錯体がアルキル化またはヒドリド化されることである．

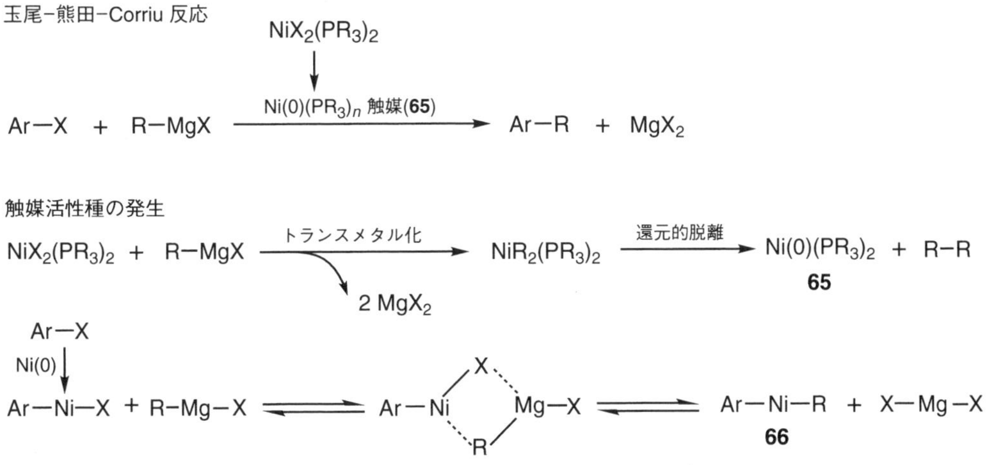

玉尾-熊田-Corriu反応

$$Ar—X + R—MgX \xrightarrow[\text{Ni}(0)(PR_3)_n \text{ 触媒}(65)]{NiX_2(PR_3)_2} Ar—R + MgX_2$$

触媒活性種の発生

$$NiX_2(PR_3)_2 + R—MgX \xrightarrow[2MgX_2]{\text{トランスメタル化}} NiR_2(PR_3)_2 \xrightarrow{\text{還元的脱離}} Ni(0)(PR_3)_2 + R—R$$
                                                                                            **65**

$$Ar—X \xrightarrow{Ni(0)} Ar—Ni—X + R—Mg—X \rightleftharpoons Ar—Ni \cdots Mg—X \rightleftharpoons Ar—Ni—R + X—Mg—X$$
                                                                                            **66**

玉尾-熊田-Corriu反応にはPd(0)錯体も触媒に用いられる(図1・6)．具体的にはAr—Pd—XとGrignard反応剤とでトランスメタル化が起こり**67**を生成する．トランスメタル化では一般的に電気的により陽性の典型金属から，ヒドリドや有機基が遷移金属錯体に移る．この場合の副反応として**67**のβ水素脱離でアルケン**69**の生成の可能性があるが，それよりも**67**の還元的脱離でカップリング生成物**68**を与える方が速い．

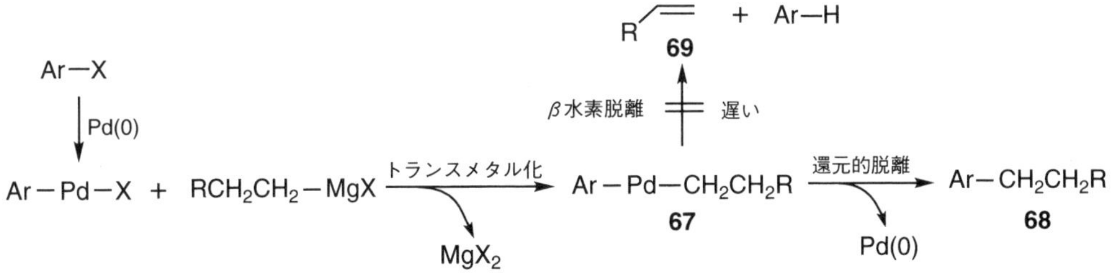

$$Ar—X \xrightarrow{Pd(0)} Ar—Pd—X + RCH_2CH_2—MgX \xrightarrow[MgX_2]{\text{トランスメタル化}} Ar—Pd—CH_2CH_2R \xrightarrow[Pd(0)]{\text{還元的脱離}} Ar—CH_2CH_2R$$
                                                                                            **67**                                    **68**

β水素脱離（遅い）→ R=CH_2 + Ar—H　**69**

図1・6　玉尾-熊田-Corriu反応の機構

また，Ar—Xを水素化分解する場合には，たとえば用いる$HSn(n\text{-}Bu)_3$由来のヒドリドとのトランスメタル化が起こり，パラジウムヒドリド**70**を経て還元的脱離によりアレーン(Ar—H)が生成する．

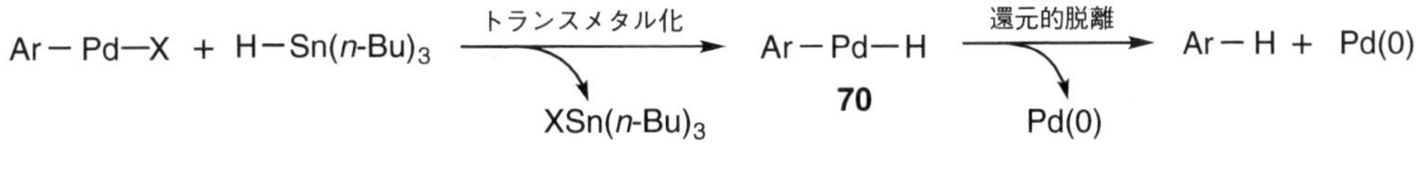

$$Ar—Pd—X + H—Sn(n\text{-}Bu)_3 \xrightarrow[XSn(n\text{-}Bu)_3]{\text{トランスメタル化}} Ar—Pd—H \xrightarrow[Pd(0)]{\text{還元的脱離}} Ar—H + Pd(0)$$
                                                                **70**

玉尾-熊田-Corriu 反応以外の例として，パラジウム触媒を用いる塩化ベンゾイルとメチルスズ化合物からアセトフェノン(**32**)の合成があげられる．この反応では酸化的付加によってアシル錯体 **71** が生成し，つぎにメチルスズ化合物のメチル基と，**71** の塩素が交換するトランスメタル化で **72** が発生し，その還元的脱離で **32** が生成すると理解できる．

反応例

$$\text{PhC(O)Cl} + \text{MeSn}(n\text{-Bu})_3 \xrightarrow{\text{Pd(0)}} \underset{\textbf{32}}{\text{PhC(O)Me}} + \text{ClSn}(n\text{-Bu})_3$$

反応機構

$$\text{PhC(O)Cl} \xrightarrow[\text{酸化的付加}]{\text{Pd(0)}} \underset{\textbf{71}}{\text{PhC(O)Pd-Cl}} \xrightarrow[\text{トランスメタル化}]{\text{MeSn}(n\text{-Bu})_3 \quad \text{ClSn}(n\text{-Bu})_3}$$

$$\underset{\textbf{72}}{\text{PhC(O)Pd-Me}} \xrightarrow{\text{還元的脱離}} \underset{\textbf{32}}{\text{PhC(O)Me}} + \text{Pd(0)}$$

本来トランスメタル化は可逆反応であるが，通常，生成する中間錯体 **66**，**67**，**70** は速やかに還元的脱離するので，反応が非可逆的に一方向に進行する．マグネシウム，亜鉛，アルミニウム，スズのアルキルやアリール化合物のトランスメタル化では，上述のように $MgX_2$ や $n\text{-Bu}_3\text{SnX}$ のような中性塩が生成するので塩基を加える必要はない．しかし，金属性(陽性)の低いホウ素，ケイ素の有機化合物を用いるクロスカップリングには，塩基や活性化剤の添加が必要である．遷移金属錯体と有機典型金属化合物との組合わせの可能性は非常に多いので，それらのトランスメタル化によって多種多様の反応が可能である．

### 1・3・7 遷移金属錯体の配位子への求核攻撃

CO，アルケン，アルキンやアレーンなどは，電子密度の高い分子であるので一般的に求核剤とは反応しない．しかし，これらの化合物が Pd(II) のような電子密度の低いパラジウムに配位すると，電子が金属に供与され，その電子密度が減少する．そこで，たとえば **73** のように配位したアルケンは求核剤の攻撃を受けるようになり，新しい合成反応が可能となる．これは配位の顕著な効果の一つである．したがって，金属中心が電子不足になればなるほど，その配位子は求核攻撃に活性になるので，カチオン性錯体や CO などの強い電子求引性配位子をもった錯体についたアルケンなどが求核攻撃を受けやすくなる．

$$\text{R-CH=CH}_2 + \text{PdX}_2 \longrightarrow \left[\underset{\textbf{73}}{\overset{Y^{\ominus}}{\underset{\text{PdX}_2}{\text{R-CH=CH}_2}}}\right] \xrightarrow{\text{求核攻撃}} \text{X-Pd-CH(R)-CH}_2\text{-Y-H} \xrightarrow[\text{Pd(0)}]{\beta\text{水素脱離}} \text{R-CH=CH-Y}$$

配位の顕著な効果の例として，COD が $PdCl_2$ に配位したシクロオクタジエン錯体 **74** の二重結合に，弱塩基である $Na_2CO_3$ の存在下，活性メチレン化合物のマロン酸エステルを反応させると，室温で容

易に二重結合への求核攻撃が起こり，カルボパラジウム化が進行し単離可能な安定錯体 **75** を生成する．さらに **76** で示すように，塩基で炭素アニオンを発生させると，再び Pd−C 結合に対する分子内の求核攻撃が起こり，シクロプロパン **77** が生成する．また **75** に NaH の存在下マロン酸エステルを外部から反応させると，**78** のように二重結合への求核攻撃が起こり **79** となる．その還元的脱離により結果として渡環反応(transannular reaction)が起こり，ビシクロ環化合物 **80** が生成する（図 1・7）[5]．

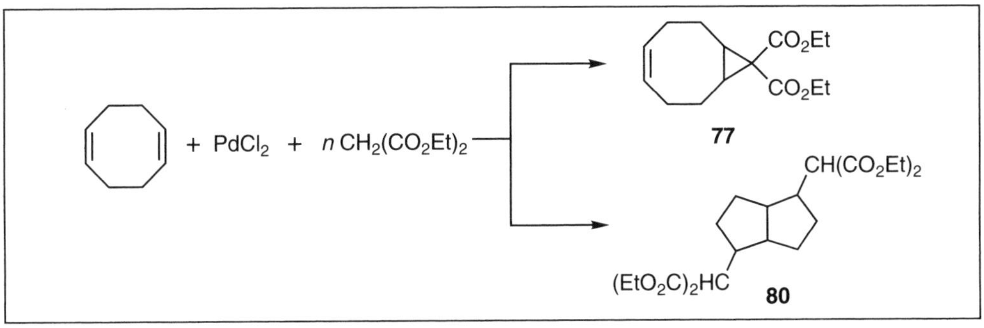

**反応機構**

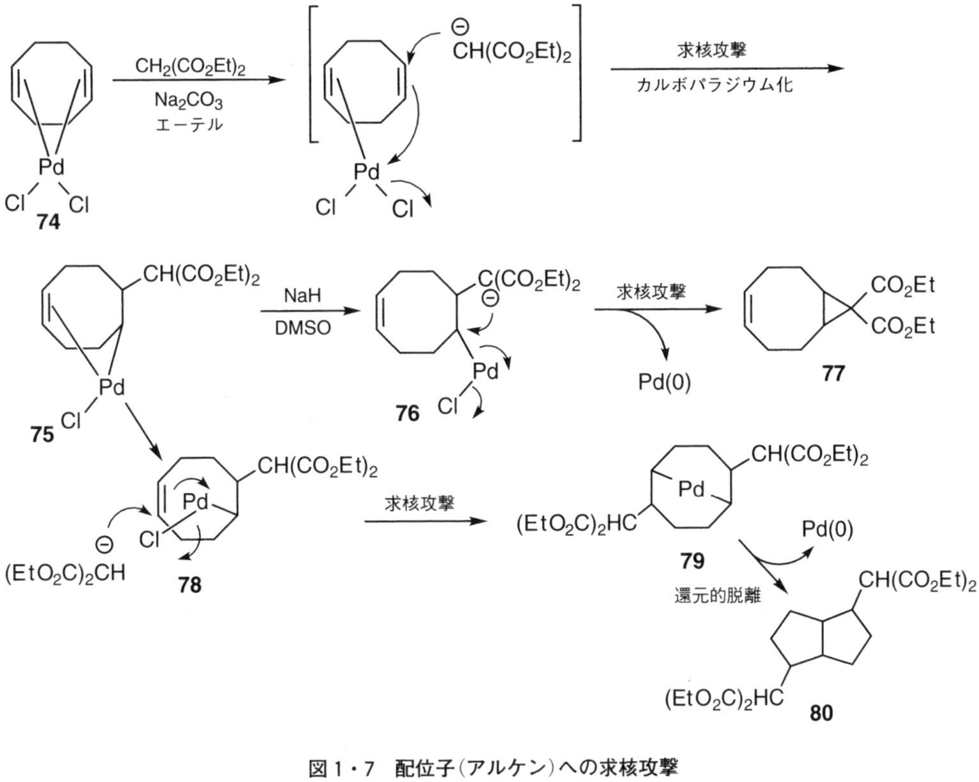

図 1・7 配位子（アルケン）への求核攻撃

π−アリルパラジウム錯体 **81** に炭素求核剤であるマロン酸エステルを求核攻撃させ，アリルマロン酸エステル **83** を合成する反応（図 1・8）は，辻−Trost 反応とよばれ，π−アリルパラジウム化学の基本反応である．この反応では **82** で示すように求核剤は外側から反応するが，反応系を選べば位置および立体選択性を制御できる．

図1・8 配位したアリルへの求核攻撃

## 1・3・8 反応の終結と触媒サイクルの成立

　遷移金属錯体の反応で最も特徴的であり，かつ有用なのは，少量の遷移金属錯体を用いる触媒反応，特に溶液中穏やかな条件下で進行する均一系触媒反応である．どうしてこのような触媒反応が進行するのかは，今までに説明した素反応の組合わせで理解できる．典型例としてパラジウム触媒を用いる反応性の高いハロゲン化アリール（Ar－X）84 の関与する二つの代表的触媒反応のサイクルの全体像を考えてみる（図1・9）．まず Pd(0) 錯体に Ar－X 84 が酸化的付加して 85 が発生する．この中間体 85 にアルケンの不飽和結合が挿入すれば 86 となり，その β 水素脱離で生成物 87 とヒドリド錯体 88 を与え，HX を還元的脱離すると触媒活性種の Pd(0) が再生する．これとは別に，85 と有機典型金属化合物 89 とがトランスメタル化すれば 90 を生成し，その還元的脱離でカップリング生成物 91 が得られ，同時に Pd(0) が再生する．このような触媒サイクルが成立するためには，最終ステップで触媒活性種の再生が必須である．すなわち，還元的脱離または β 水素脱離によって触媒種である Pd(0) が再生されるので，それが新しい触媒サイクルに入ることが大事である．これについては §2・1 でさらに詳しく説明する．

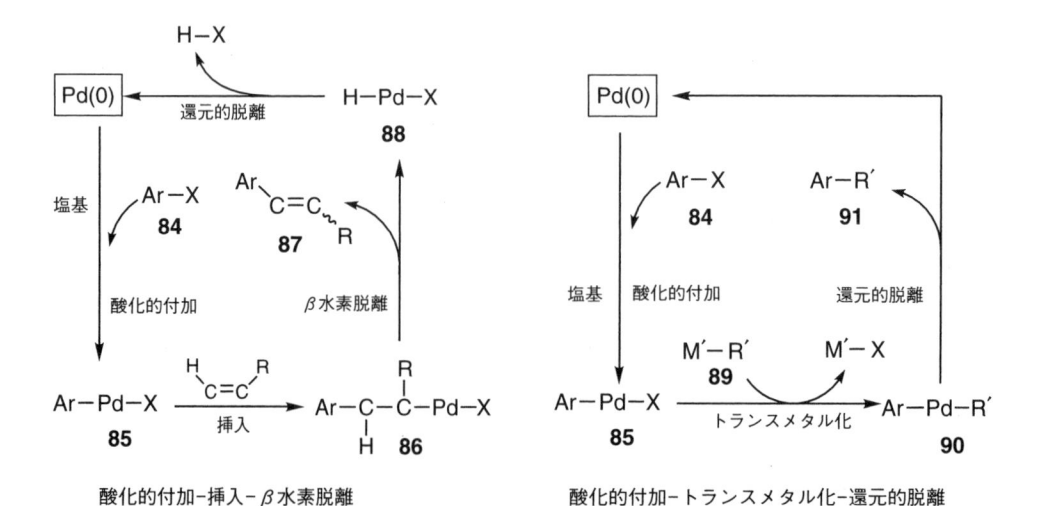

図1・9 触媒サイクルの成立

## 1・4　Grignard反応と遷移金属錯体の触媒反応との比較

　典型金属は有機合成に古くから利用されている．遷移金属錯体の触媒反応をよりよく理解するために，典型金属の代表例として馴染みの深いGrignard反応と遷移金属錯体の反応とを，詳しい機構には触れないで比較し，その共通点と相異点を明らかにする．教科書ではGrignard反応は，ハロゲン化アルキルとマグネシウムとの反応でGrignard反応剤R－Mg－Xが生成し，カルボアニオン源としてカルボニル基を求核的に攻撃すると説明されている．しかし，見方を変えるとGrignard反応は，ある程度まで遷移金属錯体の反応と同様ないくつかの素反応で説明できる．

　Grignard反応は，金属マグネシウムに，たとえばヨードメタンを反応させることでGrignard反応剤 **92** が生成することから始まる．これは，遷移金属錯体と有機ハロゲン化物との反応と同様に，酸化的付加反応である．生成したメチルマグネシウム反応剤 **92** の二つの結合の電子は，形式的に配位子に所属するので，この過程でマグネシウムの酸化数は0からIIになり，マグネシウムは酸化されるので酸化的付加といえる．

　つぎにGrignard反応剤とカルボニル化合物との反応については，ふつう **92** のメチルアニオンが，カルボニル基の電子不足の炭素を求核的に攻撃すると説明されている．しかし，この反応はマグネシウム－炭素の結合に，カルボニル基の二重結合が"挿入"し，アルコキシマグネシウム **93** を生成すると考えてもよい．反応の結果，炭素－酸素の二重結合は単結合になる．ここまではGrignard反応と遷移金属の反応の機構は酸化的付加と挿入という共通の見方ができる．

　Grignard反応は酸化的付加と挿入とで終わり，あとは希塩酸で加水分解し，生成したアルコール **94** を取りだす．同時に$MgX_2$ができ，それを再びマグネシウム金属に還元して再使用することは簡単にはできないので量論反応となる．つまり，Grignard反応では0価の金属マグネシウムから出発し，それがMg(II)塩に酸化されて反応は終わる．Grignard反応では還元的脱離によるMg(0)の再生が起こらないので触媒反応にならない(図1・10)．これがGrignard反応と遷移金属の反応との根本的な違いである．

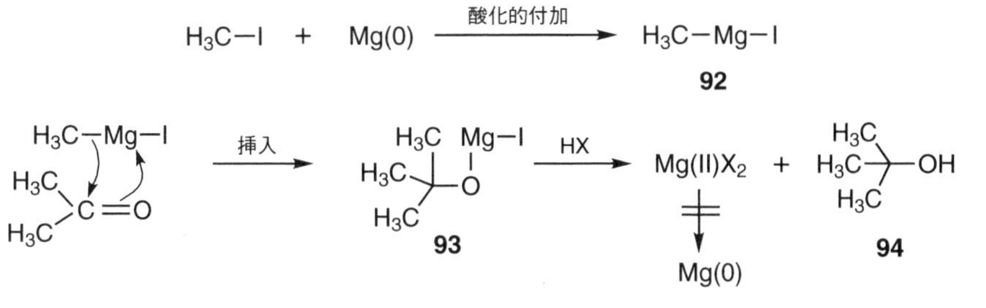

$$H_3C-I\ +\ Mg(0)\ \xrightarrow{\text{酸化的付加}}\ H_3C-Mg-I$$
$$\mathbf{92}$$

H₃C－Mg－I ＋ (H₃C)₂C=O　→挿入→　(CH₃)₃C(Mg-I)(O)　**93**　→HX→　Mg(II)X₂ ＋ (CH₃)₃C-OH　**94**　⇏ Mg(0)

図1・10　Grignard反応

　また，マグネシウムの反応ではハロゲン化アルキルに比べて，ハロゲン化アルケニルやハロゲン化アリール(Ar－X)は反応性が低く，THFを溶媒にしマグネシウムを活性化して反応させる必要がある．つまり，マグネシウムはハロゲンが$sp^2$炭素についたものよりも，$sp^3$炭素についたものとより容易に反応する．一方，遷移金属錯体と有機ハロゲン化物との反応では，この反応性が逆になり，$sp^2$炭素のハロゲン化物の方がより容易に反応する．それにくらべてハロゲン化アルキルの反応例は少ない．ハロゲン化アルキルはたとえ遷移金属錯体と反応しても，生成したアルキル錯体が β 水素脱離によりアルケンを生成し分解する傾向が強い．一方，アルキルマグネシウム反応剤では β 水素脱離は起こらない．

　要約すれば，R－Mg－Xのような有機金属化合物は，よく知られたようにカルボニル基に求核的

に反応し，Mg(II)を生成して反応は終わる．一方，酸化的付加で生成したPd(II)錯体は反対に求電子的に反応し，結果としてPd(0)を再生するので，反応サイクルが繰返され触媒反応となる．両金属のこの反応性の違いを，おのおののアリル化合物の反応で説明するとつぎのようになる．Mg(0)金属およびPd(0)錯体にアリル化合物が酸化的付加すれば**95**とπ-アリルパラジウム**96**が生成するが，**95**は求電子剤El$^{\oplus}$に求核的に反応し，Mg(II)を生成し反応は完結する．一方，**96**は求核剤Nu$^{\ominus}$に求電子的に反応してPd(0)を再生するので，反応サイクルが繰返され触媒反応が進行する(図1・11)．

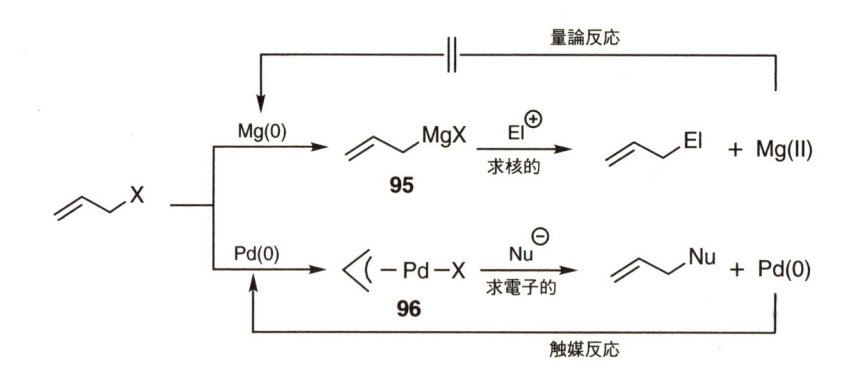

**図1・11 Grignard反応とパラジウム触媒反応との比較(1)**

また，ブロモベンゼンとの反応では(図1・12)，酸化的付加で生成するフェニルパラジウム**97**はアミンと反応して，アニリン誘導体**98**とPd(0)を与え，ケトンと反応してC-アリール化生成物**99**とPd(0)を与える．一方，フェニルマグネシウム**100**はアミンとは反応せず，ケトンに求核的に反応し**101**とMg(II)を生成する．

**図1・12 Grignard反応とパラジウム触媒反応との比較(2)**

さらに重要な相違点として，遷移金属錯体の場合はハロゲン化物だけでなく，芳香族のトリフラート，ジアゾニウム化合物やハロゲン化アシルなどの擬ハロゲン化物とも反応する．また，Grignard反応剤には主としてカルボニル基が反応するだけであるが，遷移金属錯体の場合はCO，アルケンやア

ルキンなどが配位可能で,挿入できる不飽和結合の種類は多く,反応の範囲がはるかに広い.さらに触媒反応は立体特異的に進行し,なかでもキラルな配位子を使用することにより,不斉触媒反応も可能で有力な不斉合成の手段を提供する.

## 参 考 書

- 山本明夫,"有機金属化学,基礎と応用",裳華房(1982).
- J. P. Collman, L. S. Hegedus, J. R. Norton, R. G. Finke, "Principles and Applications of Organo-transition Metal Chemistry", University Science Books (1987).
- 山崎博史,若槻康雄,"有機金属の化学",大日本図書(1989).
- 松田 勇,丸岡啓二,"有機金属化学",丸善(1996).
- 辻 二郎,"遷移金属が拓く有機合成",化学同人(1997).
- 中村 晃,"基礎有機金属化学",朝倉書店(1999).
- 辻 二郎, "Transition Metal Reagents and Catalysts, Innovation in Organic Synthesis", John Wiley & Sons (2000).
- R. H. Crabtree, "The Organometallic Chemistry of the Transition Metals", Wiley Interscience (2001).
- L. S. Hegedus 著,村井真二 訳,"遷移金属を用いる有機合成",東京化学同人(2001).
- 山本明夫,黒沢英夫,"Fundamentals of Molecular Catalysis", Wiley-VCH (2003).
- 小宮三四郎,碇屋隆雄,"有機金属化学,その多様性と意外性",裳華房(2004).
- "有機合成のための触媒反応103",檜山爲次郎,野崎京子 編,東京化学同人(2004).
- "Transition Metals for Organic Synthesis", Vol.1 & 2, ed. by M. Beller, C. Bolm, Wiley-VCH (2004).

## 参になる総説

1) A. F. Littke, G. C. Fu, "Palladium-Catalyzed Coupling Reaction of Aryl Chloride", *Angew. Chem. Int. Ed.*, **41**, 4176 (2002).
2) L. Ackermann, "Air- and Moisture-stable Secondary Phosphine Oxides as Preligands in Catalysis", *Synthesis*, 1557 (2006).
3) 寺尾 潤,神戸宣明,"遷移金属触媒を用いるハロゲン化アルキル類と有機金属試薬とのクロスカップリング反応",有機合成化学協会誌, **62**, 1192 (2004).
4) L. F. Tietze, "Domino Reactions in Organic Synthesis", *Chem. Rev.*, **96**, 115 (1996); K. C. Nicolaou, D. J. Edmonds, P. G. Bulger, "Cascade Reactions in Total Synthesis", *Angew. Chem. Int. Ed.* **45**, 7134 (2006).
5) J. Tsuji, "Carbon-Carbon Bond Formation via Palladium Complexes", *Acc. Chem. Res.*, **2**, 144 (1969).

# 2. パラジウムを用いる有機合成

## 2・1 パラジウムの関与する反応の概要

有機合成に反応剤もしくは触媒として利用される数多くの遷移金属の中で，パラジウムは用途が広く最も重要な金属であり，実験室や工業プロセスにも広く利用されている．また，パラジウム触媒はほかの金属触媒に比べて調製および実験操作も簡単である．とりわけ有機合成で重要な炭素−炭素結合生成に優れている．パラジウム触媒の化学の理解は現在の有機合成化学者には必須である．そこで，第 2 章ではパラジウム触媒をとり上げ，どんな有機合成が可能であるかを明らかにするため，その有用性という立場から，まずパラジウムの有機化学の基本を解説する．

合成に活用されるパラジウム反応剤には Pd(0) 錯体と Pd(II) 化合物とがあり，この両者は形式的にも機構的にも異なる反応をする．この 2 種類の反応を理解するため，パラジウムの関与する反応を図 2・1 のように大きく "Pd(0) 錯体の触媒反応" と "Pd(II) 化合物の酸化反応" の 2 種類に分類する．この分類についてさらに詳しく説明する．

Pd(0) 錯体の触媒反応

$$A-X + B-H \xrightarrow{Pd(0)} A-B + HX$$

A−X ＝ ハロゲン化物，擬ハロゲン化物

$$A-X + B-M'Y \xrightarrow{Pd(0)} A-B + X-M'Y$$

M' ＝ 典型金属

Pd(II) 化合物の酸化反応

$$A-H + B-H + PdX_2 \longrightarrow A-B + Pd(0) + 2HX$$

図 2・1 パラジウムの基本的反応の分類

"Pd(0) 錯体の触媒反応" は Pd(0) 錯体，主としてホスフィン錯体を触媒として進行する反応である．"Pd(II) 化合物の酸化反応" は Pd(II) 化合物を反応剤とする酸化反応（または脱水素反応）である．この反応では Pd(II) が Pd(0) に還元されるので，本来量論反応であるが，適当な共酸化剤を加えることによりはじめて触媒反応になる．有機金属化学の本では，往々にしてこの 2 種類のパラジウムの触媒反応は機構的な説明をせずに区別しないで扱われていることが多い．しかし，パラジウムの有機化学の全体像をしっかりと把握するには，この 2 種類の触媒反応の相違を明確に理解することが重要であるので，この 2 種類の反応について説明する．この 2 種類の触媒反応に含まれない Pd(0) の触媒反応があるが，それらは第 5 章でとり上げる．

"Pd(0) 錯体の触媒反応" は Pd(0) 錯体のみを触媒とする反応で，§2・2 で具体的に説明するが，形式的には図 2・1 の一般式のように総括できる．Pd(0) 触媒によって，基質の A−X(X はハロゲンおよび擬ハロゲン)と，B−H(置換可能な水素原子をもつ化合物)または B−M'Y(有機典型金属化合

物)の反応により，H—X や X—M′Y が脱離して A—B を与える触媒反応である．反応後には触媒活性種である Pd(0) が再生し消費されないので，反応は少量の Pd(0) 錯体の使用で進行する触媒反応になる．

"Pd(0)錯体の触媒反応"は"Pd(0)錯体の触媒反応Ⅰ"と"Pd(0)錯体の触媒反応Ⅱ"とに分類できる．"Pd(0)錯体の触媒反応Ⅰ"は，A—X の酸化的付加に続いてアルケンや CO の挿入の起こる反応である（§2・2・2, p.32）．図2・2 に示すようにハロゲン化または擬ハロゲン化アリールやアルケニル（A—X で示す）と，アルケン（B—H）からのアリールアルケンまたはジエンの生成（Heck 反応）が代表的反応である．また，CO の挿入が起こればカルボニル化が進行する．反応は Pd(0) 錯体で始まり，触媒反応の1サイクルの終わりに Pd(0) 錯体が再生する．

$$A-X + B-H \xrightarrow{Pd(0)} A-B + HX$$

反応例

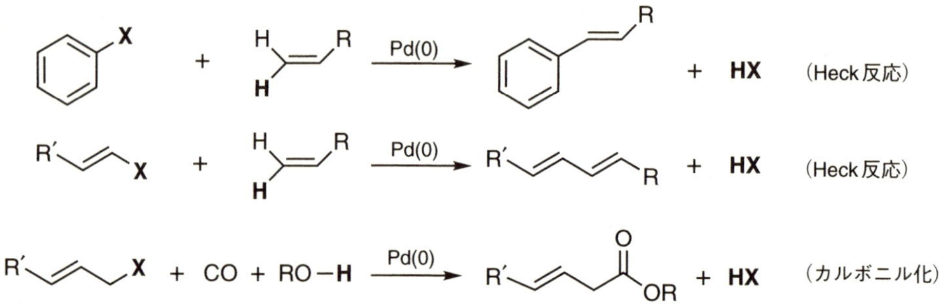

**図2・2 Pd(0)錯体の触媒反応Ⅰ**

つぎに"Pd(0)錯体の触媒反応Ⅱ"は，酸化的付加に続いてトランスメタル化および求核剤（Nu—H）による求核置換が起こって進行する反応である（§2・2・3, p.47）．"Pd(0)錯体の触媒反応Ⅰ"の B—H の代わりに有機典型金属化合物（B—M′Y，ここで M′ は典型金属）が A—X と反応し，A—B を生成する反応がこれに属する（図2・3）．実例をあげると，ハロゲン化アルケニルとフェニルボロン酸ジメチルとのクロスカップリング（鈴木—宮浦反応）がある．別の例として，ハロゲン化フェニルとメチル化剤のスズ化合物 MeSn(n-Bu)$_3$ とのクロスカップリング（小杉—右田—Stille 反応）でトルエンが得られる反応があり，反応後は"Pd(0)錯体の触媒反応Ⅰ"での H—X の代わりに X—M′—Y 〔XSn(n-Bu)$_3$〕が生成する．さらに，アリル化合物によるマロン酸エステルのアリル化（辻—Trost 反応）や，求核剤であるアミンによるハロゲン化フェニルの求核置換反応もその例である．

これらの反応に触媒として用いる Pd(0) 錯体としては Pd(dba)$_2$ と Pd(PPh$_3$)$_4$ とが市販されているが，図2・9 で説明するように，Pd(OAc)$_2$ のような Pd(Ⅱ) 化合物を反応系で Pd(0) に還元するのが簡便な方法である．

"Pd(Ⅱ)化合物の酸化反応"に属する反応は，図2・1 の一般式で要約したように PdX$_2$ を特異な酸化剤として，脱離可能な水素をもつ二つの基質 A—H と B—H から水素を引き抜いて，生成物 A—B と2分子の H—X を与える反応である．この反応は本来 Pd(Ⅱ) 化合物の量論反応であるが，Pd(0) を Pd(Ⅱ) に酸化できる適当な共酸化剤を加えることによって，はじめて Pd(Ⅱ) について触媒反応になる．

この"Pd(Ⅱ)化合物の酸化反応"を触媒的に進行させる方法を図2・4 で具体的に総括した．まず最初に，水素をもつ二つの基質 A—H と B—H とを，PdCl$_2$ の存在下で反応させ，両基質から水素を引き抜いて，生成物 A—B と2分子の H—Cl を得る．同時に PdCl$_2$ は Pd(0) に還元される．この酸化反

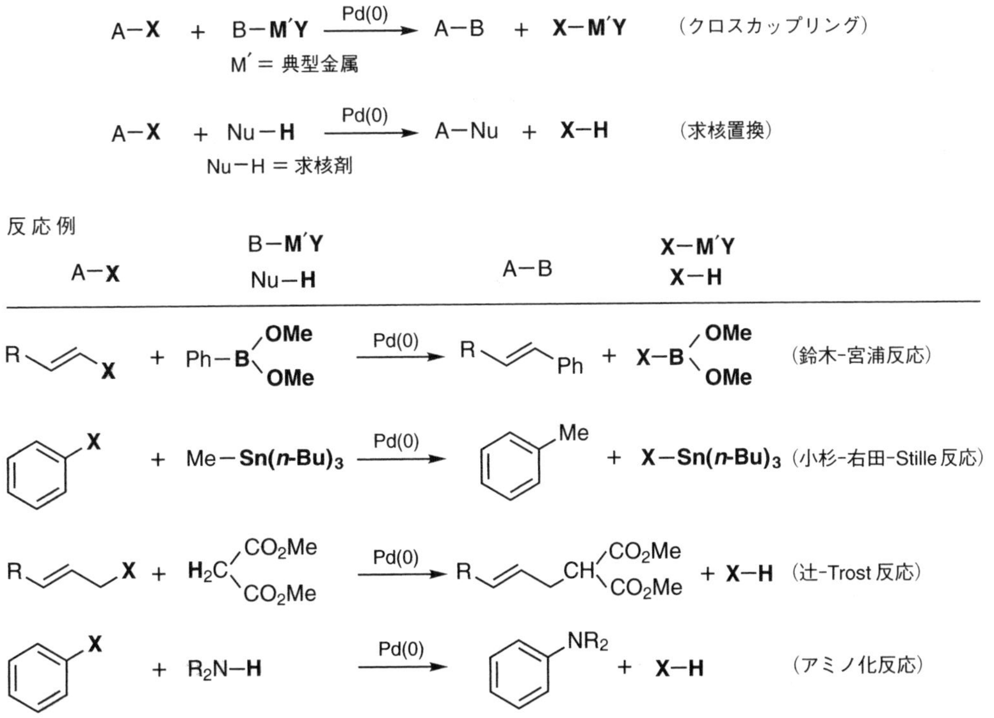

## 2・1 パラジウムの関与する反応の概要

$$A-X + B-M'Y \xrightarrow{Pd(0)} A-B + X-M'Y \quad （クロスカップリング）$$
$$M' = 典型金属$$

$$A-X + Nu-H \xrightarrow{Pd(0)} A-Nu + X-H \quad （求核置換）$$
$$Nu-H = 求核剤$$

反応例

| A-X | B-M'Y<br>Nu-H | A-B | X-M'Y<br>X-H | |
|---|---|---|---|---|
| R-CH=CH-X | Ph-B(OMe)$_2$ | R-CH=CH-Ph | X-B(OMe)$_2$ | （鈴木-宮浦反応） |
| Ph-X | Me-Sn(n-Bu)$_3$ | Ph-Me | X-Sn(n-Bu)$_3$ | （小杉-右田-Stille 反応） |
| R-CH=CH-CH$_2$-X | H$_2$C(CO$_2$Me)$_2$ | R-CH=CH-CH$_2$-CH(CO$_2$Me)$_2$ | X-H | （辻-Trost 反応） |
| Ph-X | R$_2$N-H | Ph-NR$_2$ | X-H | （アミノ化反応） |

図2・3 Pd(0)錯体の触媒反応 II

応,すなわち脱水素反応は Pd(II) が Pd(0) に還元される量論反応であり,高価な量論量の PdCl$_2$ が消費されるので,そのままでは用途は限定される.しかし,この反応系に共酸化剤として CuCl$_2$ を加えておくと,Pd(0) が酸化されて PdCl$_2$ が再生され,同時に CuCl$_2$ は CuCl に還元される.さらに有用なことに,還元された CuCl は酸素によって容易に CuCl$_2$ に酸化される.そこで,これらの反応式を集約した結果として,酸素雰囲気下で PdCl$_2$ と CuCl$_2$ の双方を触媒量用いるだけで基質の A-H と B-H との反応が進行し,A-B を生成する.大事なことは,触媒量の PdCl$_2$ と共酸化剤の CuCl$_2$ とを酸素雰囲気下で併用することにより,はじめて反応は両金属に関し触媒的に進行することである.この点が同じパラジウムの触媒反応といっても,Pd(0) だけで触媒反応が可能な,上記の"Pd(0)錯体の触媒反応"とは本質的に異なる.このように,"Pd(0)錯体の触媒反応"と,共酸化剤の共存下,すなわち"Pd(II) + 共酸化剤"を用いることにより,はじめて触媒反応が可能となる"Pd(II)化合物の酸化反応"との違いをよく認識することがパラジウムの有機化学の理解に肝要である."Pd(II)化合物の酸

$$A-H + B-H + PdCl_2 \longrightarrow A-B + Pd(0) + 2HCl$$

$$Pd(0) + 2CuCl_2 \longrightarrow PdCl_2 + 2CuCl$$

$$2CuCl + 1/2 O_2 + 2HCl \longrightarrow 2CuCl_2 + H_2O$$

$$\overline{A-H + B-H + 1/2 O_2 \xrightarrow{PdCl_2, CuCl_2 （触媒）} A-B + H_2O}$$

$$A-H + A-H + PdCl_2 \longrightarrow A-A + Pd(0) + 2HCl$$

図2・4 Pd(II)化合物の酸化反応の触媒プロセス

化反応"では，A—H と B—H の代わりに，2分子の A—H であってもよく，その場合は A—A が生成物である．

図 2・4 の"Pd(II)化合物の酸化反応"に相当する反応例(図 2・5)には次のものがある．エチレンからアセトアルデヒドを製造する Wacker 反応，エチレンと酢酸からの酢酸ビニルの製造，スチレンとベンゼンからスチルベンの生成，ベンゼン 2 分子間の酸化的脱水素によるビフェニルの生成がそれである．これらの反応については §2・3 でさらに詳しく説明する．

$PdCl_2$ のほかに Pd(II)化合物として $Pd(OAc)_2$ も広く用いられる．$Pd(OAc)_2$ は $PdCl_2$ と異なり多くの有機溶媒に溶解する．図 2・5 の反応例で生成する Pd(0) を $Pd(OAc)_2$ に再酸化するには $Cu(OAc)_2$，ベンゾキノン，過酸化物などが用いられる．

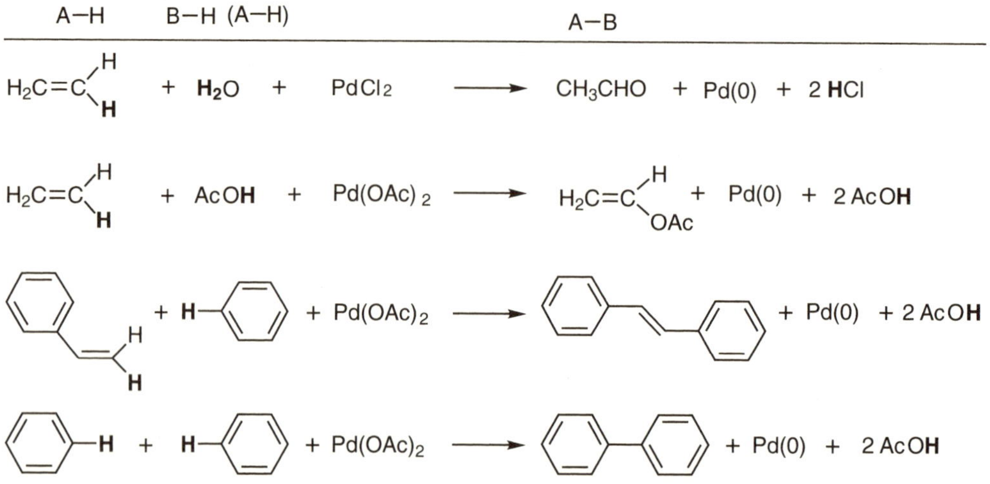

図 2・5　Pd(II)化合物を用いる酸化(脱水素)反応

以上がパラジウムを用いる有機合成の概要であるが，以下の節で具体例をあげて説明する．パラジウムの反応は本章のほかに第 5 章でとりあげる．それ以外に有用な反応もあるが，紙面の都合上省略した．

### 参 考 書

- R. F. Heck, "Palladium Reagents in Organic Synthesis", Academic Press (1985).
- J. Tsuji, "Palladium Reagents and Catalysts, Innovations in Organic Synthesis"; John Wiley & Sons (1995).
- J. L. Malleron, J.C. Fiaud, J. Y. Legros, "Handbook of Palladium-Catalyzed Organic Reactions", Academic Press (1997).
- "Perspectives in Organopalladium Chemistry for the 21 Century", ed. by J. Tsuji, Elsevier (1999).
- J. Jack, G. W. Gribble, "Palladium in Heterocyclic Chemistry for Synthetic Chemists", Pergamon Press (2000).
- "Handbook of Organopalladium Chemistry for Organic Synthesis", Vol. I,II, ed. by E. Negishi, Wiley-Interscience (2002).（パラジウムの有機化学の集大成）
- J. Tsuji, "Palladium Reagents and Catalysts, New Perspectives for the 21st Century", John Wiley & Sons (2004).
- "Palladium in Organic Synthesis," ed. by J. Tsuji , Topics in Organometallic Chemistry, Vol. 14, Springer Verlag (2005).

### 参 考 に な る 総 説

- "Recent Advances in Organopalladium Chemistry, Dedicated to J. Tsuji and R. F. Heck", ed. by Y. Yamamoto, E. Negishi, *J. Organomet. Chem.*, **576** (1999).（特集号）
- L. F. Tietze, H. Ila, H. P. Bell, "Enantioselective Palladium-Catalyzed Transformation" *Chem. Rev.*, **104**, 3453 (2004).
- 関 雅彦，"パラジウム炭素を用いる有機合成"，有機合成化学協会誌，**64**，853（2006）．
- "Special Issue Dedicated to Professor R. Heck", ed. by V. Snieckus, *Synlett*, 2835 (2006).

## 2・2 Pd(0)錯体の触媒反応: 有機ハロゲン化物および擬ハロゲン化物の反応
### 2・2・1 それらの触媒反応は酸化的付加で始まる

　種々の遷移金属錯体が反応剤または触媒として有機合成に活用されているが，そのなかでもパラジウム触媒は，多様な炭素–炭素結合生成反応を提供する点で，他の遷移金属触媒より卓越している．また，数あるパラジウムの関与する触媒反応では，有機ハロゲン化物および擬ハロゲン化物を基質とする反応の種類が圧倒的に多い．ハロゲン化アリルとアルキルはそれら自体の反応性は高く，触媒なしでも容易に反応するが，$sp^2$炭素についたハロゲン化アリール（Ar－X）とアルケニル（ビニル）は一般の求核剤に対しては反応性は低い．しかし，Pd(0)やNi(0)の錯体触媒を用いれば，これらの化合物は容易に反応するようになる．すなわち，困難とされる芳香族ハロゲン化物の求核置換反応が容易に進行する．

　有機ハロゲン化物および擬ハロゲン化物は触媒的な炭素–炭素結合生成に最も重要な合成原料で，その一連の反応の全体像を把握すれば遷移金属触媒反応のかなりの部分を理解し，他の反応を類推できるといっても過言ではない．このような理由により，まず，Pd(0)錯体を触媒に用いる有機ハロゲン化物および擬ハロゲン化物を基質とする反応について述べる．ここでとり上げる有機ハロゲン化物とは，ハロゲン化アリル，アリール，アルケニルとアルキルである．

　有機ハロゲン化物の代表としてベンゼン誘導体を選び，どのようなハロゲン化物および擬ハロゲン化物がPd(0)に酸化的付加してフェニルパラジウム中間体 **1** を生成するかを以下にまとめた．

ここでいう擬ハロゲン化物とはハロゲン化物と同様にすぐれた脱離基をもち，$R^+$シントン（Rはアリール，アルケニル，アリル，場合によりアルキル基）を提供する基質であって，Pd(0)錯体に酸化的付加するものである．よく使用される擬ハロゲン化物には，アレーンジアゾニウム塩 **2**，トリフルオロメタンスルホン酸アリール（アリールトリフラート）[Ar–OTfと略す，Tfは$(CF_3SO_2)$] **3** や塩化アシルがある．**2** が反応することは，間接的にアニリン類のアミノ基の置換反応が可能であることを意味する．**3** が反応することで，フェノール類のヒドロキシ基の置換も間接的に可能となる．塩化アシルは酸化的付加によりアシル錯体 **4** を生成するが，そのまま反応する場合と，脱カルボニルして **1** を生成してから反応する場合とがある．

ハロゲン化アルケニル **5** も Pd(0) に酸化的付加し，アルケニルパラジウム **6** を生成する．ハロゲン化物だけでなく，ケトン **7** から誘導できるエノールトリフラート **8** や，エノールホスファート **9** も **6** を生成する．

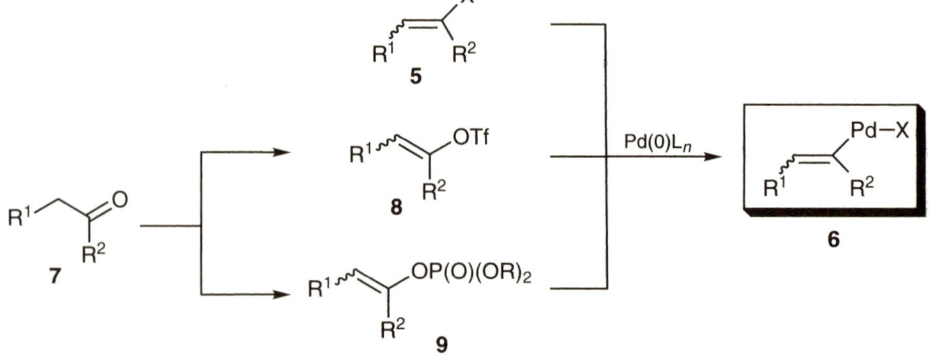

アリル化合物は酸化的付加により σ-アリル錯体 **10** を生成するが，さらに二重結合のπ電子の関与によって π-アリルパラジウム錯体 **11** を生成する．**11** は種々の求核剤と反応し **12** を与える．触媒がなくても反応するハロゲン化アリルは反応性が高すぎるので，反応を円滑に進めるにはそれよりはむしろ，触媒の存在下でのみ反応する数種の擬ハロゲン化アリルが使用される．これは，辻-Trost 反応とよばれる．特にアリルエステル（炭酸，酢酸，リン酸エステル）はパラジウム触媒の存在下，触媒なしでは達成できない種々の有用な合成反応に活用できる．酢酸アリルは塩基の存在下で使用される．

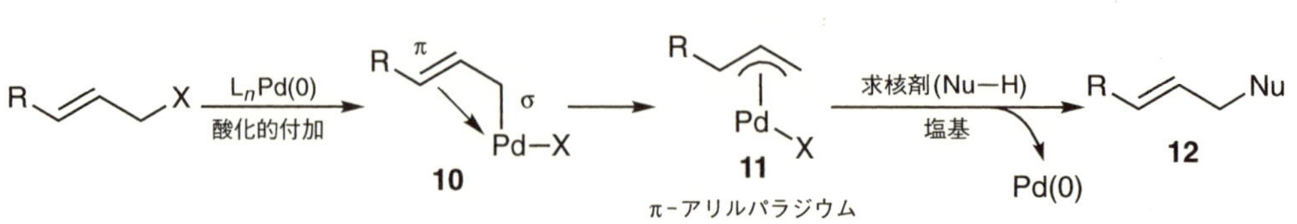

一方，炭酸アリルメチル **13** は酸化的付加に脱炭酸が伴い，π-アリルパラジウムメトキシド **14** を生成する（図 2・6）．このメトキシドは塩基として求核剤からプロトンを引き抜いて **15** を与えるので，外部から塩基を加えなくても，すなわち中性条件下で求核剤（Nu–H）との反応が進行するので利用価値が高い[1]．

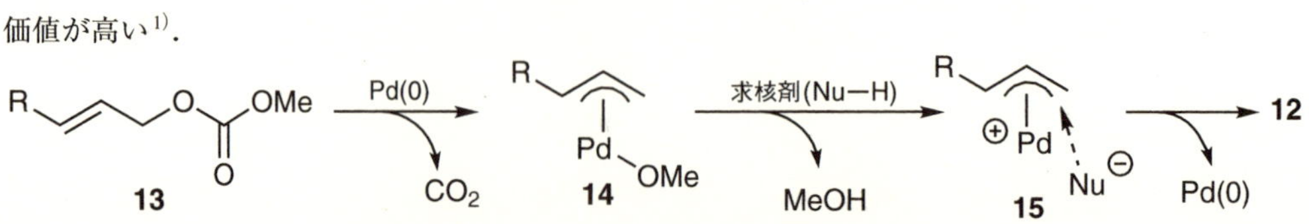

**図 2・6 炭酸アリルの中性条件下での反応**

## 2・2 Pd(0)錯体の触媒反応：有機ハロゲン化物および擬ハロゲン化物の反応

ながらく sp³ 炭素についたハロゲン化アルキルは錯体触媒反応の基質には適さないとされてきた．なぜならそれらは酸化的付加が起こりにくく，またたとえ酸化的付加が起こってアルキル金属錯体が生成しても，それは容易に β 水素脱離を起こし分解するからである．最近になって配位子の化学が進歩し，酸化的付加を促進する効果のある電子密度が高い配位子や，還元的脱離に有利なかさ高い配位子を選ぶことにより，限界はあるけれどもハロゲン化アルキルを Pd の触媒的合成反応に利用できるようになった[2]．

ハロゲン化物の反応に触媒としてよく使用される市販の Pd(0) 錯体である $Pd(PPh_3)_4$ は，配位している $PPh_3$ のいくつかを解離し，配位的不飽和の活性な錯体となって触媒として働く．Pd(0) 触媒を用いる有機ハロゲン化物の触媒反応の全般を理解するために，アリール化合物 (Ar—X) を代表として説明する．

まず，ハロゲン化物が Pd(0) 錯体に酸化的付加し，Pd—C の σ 結合をもつアリールパラジウム錯体 **16** が生成する（図2・7）．そして，この Pd(II) 錯体 **16** は図2・2 および図2・3 の一般式で示された2種類の反応をする．"Pd(0) 錯体の触媒反応 I" は酸化的付加に続き挿入が起こる反応で，**16** の炭素とパラジウムの σ 結合に，アルケンのように不飽和結合をもつ分子が挿入して **17** を生成し，ついで β 水素脱離で新しいアルケン **18** を与える反応である．また，CO が挿入すればカルボニル化が起こりアシル錯体 **19** が生成し，アルコールと反応してエステルを与える．"Pd(0) 錯体の触媒反応 II" では酸化的付加で生成する **16** の X が，有機典型金属化合物の R と交換する反応，すなわちトランス

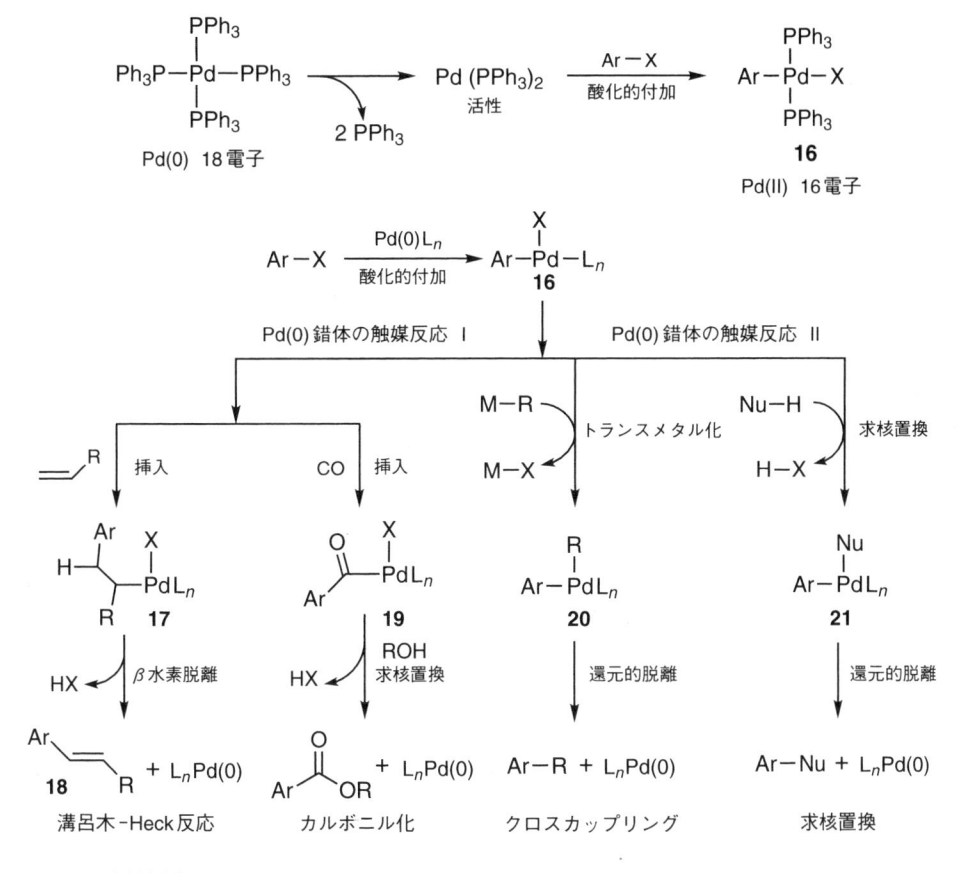

**図2・7 パラジウム触媒によるハロゲン化アリールの代表的反応**

メタル化が起こり **20** となり，その還元的脱離でクロスカップリング反応が進行する．さらによく似た反応として，アミン，アルコールやマロン酸エステルなどの求核剤(Nu−H)が **16** と反応して **21** を生成し，それが還元的脱離すれば芳香族求核置換が起こる．“Pd(0)錯体の触媒反応 I および II ”のいずれの場合も最終ステップで触媒活性種の Pd(0)が再生されて，触媒サイクルが繰返される．

ハロゲン化物の触媒反応には，種々のホスフィンを配位させた Pd(0)錯体が使われる．臭化アリールの反応には $PPh_3$ が配位子として用いられる．一方，反応性の高いアリールトリフラート，アレーンジアゾニウム塩，塩化アシル，および場合によってはヨウ化アリールは配位子がなくても反応させることができる．反応性の非常に低い塩化アリール類を反応させるには，電子密度が高くて，求核反応である酸化的付加を促進する効果の大きい配位子が必要である[3),4)]．$P(t\text{-}Bu)_3$，ジ-*t*-ブチル亜ホスフィン酸(**L-1**)，$PCy_3$ (**L-3**)，ヘテロ環カルベン配位子(**L-17**，**L-18**)がそのような配位子である(**L-1** などは巻頭に一覧表を示してある)．

ハロゲン化アリールの芳香環についた電子求引性基は，律速段階である酸化的付加を促進するので反応性を向上させ，メトキシ基のような電子供与性基は酸化的付加の速度を低下させる．

### 2・2・2　酸化的付加に続く挿入で進行する反応：Pd(0)錯体の触媒反応 I

#### (a) アルケンおよびジエンの挿入(溝呂木-Heck 反応)

酸化的付加による中間体 **16** の生成に続いて挿入の起こる“Pd(0)錯体の触媒反応 I ”のうち，まずアルケンやジエンの挿入を経て進行する合成反応をとり上げる．

アルケンの挿入で代表的なのは溝呂木-Heck 反応である[5)~11)]．ヨードベンゼンとアクリル酸メチル(**22**)からケイ皮酸メチル(**23**)が高収率で合成できるのをはじめ，用途の広い合成反応である．この反応は図 2・8 で示すように，1) Pd(0)へのハロゲン化物の酸化的付加による **24** の生成，2) アルケン **22** の挿入(すなわちカルボパラジウム化)によるアルキルパラジウム中間体 **25** の生成，3) **25**

溝呂木-Heck 反応

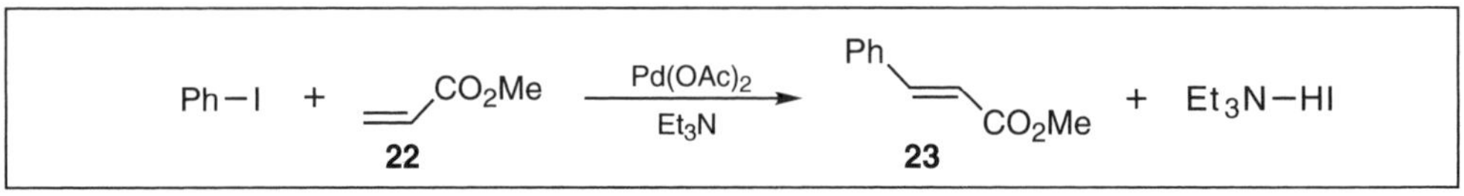
Ph−I
CO2Me
22
Pd(OAc)2
Et3N
Ph
CO2Me
23
Et3N−HI

反応機構

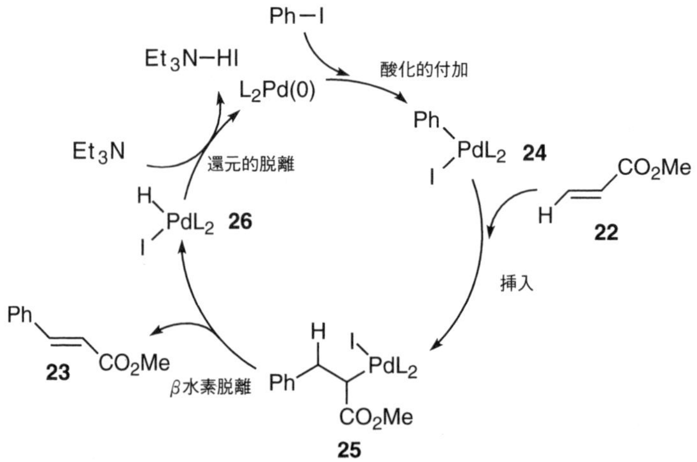
Ph−I
酸化的付加
Et3N−HI
L2Pd(0)
Ph
PdL2 24
I
CO2Me
H
22
挿入
Et3N
還元的脱離
H
PdL2 26
I
Ph
CO2Me
23
β水素脱離
H
I
PdL2
Ph
CO2Me
25

図 2・8　溝呂木-Heck 反応の機構

の β 水素脱離による **23** と，パラジウムヒドリド **26** の生成，4) 第三級アミンのような塩基存在下，**26** の還元的脱離による Pd(0) の再生という素反応の組合せで説明できる．

ハロゲン化物の反応における触媒活性種は Pd(0) 錯体であるが，ここでその触媒調製法について説明する．最も簡便には空気中では不安定な市販の Pd(0) 錯体である Pd(PPh$_3$)$_4$ をそのまま使用する．また，やや安定な市販の Pd(0) 錯体の Pd(dba)$_2$†に，適当量のホスフィンを加えて Pd(0) と PPh$_3$ の希望の比率の触媒を調製できる．さらに，Pd(OAc)$_2$ や PdCl$_2$(PPh$_3$)$_2$ のような Pd(II) 化合物を，反応系中で種々の反応剤で還元し Pd(0) を調製する便利な方法がある．たとえば，Pd(OAc)$_2$ や PdCl$_2$(PPh$_3$)$_2$ を溶媒に溶解，または懸濁させ，それに反応基質のアルケン（Wacker 反応により還元が起こる．§2・3・2参照），溶媒としてアルコール（カルボニル基に酸化される）やアミン，NaBH$_4$ のような金属ヒドリドなどを加えると，それらは Pd(II) の還元剤として働き，反応速度に差はあるが Pd(II) を Pd(0) に還元する．ホスフィンもよい還元剤であり水の存在下，おそらく図2・9のような機構で PPh$_3$ はゆっくり Pd(OAc)$_2$ を Pd(0) に還元するので，適当量のホスフィンを加えておくとそれが Pd(0) に配位したホスフィン錯体が調製できる．特に P($n$-Bu)$_3$ は Pd(OAc)$_2$ から Pd(0) を速やかに調製するよい還元剤である．

$$Pd(OAc)_2 + 5\,PPh_3 + H_2O + 2\,Et_3N \longrightarrow Pd(PPh_3)_4 + O=PPh_3 + 2\,Et_3NHAc$$

反応機構

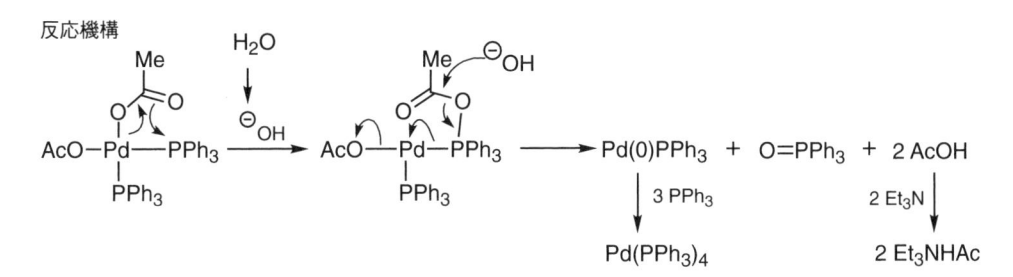

**図2・9** H$_2$O の存在下 PPh$_3$ による Pd(OAc)$_2$ の Pd(0) への還元

注意すべきことに，Pd(OAc)$_2$ には二つの用途がある．一つは§2・3(p.78)でとり上げるようにアルケンなどの酸化剤としての用途である．二つ目は，反応系で Pd(0) に還元されて触媒前駆体となることである．Pd(0) が触媒となる反応を扱う論文では，Pd(0) の触媒源として Pd(OAc)$_2$ が使用されていることが多い．この場合 Pd(OAc)$_2$ は，CO，アルコール，アルケン，ホスフィンなどによって反応系で容易に Pd(0) に還元されているので，とりたてて Pd(II) の Pd(0) への還元反応には触れられていない．このことはパラジウム触媒反応の初学者にはよく誤解されるが，実際には Pd(OAc)$_2$ は酸化剤の Pd(II) としてではなく，Pd(0) 触媒の前駆体として用いられることが多い．

ヨウ化物のようにホスフィンなしでも反応する場合は，Pd(OAc)$_2$ あるいはパラジウム炭素だけをそのまま使用する．臭化物はホスフィンが必要であることが多い．そこで $p$-ブロモヨードベンゼン

---

† Pd(0) 錯体として市販されている Pd$_2$(dba)$_3$(CHCl$_3$) や実験室で合成できる Pd(dba)$_2$ が，パラジウム触媒反応でよく使用される．DBA はジベンジリデンアセトン（**L-19**）の略で，そのオレフィン結合で Pd(0) に配位する．研究論文の実験の部では Pd$_2$(dba)$_3$ や Pd(dba)$_2$ の両方が記載されているが，両者は同じものとみてよい．すなわち，Pd(dba)$_2$ は Pd$_2$(dba)$_4$ であるが，実際には Pd$_2$(dba)$_3$dba と書くのが正しく，一つの DBA はパラジウムに配位していないので，本質的には Pd$_2$(dba)$_3$ とみなされる．合成した Pd(dba)$_2$ を CHCl$_3$ から再結晶すると，この配位していない DBA は CHCl$_3$ で置換され Pd$_2$(dba)$_3$(CHCl$_3$) となる．この市販されている錯体は比較的安定であり，その溶液にホスフィン類を添加すると DBA は容易にホスフィンに置換され，配位不飽和の Pd(0) 錯体が調製できるので，溶媒に可溶な Pd(0) 触媒源として使用される．

とアクリル酸メチルとの反応で，まず配位子なしの反応では選択的に p-ブロモケイ皮酸メチル(**27**)が得られる．つぎに反応系にスチレンと触媒量の P(o-Tol)$_3$(**L-4**)または PPh$_3$ を加えると，残る臭化物が反応し **28** が化学選択的に合成できる．一般に反応性が低いとされている p-クロロアニソールのような塩化アリールは，かさ高く電子密度の大きい P(t-Bu)$_3$，**L-1** やカルベン配位子(**L-17**，**L-18**)用いることによって反応し，p-メトキシケイ皮酸メチル(**29**)を与える[4]．

アレーンジアゾニウム塩は反応性が高く，ホスフィンなしで反応する[12]．酢酸中で p-メトキシアニリンを亜硝酸ブチルでジアゾ化して反応系で **30** を調製し，Pd(0)触媒の前駆体である Pd(OAc)$_2$ 存在下，常圧のエチレンを反応させて，スチレン誘導体 **31** が合成されている．これは従来の合成手段では考えられもしなかった，間接的な芳香族アミノ基のビニル基による置換反応である．

フェノール類から誘導されるアリールトリフラート **32** とスチレンから，容易にスチルベン誘導体 **33** が合成できる．このように，従来は不可能であったフェノール類のヒドロキシ基の，間接的置換が可能となった．ケトンから誘導されるエノールトリフラート **34** に，アルケンを反応させると共役ジエン **35** が合成できる．

## 2・2 Pd(0)錯体の触媒反応：有機ハロゲン化物および擬ハロゲン化物の反応

塩化アシルも活性の高い基質である．塩化 p-ブロモベンゾイル(**36**)は段階的に，官能基選択的に反応させることができる．まず，ホスフィンがなくても Pd(OAc)$_2$ だけで塩化アシル側で酸化的付加が起こり，アシルパラジウム錯体 **37** を生成するが，これは第三級アミンの存在下では CO を脱離して **38** となる．それにアクリル酸メチルが挿入し選択的に **39** を与える．つぎに，触媒量の PPh$_3$ を加えて残る臭素基にアクリロニトリルを反応させると **40** が生成する．

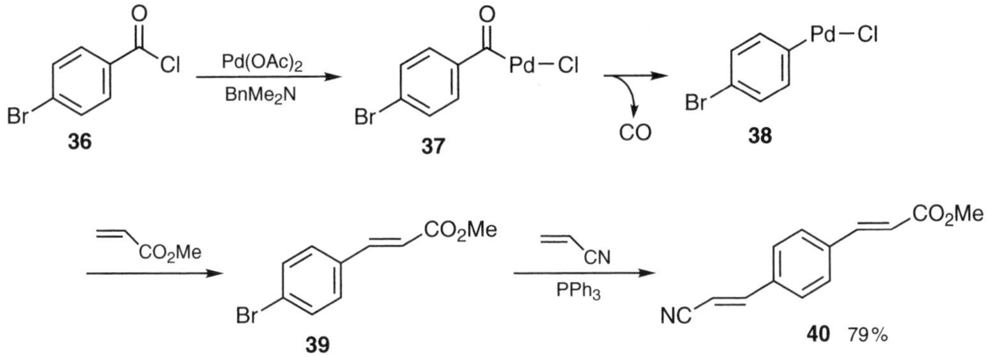

アルケンとしてメタリルアルコール(**41**)を反応させると(図 2・10)，ブロモベンゼンの酸化的付加で生成した Pd-Ph 結合に，メタリルアルコールの二重結合が挿入する．挿入で生成した **42** はパラジウムに対し 2 種の β 水素をもつが，そのうち酸素に直結した炭素についた β 水素が選択的に脱離するのでアルデヒド **43** が生成する．別の β 水素の脱離で生成する可能性のあるフェニル置換メタリルアルコール **44** は得られない．

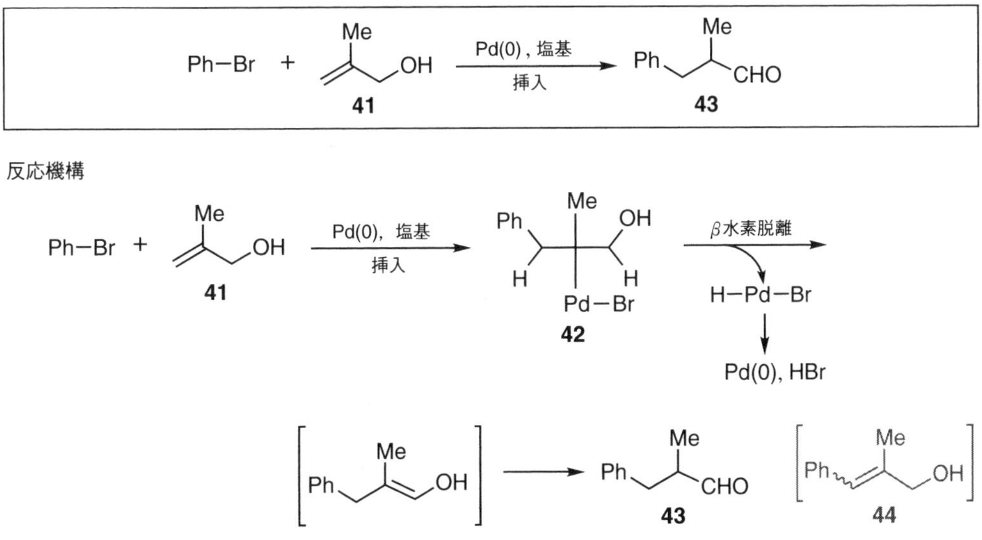

図 2・10 アリルアルコール類の溝呂木-Heck 反応

共役ジエンとの反応では(図 2・11)，酸化的付加で生成した Ar-Pd-X にジエンの一つの二重結合が挿入し，π-アリルパラジウム錯体 **45** が生成する．それが求核剤(Nu-H)と反応すれば 1,4-付加体 **46** となる．一方，求核剤がなければ，**47** のように δ 水素の脱離が起こり共役ジエン **48** になる．**48** の二重結合は再び Ar-Pd-X 結合に挿入して π-アリルパラジウム錯体 **49** になり，その β 水素

が脱離すれば，1,4-二置換共役ジエン 50 が得られる．また，o-ヨードアニリン(51)と 1,3-シクロヘキサジエン(52)との反応で生成した π-アリル錯体 53 は，求核剤のアミンと分子内で反応し 1,2-付加体 54 となる．

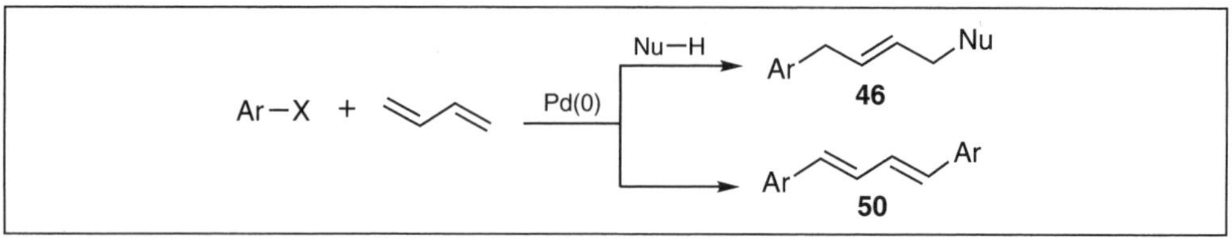

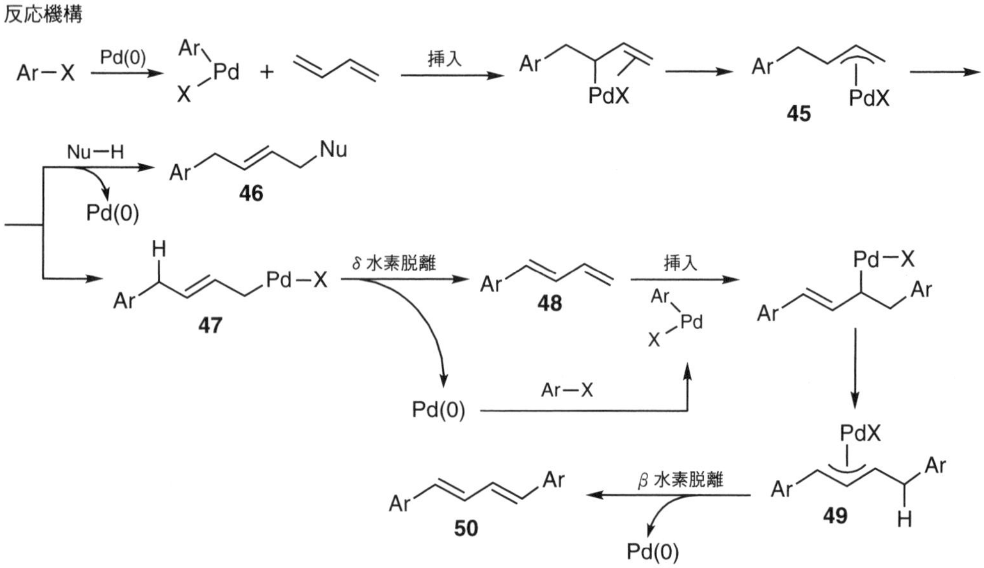

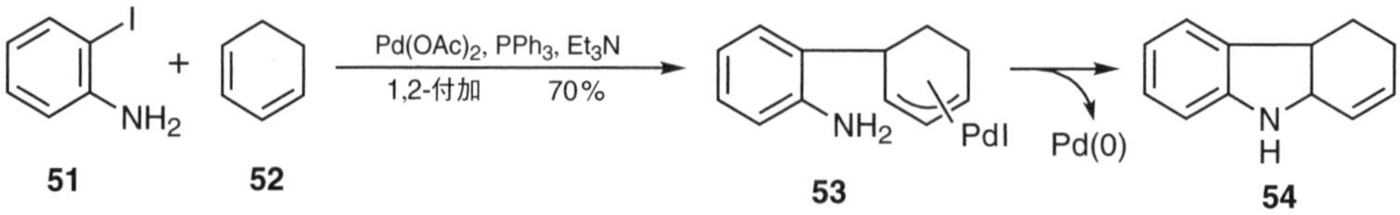

図 2・11 共役ジエンの溝呂木-Heck 反応

非対称のアレン誘導体 55 の反応では二方向に挿入の可能性があるが，挿入によって π-アリル形錯体を生成する方向，すなわちパラジウムが末端炭素につくようにアレンの 2,3 位の二重結合が選択的に挿入し，π-アリルパラジウム錯体 56 を生成する．それに求核剤であるアミンが π-アリル系の立体的に空いた側から反応すれば，アリルアミン 57 が位置選択的に生成する．

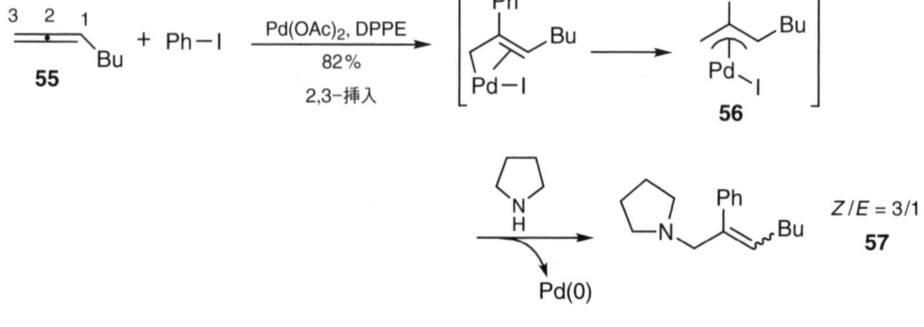

## 分子内溝呂木-Heck 反応: 環状化合物の新しい合成法

立体障害のある置換アルケンの分子間溝呂木-Heck 反応は円滑に進行しないことがあるが，分子

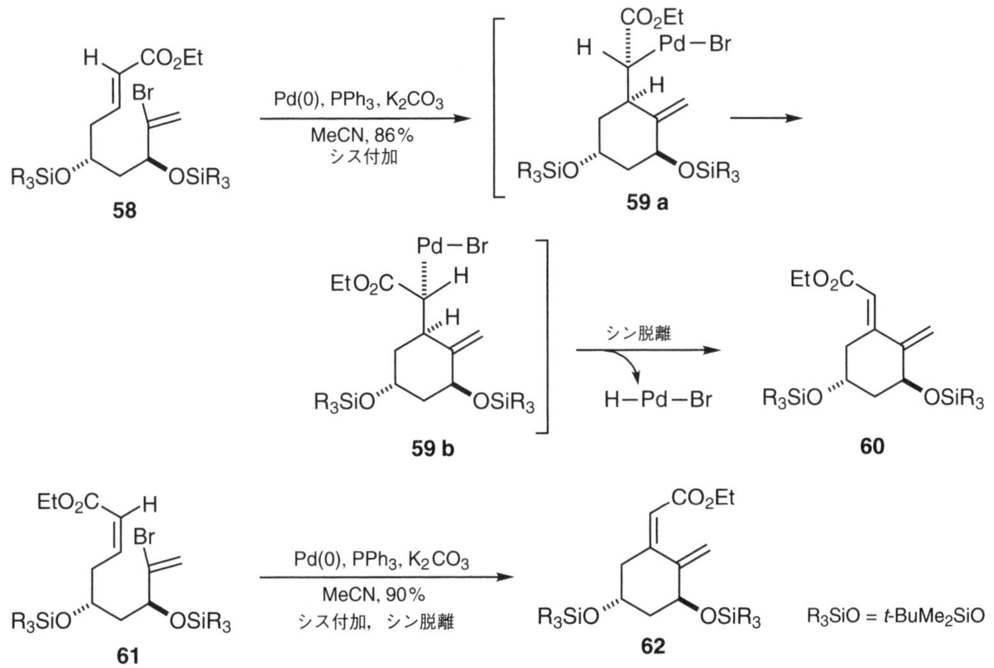

図 2・12 溝呂木-Heck 反応の立体選択性

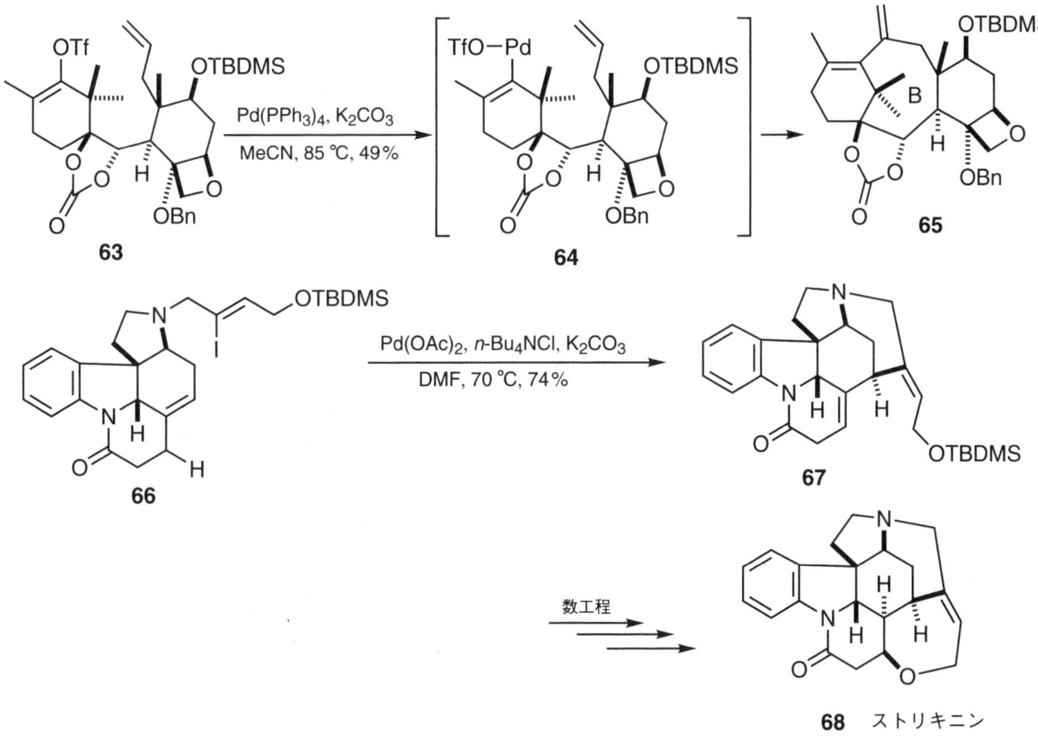

図 2・13 分子内溝呂木-Heck 反応の天然物合成への応用

内反応であれば立体障害のある多置換アルケンでも収率よく進行する[5)〜11)]．この有力な環化法を鍵反応として，多くの複雑な構造の環状天然物が短行程で合成されている．1α-ヒドロキシビタミン D の A 環部分 **60** と **62** の合成(図2・12)では，E 形アルケン **58** は立体選択的に分子内挿入して **59a** となり，**59b** の β 水素のシン(syn)脱離により (E)-エキソジエン **60** を与える．一方，Z 形の **61** からは (Z)-エキソジエン **62** が得られる．この結果は **59b** からわかるように，二重結合の挿入がシス付加であり，**59b** の β 水素脱離もシン脱離であることを示している．

エノールトリフラート **63** から，**64** を経る分子内溝呂木–Heck 反応(図2・13)によって，多くの官能基で立体的に込み合ったタキソール誘導体 **65** 中の八員環(B 環)が構築されている．また，ストリキニン(**68**)の全合成では，Diels–Alder 反応などで合成したヨウ化アルケニル **66** の，分子内溝呂木–Heck 反応による **67** の構築が鍵反応である．

光学活性の二座ホスフィンを使用することによって不斉溝呂木–Heck 反応を進行させ，多くの光学活性天然物が合成されている[7)〜11)]．インドールアルカロイドの合成中間体 **71** の合成では，不斉配位子の (R)-BINAP(**L-25**)を用いるトリフラート **69** の不斉環化反応が利用されている．この環化段階では，用いられるキラル配位子の S または R 構造によって，**69** の二重結合を含むエナンチオトピック面の上下どちらかの側から選択的に，Ar–Pd–OTf が攻撃することで不斉誘起が起こり，込み合った第四級炭素をもつ **70** が構築され，98 % ee の **71** が収率 91 % で得られている[†]．

### (b) アルキンの挿入

CuI の存在下，トランスメタル化機構で末端アルキンをアリール化する薗頭反応は §2・2・3(b) で述べる．一方，ハロゲン化物の酸化的付加の後でアルキンの三重結合が挿入(すなわちシス-カルボ

---

[†] % ee はエナンチオ過剰率で，不斉合成によって得られた光学活性化合物の光学収率は，光学純度 100 % の化合物の比旋光度をもとに，生成物の比旋光度の比を算出したものを 100 倍したもので決められる．すなわち，光学純度 100 % の化合物の比旋光度が知られていれば，旋光計で生成物の光学純度が決定できる．しかし，現在では % ee で表すのが一般的である．不斉合成の生成物の R 体と S 体の比を，液体クロマトグラフィーまたはガスクロマトグラフィーや NMR スペクトルなどの手段で正確に測定し，それから % ee を計算する．たとえば R 体と S 体が 90:10 の比で生成した場合を考えると，S 体 10 % と R 体 10 % でラセミ体をつくるので，その組成は R 体 80 % とラセミ体 20 % である．そこで，R 体の組成を示すのに % ee が用いられる．% ee とは [R 体−S 体]/[R 体＋S 体]×100 である．90:10 に当てはめると，(90−10)/(90+10)×100＝80 % ee と計算できる．組成が百分率で示してある場合は，その差 90−10＝80 % ee で求められる．R 体と S 体の比が 99:1 であれば 98 % ee である．

パラジウム化)すれば、アルケニル錯体 **72** や **73** が生成する。**72** と **73** はハロゲン化アルケニルの酸化的付加ではじまる溝呂木-Heck 反応の中間錯体と類似の構造をもつが、β水素脱離の可能性のない"生きた中間体"であるので反応はここで終わらず、さらにアルケン、アルキン、CO の挿入などが続くか、あるいはトランスメタル化を受け、ドミノ反応が進行する。

ジエンイン **74** のドミノ反応では、**75** のようにまず三重結合の挿入で六員環 **76** が形成され、つぎに二重結合が挿入して五員環 **77** となる。さらに二重結合が挿入して五員環 **78** が生成する。最後に **78** の二重結合の挿入で三員環 **79** が生成し、ついでβ水素脱離が起こって **80** となることで、触媒反応が完成する。ここで大事なことは、アルキルパラジウム中間体 **77** と **78** には、いずれもβ水素が存在しないのでβ水素脱離は起こらない。そのため"生きた中間体"として挿入を繰返し、炭素-炭素結合生成が4回起こるドミノ反応とよばれる連続反応になり、β水素脱離で反応は完了する[6), 7)]。

反応機構

81 の末端アルキンの分子内挿入で生成した中間体 82 は，アルキニルトリ-n-ブチルスズ 83 とのトランスメタル化で 84 となり，続く還元的脱離によって 85 を生成する．

オルト位に求核性の OH, SH, NH$_2$ 基をもつヨードベンゼンとアルキンとの反応は，2,3-二置換ベンゾフラン，ベンゾチアゾール，インドール類のよい合成法になる[13]．o-ヨードフェノールから生成した 86 にアルキンが挿入すれば 87 となり，つぎに OH の分子内求核反応が起これば パラダサイクル 88 を生成し，それが還元的脱離してベンゾフラン 89 を与える．同様に o-ヨードアニリン(90)とジメチルアセチレンとの反応によってジメチルインドール(91)が得られる．

(c) π-アリル錯体へのアルケン，アルキンの分子内挿入

π-アリル錯体にはアルケンやアルキンの分子間挿入はほとんど起こらない．しかし，分子内であれば容易に進行するので，多環状化合物の有用な合成法になる[14),15)]．例として分子内に二つの二重結合をもつ酢酸アリル誘導体 92 を，トリフリルホスフィン(L-5)を配位子に用いて反応させると，まず生成した π-アリル中間体 93 に環状二重結合が挿入して五員環 94 になるが，さらに末端二重結合の挿入で五員環 95 が生成する．最後に末端二重結合の挿入が起こって六員環となり，その中間体の β 水素脱離で 96 が収率 50% で得られる．中間体 94, 95 には β 水素が存在するにもかかわらず，立体的理由により β 水素のシン脱離が困難なため，挿入が優先して起こっている．

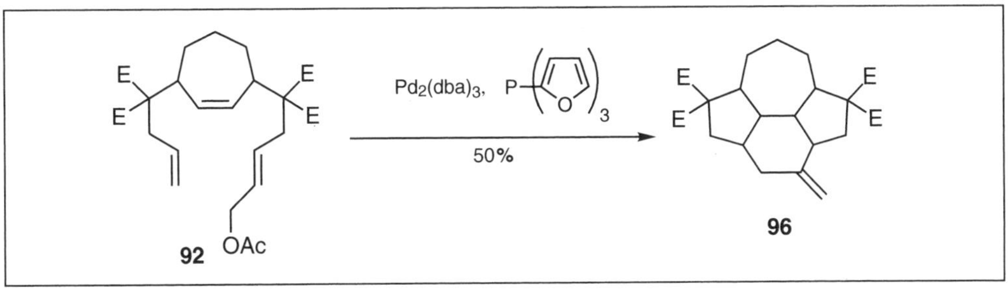

反応機構

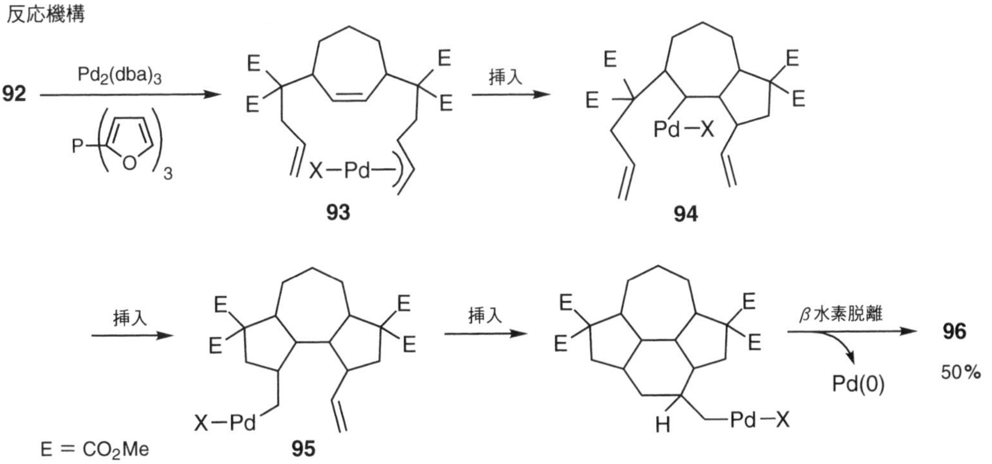

E = CO₂Me

## (d) 一酸化炭素の挿入: カルボニル化反応

　有用な反応剤である CO は毒性に注意して使用する必要がある．遷移金属錯体の反応では，CO は金属-炭素結合に容易に挿入する．CO 挿入は種々のカルボニル化合物の合成の基本反応として重要である．ハロゲン化アリールと CO との反応では，ハロゲン化物の酸化的付加のあと，CO の挿入でアシルパラジウム **97** が生成する．それに種々の求核剤を反応させて，芳香族カルボン酸，エステル，アミドのほかアルデヒド，ケトンが合成できる．パラジウム触媒だけでなく，ロジウム，ニッケル，コバルト，鉄の各触媒も用いられるが，実用的には穏やかな条件下で容易に実施できるパラジウムの触媒的カルボニル化反応が有用である．

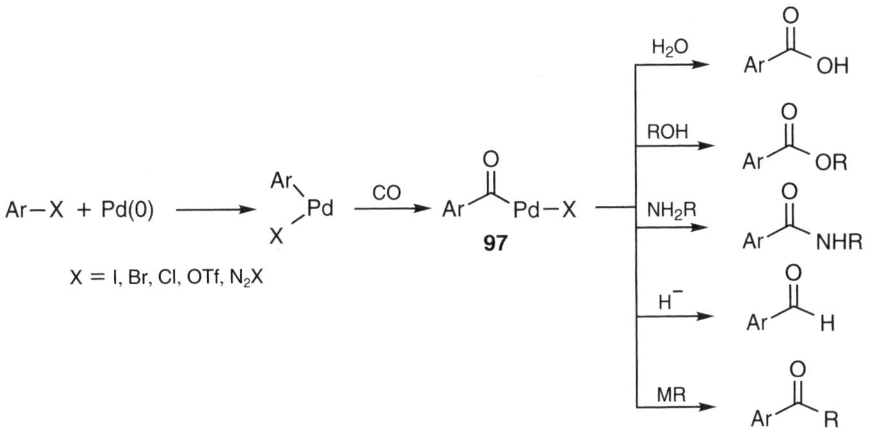

ハロゲン化アルケニルをカルボニル化すれば，α,β-不飽和カルボン酸誘導体 **98** が合成できる．アリル化合物のカルボニル化は π-アリルパラジウム中間体を経て，β,γ-不飽和カルボン酸誘導体 **99** を生成する．このように種々のハロゲン化物および擬ハロゲン化物のカルボニル化反応は，芳香族カルボン酸，α,β- および β,γ-不飽和カルボン酸誘導体，さらに相当するアルデヒドとケトンのよい合成法である．つぎに反応例をあげて説明する．

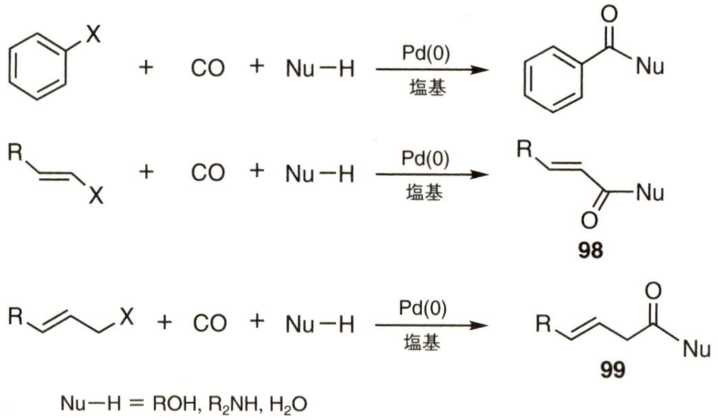

## カルボン酸およびエステルの合成

DPPF(**L-16**)を配位子に用いる 2-クロロピリジンのカルボニル化で，相当するピリジンカルボン酸エステル **100** が合成できる．ベンゼンジアゾニウム塩 **101** のカルボニル化は，酢酸ナトリウムの存在下，ホスフィンを用いることなく室温で進行し，カルボン酸混合無水物 **102** を生成した後，無水安息香酸と無水酢酸に不均化する．この方法によってアニリンから安息香酸が合成できることになる．

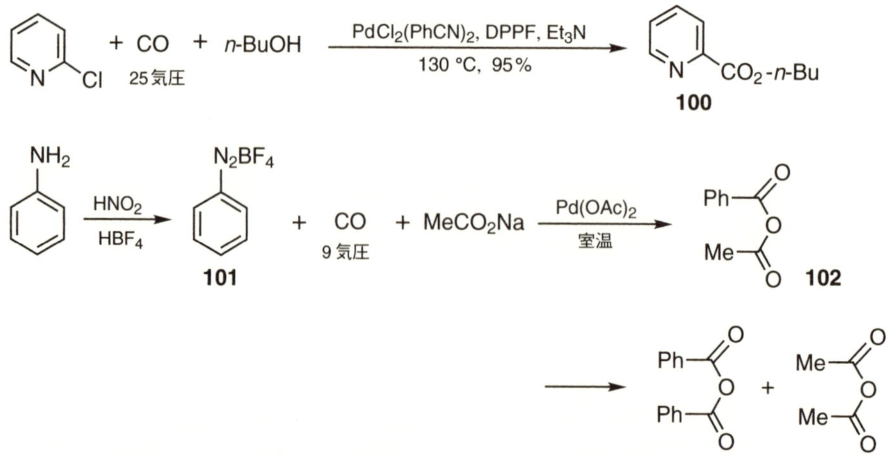

フェノール類をアリールトリフラートを経由して，カルボニル化すれば芳香族カルボン酸エステルが合成できる(図2・14)．すなわち，この方法でフェノール類から芳香族カルボン酸誘導体が合成できることになる．ケトンやアルデヒドから誘導できるエノールトリフラート **103** のカルボニル化によって，α,β-不飽和カルボン酸エステル **104** が得られる．アリールとエノールの2種類のトリフラート部分を分子内にもつステロイド誘導体 **105** の競争的なカルボニル化では，PPh₃ を配位子とすれば，まずエノールトリフラート部分がアミンの存在下選択的にカルボニル化されてアミド **106** となる．

つぎに DPPP(**L-12**)を用いて MeOH を含む DMSO 中でカルボニル化すれば，アリールトリフラート部分がカルボニル化されてアミドエステル **107** を与える．

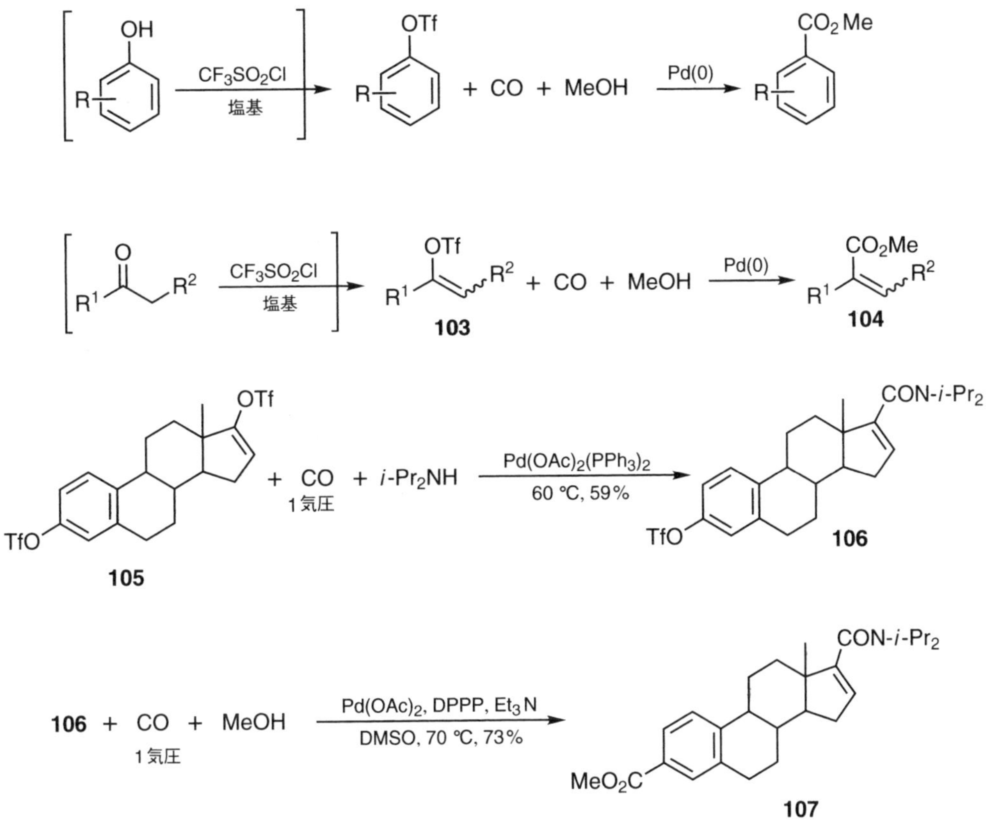

図 2・14　トリフラートのカルボニル化

炭酸アリルエチル **108** は穏やかな中性条件下，脱炭酸を伴い CO と反応し $\beta,\gamma$-不飽和カルボン酸エチル **109** を高収率で与える．これは形式的には CO と $CO_2$ との交換反応である[1), 15)]．

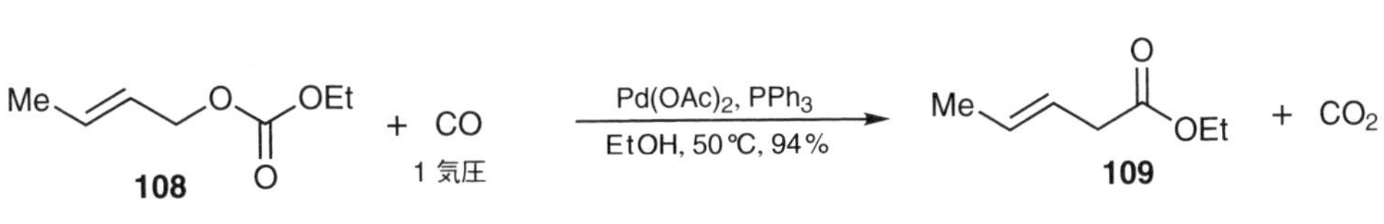

パラジウム以外の触媒によるカルボニル化として，ロジウム触媒とヨウ化水素を助触媒に用いる，メタノールのカルボニル化による酢酸の工業的製法(Monsanto 法，図 2・15)がある．この反応はつぎのような機構で説明されている．反応系でまずメタノールとヨウ化水素からヨウ化メチルが発生する．それが Rh(I)に酸化的付加し，ついで CO の挿入が起こり，アセチルロジウム錯体[Rh(III)] **110** が生成する．その還元的脱離でヨウ化アセチルが生成するとともに Rh(I)が再生し，さらに水との反応で酢酸とヨウ化水素が生成する．このようにして触媒サイクルが成立する．または錯体 **110** が水の求核攻撃を受け，酢酸と Rh(I)とヨウ化水素が生成するとも説明できる．

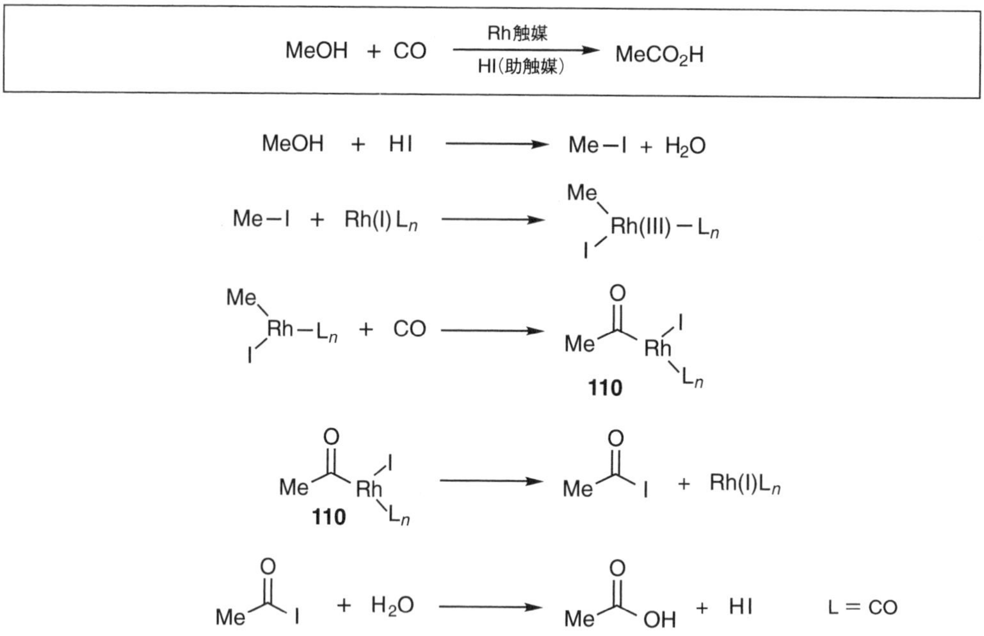

$$\text{MeOH} + \text{CO} \xrightarrow[\text{HI(助触媒)}]{\text{Rh触媒}} \text{MeCO}_2\text{H}$$

$$\text{MeOH} + \text{HI} \longrightarrow \text{Me-I} + \text{H}_2\text{O}$$

Me-I + Rh(I)L$_n$ → Me(I)Rh(III)-L$_n$

Me(I)Rh-L$_n$ + CO → MeC(O)Rh(I)L$_n$ **110**

**110** → MeC(O)I + Rh(I)L$_n$

MeC(O)I + H$_2$O → MeCO$_2$H + HI    L = CO

図 2・15 Monsanto 法による酢酸の製法

### アルデヒド，ケトンの合成

CO の挿入にトランスメタル化が続き，ついで還元的脱離が起こればアルデヒドまたはケトンが合成できる．アルデヒドはヒドリド源の存在下のカルボニル化で合成できる．スズやケイ素の水素化物の存在下，アレーンジアゾニウム塩 **111** から **112** を経て生成するアシルパラジウム錯体 **113** は，ヒドロシランとトランスメタル化してアシルパラジウムヒドリド錯体 **114** になり，その還元的脱離で芳香族アルデヒド **115** を生成する．

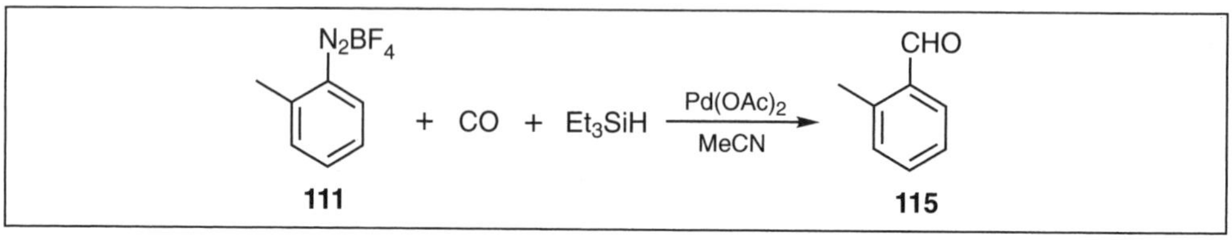

o-MeC$_6$H$_4$N$_2$BF$_4$ (**111**) + CO + Et$_3$SiH $\xrightarrow[\text{MeCN}]{\text{Pd(OAc)}_2}$ o-MeC$_6$H$_4$CHO (**115**)

反応機構

**111** $\xrightarrow[\text{MeCN}]{\text{Pd(OAc)}_2}$ ArPd-BF$_4$ (**112**) $\xrightarrow[\text{室温，挿入}]{\text{CO 10 気圧}}$ ArC(O)Pd-BF$_4$ (**113**) $\xrightarrow[-\text{Et}_3\text{SiBF}_4]{\text{Et}_3\text{SiH トランスメタル化}}$ ArC(O)Pd-H (**114**) $\xrightarrow[-\text{Pd(0)}]{\text{還元的脱離}}$ **115**

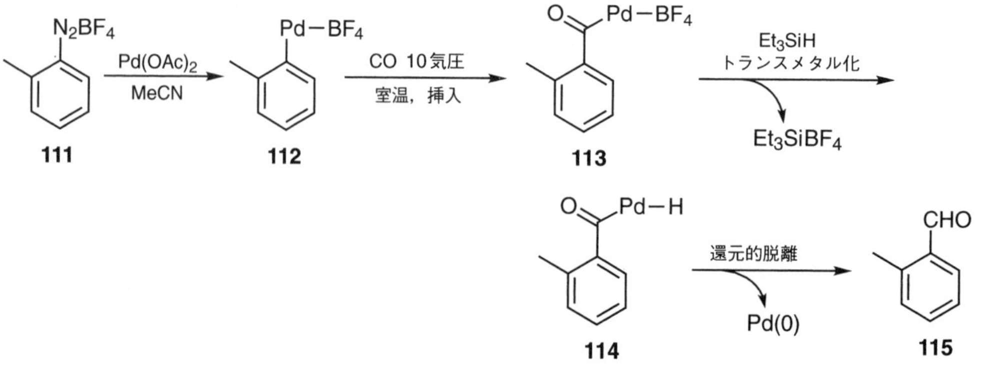

## 2・2 Pd(0)錯体の触媒反応: 有機ハロゲン化物および擬ハロゲン化物の反応

亜鉛，ホウ素，スズなどの有機典型金属化合物の存在下で，ヨードベンゼンをカルボニル化すればケトンが合成できる．この場合フェニルパラジウム錯体 **1** への CO の挿入によるベンゾイル錯体の生成は，**1** のトランスメタル化よりも速いことが重要である．**1** に CO が挿入して生成するベンゾイルパラジウム錯体 **116** は，亜鉛，ホウ素，スズなどの有機金属化合物でトランスメタル化され，アルキルベンゾイル錯体 **118** を生成し，それが還元的脱離してケトン **119** を与える．たとえば，ヨードベンゼンのカルボニル化で生成した錯体 **116** は，1-ヨードプロパンから調製したプロピル亜鉛 **117** でトランスメタル化され，プロピルベンゾイルパラジウム錯体 **118** を経てフェニルプロピルケトン (**119**) になる．競争反応として，CO の挿入を受けることなく，**1** がプロピル亜鉛とトランスメタル化して **120** を生成する反応が可能であるが，その還元的脱離生成物すなわち単なるクロスカップリング体であるプロピルベンゼン (**121**) はほとんど生成しない．塩化ゲラニル (**122**) を 3-フリルスズ化合物 **123** の存在下でカルボニル化すれば，ケトン **124** が得られる．

$$\text{Ph--I} + \text{CO} + \text{CH}_3\text{CH}_2\text{CH}_2\text{--I} + \text{Zn/Cu} \xrightarrow[93\%]{\text{Pd(0)}} \text{Ph--CO--CH}_2\text{CH}_2\text{CH}_3 \quad \mathbf{119}$$

反応機構

塩化アシルは Pd(0) に容易に酸化的付加して，カルボニル化反応の中間体であるアシルパラジウム錯体を直接生成する．それは 100 ℃ 以下では脱カルボニルを起こさないので，亜鉛，スズなどの有機金属化合物を用いてトランスメタル化させてケトンを合成できる．たとえば，塩化ベンゾイルから生成したベンゾイルパラジウム **125** と，Reformatsky 反応剤 **126** との反応によって β-ケト酸エステル **127** が合成できる．

### (e) 塩化アシルおよびアルデヒドの脱カルボニル反応

酸化的付加と CO の挿入はともに可逆反応である. **113** や **116** のようなアシルパラジウム錯体はカルボニル化反応の中間体として発生する. 一方, **128**, **130** のようなアシルパラジウム錯体は, 塩化アシルまたはアルデヒドの Pd(0) への酸化的付加で直接合成できる. このように生成したアシル錯体を CO のない系で加熱すると, CO 挿入の逆反応である脱カルボニルが進行し, **129**, **131** となり, その還元的脱離を経てそれぞれクロロアレーンとアレーンとを生成する[16]. また, ロジウム錯体を用いて, 塩化 $p$-クロロベンゾイル (**132**) を 200 ℃ に加熱すると, 脱カルボニルの後, 還元的脱離で $p$-ジクロロベンゼンが得られる. サルチルアルデヒド (**133**) もロジウム錯体またはパラジウム炭素を触媒として, 高温で脱カルボニルされフェノールとなる. 脂肪酸から得られる塩化アシルは脱 CO, 脱 HCl を起こし, 主として 1-アルケンを生成する.

これらの脱カルボニル反応はいずれも高温でパラジウムやロジウム錯体を触媒量用いて進行する.

穏和な条件では化学量論量の錯体が必要となる．Wilkinson錯体を塩化アシルまたはアルデヒドと比較的低温で反応させると脱カルボニルが起こり，$RhCl(CO)(PPh_3)_2$となる．たとえば，ケイ皮アルデヒド(**134**)はベンゼン還流下でスチレンに，塩化フェニルアセチル(**135**)は室温で塩化ベンジルに変換される．

### 2・2・3 酸化的付加に続くトランスメタル化で進行する反応：Pd(0)錯体の触媒反応 II
#### (a) 有機典型金属化合物とのクロスカップリング

従来の有機合成では異なる2種の芳香環を結合させるのに満足できる方法はなかったが，パラジウム，ニッケル錯体を触媒に用いることにより，ハロゲン化アリールやアルケニルと芳香族典型金属化合物のアリール基とを，容易にクロス(交差)カップリング(cross-coupling)させることができるようになった[17)~20)]．Grignard反応剤とハロゲン化アリールやアルケニルを，ニッケル触媒により容易にカップリングさせる玉尾-熊田-Corriu反応が報告されて以来，Grignard反応剤のほかにも種々の有機典型金属化合物を用いるクロスカップリング法が確立され飛躍的に発展した．このカップリングでは，芳香族ハロゲン化物のように，β水素脱離の可能性のないハロゲン化物や擬ハロゲン化物の，酸化的付加で生成したニッケル錯体Ar-Ni-Xが，Grignard反応剤とトランスメタル化して**136**を生成し，それが速やかに還元的脱離してクロスカップリング生成物**137**を与える．もちろん，このクロスカップリングは触媒がなければほとんど起こらない．Grignard反応剤だけでなく，亜鉛，ホウ素，アルミニウム，スズ，ケイ素などの有機金属化合物がクロスカップリングに使える．

クロスカップリングはパラジウム触媒でも進行するので，現在では調製が容易でないニッケル錯体よりも，実験操作が簡単なパラジウム触媒が主として用いられている．

玉尾-熊田-Corriu反応

従来，触媒的クロスカップリングは，β水素脱離の可能性のないのハロゲン化アリル，アリール，アルケニルの反応に限られ，ハロゲン化アルキルは利用できないと考えられていた．さらにアルキル金属化合物もクロスカップリングに適さないとされていた．その理由はハロゲン化アルキル **138** は酸化的付加の速度が遅いうえ，たとえ酸化的付加が起こっても，生成する遷移金属アルキル錯体 **139** のβ水素脱離によるアルケンの生成が，**140** とのトランスメタル化と競争的に進行する可能性があることによる．しかし最近になり，酸化的付加を促進させ，かつβ水素脱離を抑制する効果のある，電子密度が高くてかさ高い立体障害の大きい配位子の活用により，**139** のβ水素脱離よりもアルキル金属 **140** とのトランスメタル化を優先させて **141** にすることができるようになった[2]．またさらに，**141** のβ水素脱離でヒドリド **143** が生成するよりも **141** の還元的脱離が優先的に起こり，カップリング生成物 **142** を得ることができる．最適の配位子を選択することにより，アルキル-アリールだけでなく，アルキル-アルキルのクロスカップリングも進行させることができる．最適のホスフィンの選択が重要である．

このようにして種々のアリル，アリール，アルケニルおよびアルキル基が結合した化合物が合成できる．カップリングのパートナーは表2・1のように分類できる．各パートナーの反応性には大小の

表2・1 クロスカップリングの可能性

| ハロゲン化物 | 典型金属有機化合物 | 生成物 |
|---|---|---|
| ハロゲン化アリル | アリルメタル | アリルアリル |
| ハロゲン化アリール | アリールメタル | アリルアリール |
| ハロゲン化アルケニル | アルケニルメタル | アリルアルケニル |
| ハロゲン化アルキル | アルキルメタル | アリルアルキル |
| | | アリールアリール |
| | | アリールアルケニル |
| | | アリールアルキル |
| | | アルケニルアルケニル |
| | | アルケニルアルキル |
| | | アルキルアルキル |

## 2・2 Pd(0)錯体の触媒反応：有機ハロゲン化物および擬ハロゲン化物の反応

差はあるが，それらを組合わせる炭素−炭素結合生成反応によって合成できる化合物の種類は非常に多い．特に用途の広いマグネシウム，亜鉛，ホウ素，スズ，ケイ素化合物の反応について説明する．

**Grignard 反応剤（玉尾−熊田−Corriu 反応）**

$sp^2$ 炭素についたハロゲンを Grignard 反応剤でアルキル置換するには，ニッケルのホスフィン錯体が高い触媒活性を示す．ニッケルの錯体触媒または担持触媒を用いると，反応性の低い塩化アリールとの反応も進行する．n−ブチル Grignard 反応剤は o−ジクロロベンゼン（**144**）と反応し，反応中に β 水素脱離でベンゼンを与えることなく，1,2−ジ−n−ブチルベンゼン（**145**）を生成する．

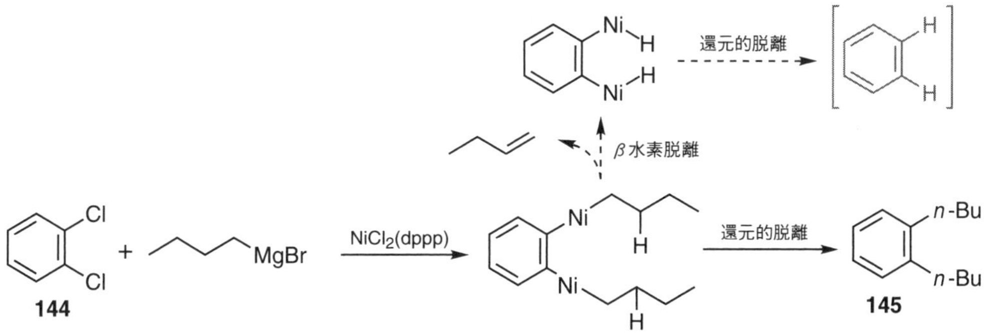

パラジウム錯体も有効な触媒である（図 2・16）．臭化ゲラニル（**146**）はベンジル Grignard 反応剤と反応し **147** を与える．分枝した Grignard 反応剤 **148** にブロモベンゼンを反応させ，アルキル鎖内の

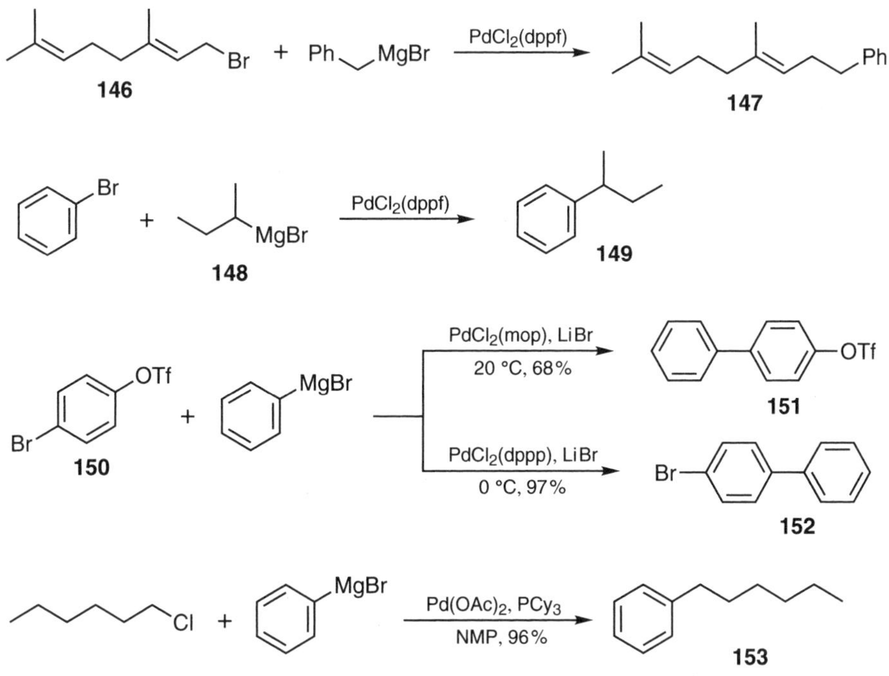

図 2・16 Grignard 反応剤とのクロスカップリング

転位による位置異性体が副生することなく **149** を合成するには，配位子として DPPF(**L-16**)が使用されている．フェニル Grignard 反応剤と $p$-ブロモフェノールのトリフラート **150** との反応は，用いるホスフィンの種類によって選択性が異なる．MOP(**L-28**)を使用すると，芳香環に結合した臭素側で反応して **151** を与えるが，DPPP(**L-12**)の使用ではトリフラート側で置換が起こり **152** が選択的に得られる．$PCy_3$(**L-3**)を用いることにより，反応性の低い 1-クロロヘキサンさえも反応させることができ，$n$-ヘキシルベンゼン(**153**)が合成されている．

### 有機亜鉛化合物(根岸反応)

パラジウム触媒を用いる Reformatsky 反応剤 **126** と 4,6-ジメチル-2-ヨードピリミジン(**154**)との反応で **155** が得られる．ヨードアルカン **156** とアルキル亜鉛 **157** とのアルキル-アルキルのクロスカップリングでは，$\beta$ 水素脱離を起こしやすいパラジウム触媒に比べ，ニッケル触媒の反応は $\beta$ 水素脱離を起こすことなく進行し，長鎖アルキル化合物 **158** が合成されている．有機亜鉛だけでなく，アルミニウム，ジルコニウム化合物などとのカップリングは根岸反応とよばれる．

### 有機ホウ素化合物(鈴木-宮浦反応)

有機ホウ素化合物の反応は他の典型金属の反応と異なり中性では進行せず，塩基の存在下でのみ進行するのが特徴である．これは有機ホウ素化合物のホウ素-炭素結合の共有結合性が強いので，塩基でホウ素化合物を **159** のように四級化して活性化し，トランスメタル化を促進する必要があることによる．有機ホウ素化合物のカップリングは，鈴木-宮浦反応とよばれる[17), 21)~23)]．

有機ホウ素化合物は共存する各種の官能基と反応せず，毒性は比較的低く，反応後，無機のホウ素化合物として回収が容易であるなどの利点のある有用なカップリング剤として，実験室だけでなく工業生産にも広く活用されている．合成原料であるアルキルホウ素化合物の合成法の一つとしてアルケンのヒドロホウ素化がある．使用されるヒドロホウ素化合物にはボラン(**160**)，ボランと COD から合成される 9-BBN(9-ボラビシクロ[3.3.1]ノナン)(**161**)，およびボロン酸のピナコールエステル **162** がある．

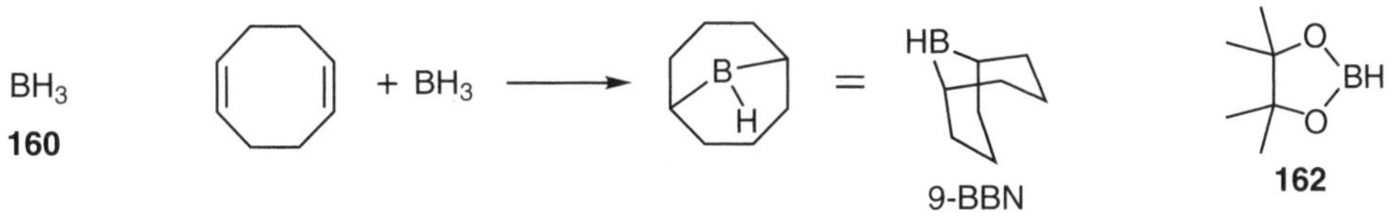

1-アルケンを 9-BBN でヒドロホウ素化してアルキルボラン **163** とし，塩基の存在下パラジウム触媒を用いて，これにハロゲン化アリール，アルケニル，またはアルキルを反応させると，トランスメタル化によりアルキルパラジウム中間体 **164 a,b,c** が生成する．これらのアルキル錯体では β 水素の脱離が予想されるが，DPPF(**L-16**) を用いることにより，β 水素脱離を起こすことなくカップリング反応は進行し，それぞれ生成物 **165**，**166**，**167** を与える．この合成法はヒドロホウ素化-カップリング法とよばれ，アルキル基の有用なカップリング手段を提供する．ヒドロホウ素化-カップリング法は環化反応にも広く応用されている．**168** から **169** への 11 員環の構築はその一例である．

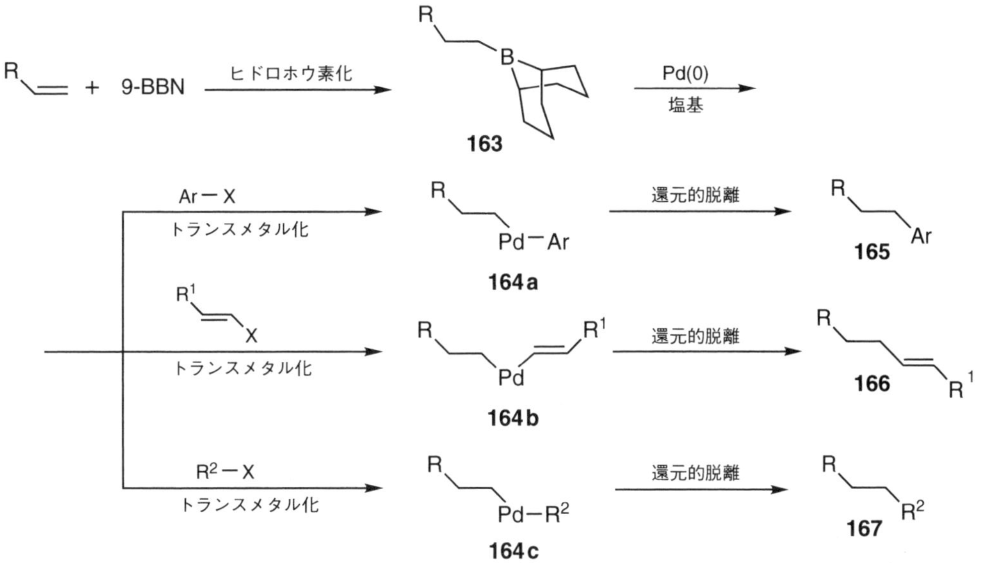

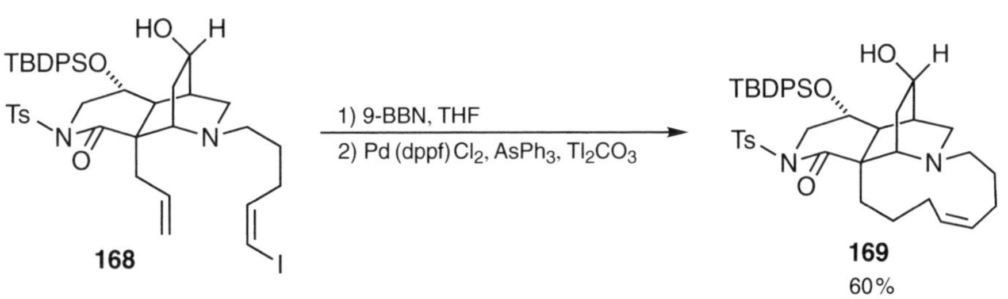

アルキル-アルキルカップリングは困難が予想されるが，1-オクテンのヒドロホウ素化物 **170** と 1-ブロモデカン(**171**)の反応は，リン酸カリウムの存在下 PCy$_3$ を用いて進行し，イコサン(**174**)が 85％の収率で合成されている(図 2・17)．このようにかさ高い PCy$_3$ を用いると，ジアルキルパラジウム中間体の β 水素脱離よりも還元的脱離が優先的に起こるので，アルキル-アルキルのカップリングが達成できる．1-クロロデカン(**172**)や 1-ドデシルトシラート(**173**)でさえも，PCy$_3$ や P($t$-Bu)$_2$Me (**L-2**) を用いることにより，アルキルホウ素化合物 **170** とのクロスカップリングが進行する．

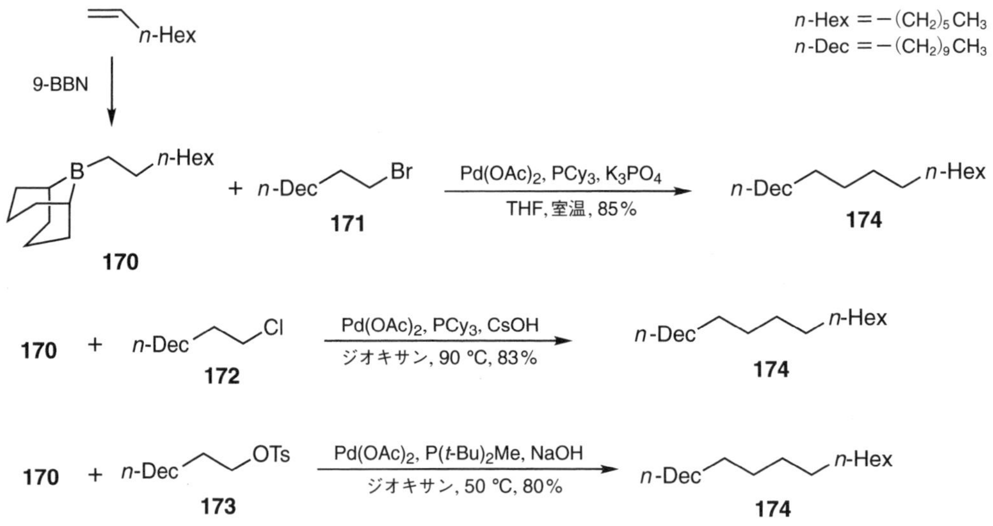

図 2・17　アルキル–アルキルカップリング

アルキンの立体選択的ヒドロホウ素化

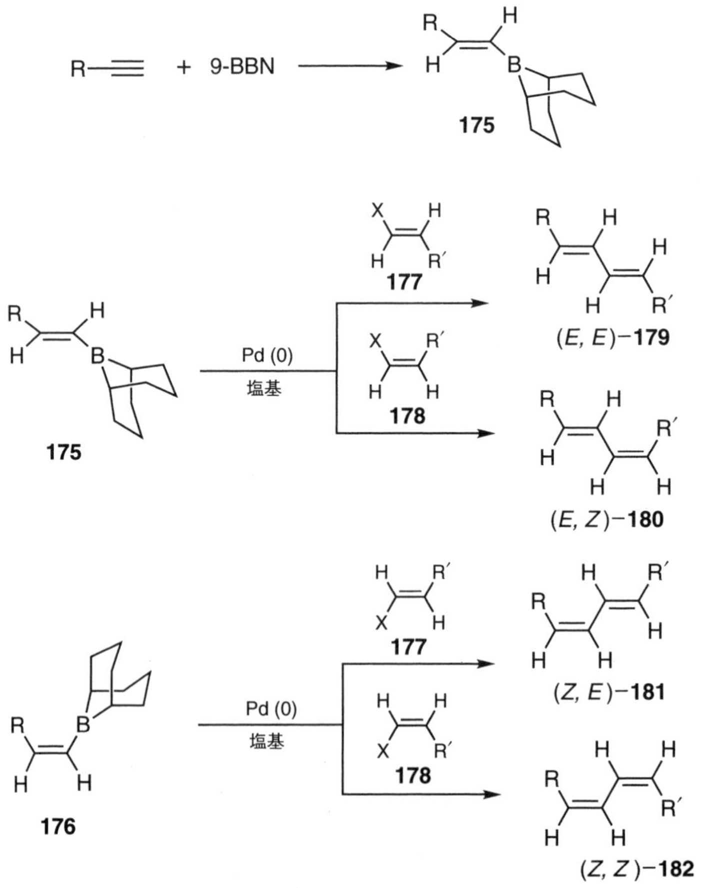

図 2・18　アルケニルボランの合成と共役ジエンの立体選択的合成

アルケニルホウ素化合物はアルキンのヒドロホウ素化で合成できる．アルケニルホウ素化合物とハロゲン化アルケニルのカップリング反応では，生成する共役ジエンの二重結合の $E, Z$ 構造は保持される（図 2・18）．この特性を利用して $E$ および $Z$ 形のアルケニルボラン化合物 **175**，**176** と，$E$ および $Z$ 形のハロゲン化アルケニル **177**，**178** とをカップリングさせることで，1,4-二置換共役ジエンの $E, Z$ 形の四つの組合わせ **179** ～ **182** のすべてを選択性よく合成できる．

$E$ と $Z$ のアルケニルボロン酸 **183**，**184** と，$Z$ の臭化アルケニル **185** とのカップリングで，$E, Z$ と $Z, Z$ の共役ジエン **186**，**187** が合成できるのがその例である．

芳香環-芳香環のカップリングにはアリールボロン酸またはアリールボロン酸のピナコールエステルが使用される．フェニルボロン酸(**188**)はフェニル Grignard 反応剤にホウ酸トリメチルを反応させ，その生成物を加水分解することにより合成できる．その誘導体はハロゲン化アリールを用いるアリール-アリールカップリングに利用される．

塩化アリール類のクロスカップリングは，パラジウム触媒と電子密度が高く，かさ高い $P(t-Bu)_3$ のようなホスフィンを用いて進行させることができる[4]．パラジウム触媒の反応ではアリールトリフラートは活性が高く，塩化アリールは反応性が非常に低いというのが常識とされている．これらの基質の反応性に及ぼすホスフィン類の効果を示す興味ある例をあげる．$p$-クロロフェノールのトリフラート(**189**)と $o$-トリルボロン酸との鈴木-宮浦反応で，$P(t-Bu)_3$ を配位子にするとトリフラート基は反応しないで，意外にも塩化物側が選択的に置換され **190** が生成する．一方，$PCy_3$ を用いるとトリフラート基側が反応し **191** を与える．このような予想に反する反応が起こることは，触媒反応を活用する場合に，常識にとらわれないホスフィン種の選択が重要であることを示している．

同一または異なる2個の典型金属が結合したジメタルアルキル化合物 **192** を，Ar–Pd–X とトランスメタル化させることによって，(アリール)アルキルメタル化合物 **193** が合成できる．この反応によってハロゲン化アリールのハロゲンを，ケイ素やスズのような有機金属基で置換できるので，アリール金属化合物の便利な合成法になる．

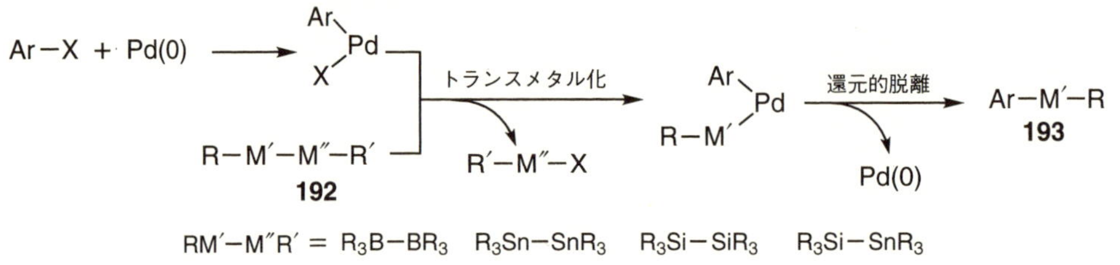

$RM'-M''R' = R_3B-BR_3 \quad R_3Sn-SnR_3 \quad R_3Si-SiR_3 \quad R_3Si-SnR_3$

上に示したパラジウム触媒を用いるジメタル化合物 **192** から **193** を合成する方法を応用した例をあげる（図 2・19）．芳香環と芳香環とのクロスカップリングに用いられるアリールボロン酸エステル

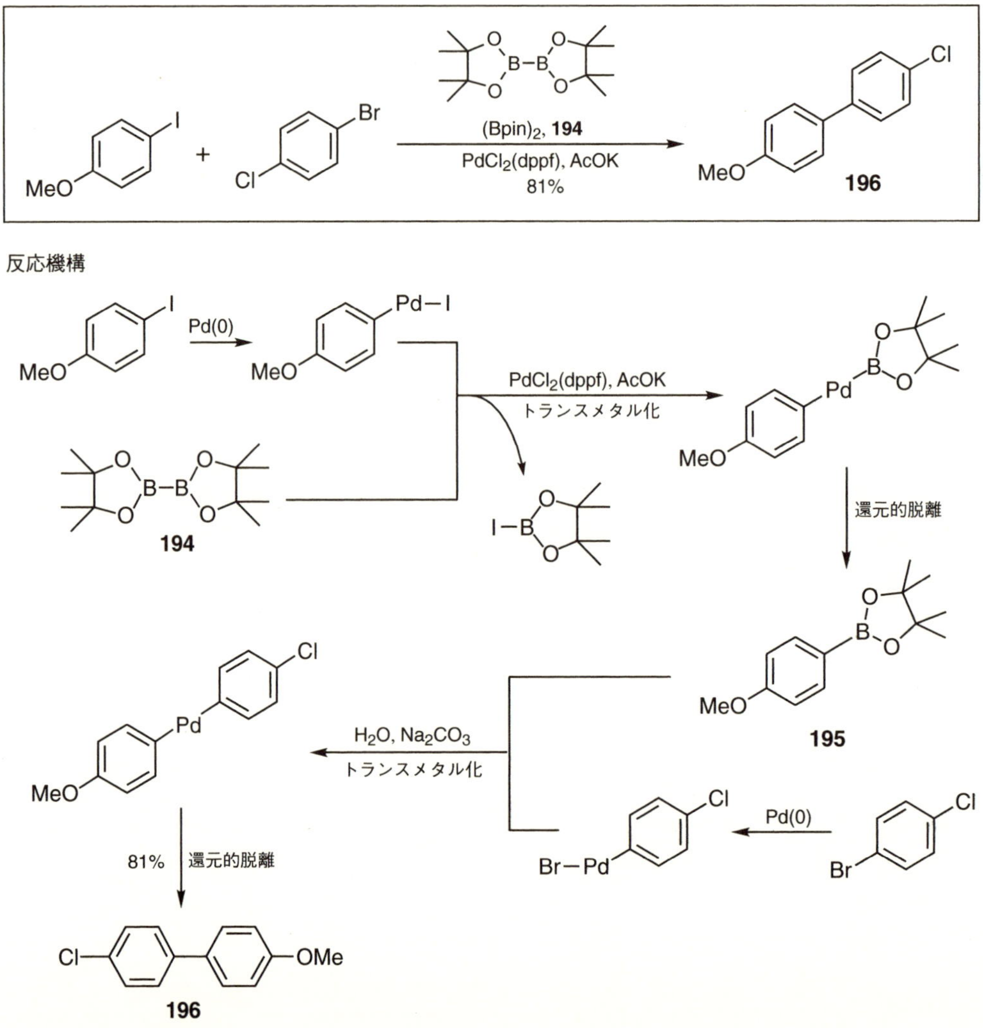

反応機構

図 2・19　ジボロン酸エステル(**194**)を用いる2種のハロゲン化アリールの鈴木-宮浦カップリング

195 は，ジボロン酸ピナコールエステル［bis(pinacolato)diboron, (Bpin)$_2$ と略］194 から合成できる．この反応に基づいて二つの異なる芳香族ハロゲン化物（$p$-ヨードアニソールと $p$-ブロモクロロベンゼン）を 194 と反応させて，クロスカップリング生成物 196 を one-pot で得る便利な方法がある．この方法ではパラジウム触媒を用いて，まず $p$-ヨードアニソールと 194 を反応させ，トランスメタル化，還元的脱離を経て，$p$-アニシルボロン酸ピナコールエステル（195）を合成する．それを単離することなく，$p$-ブロモクロロベンゼンを加えて，再びトランスメタル化，還元的脱離を進行させることで，結局異なる二つの芳香環の交差カップリング生成物 196 が one-pot で得られる．

環状の酢酸アリル誘導体 197 はフェニルボロン酸と反応し，立体化学の反転した 200 を生成する．これは π-アリル中間体 198 の生成で立体反転が起こり，さらに続くトランスメタル化による 199 の発生とその還元的脱離による 200 の生成では，いずれも立体化学が保持されることを示している．

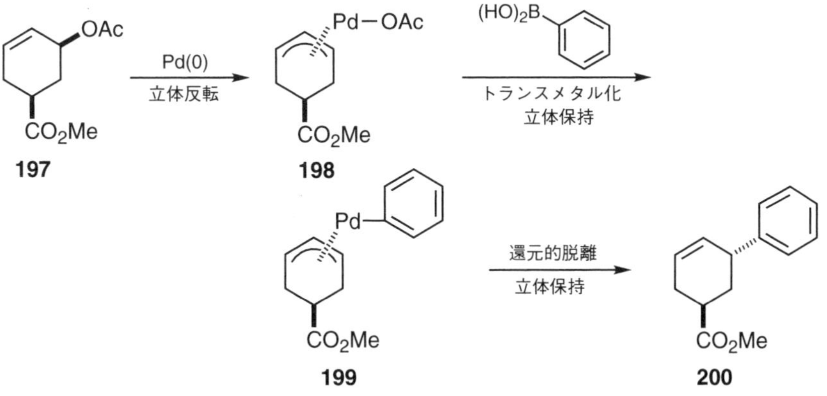

### 有機スズ化合物（小杉-右田-Stille 反応）

有機スズ化合物のカップリング反応は，小杉-右田-Stille 反応とよばれる[24), 25)]．よく利用される有機スズ化合物のトリブチルスズ化合物 201 では，$n$-ブチルのようなアルキル基のトランスメタル

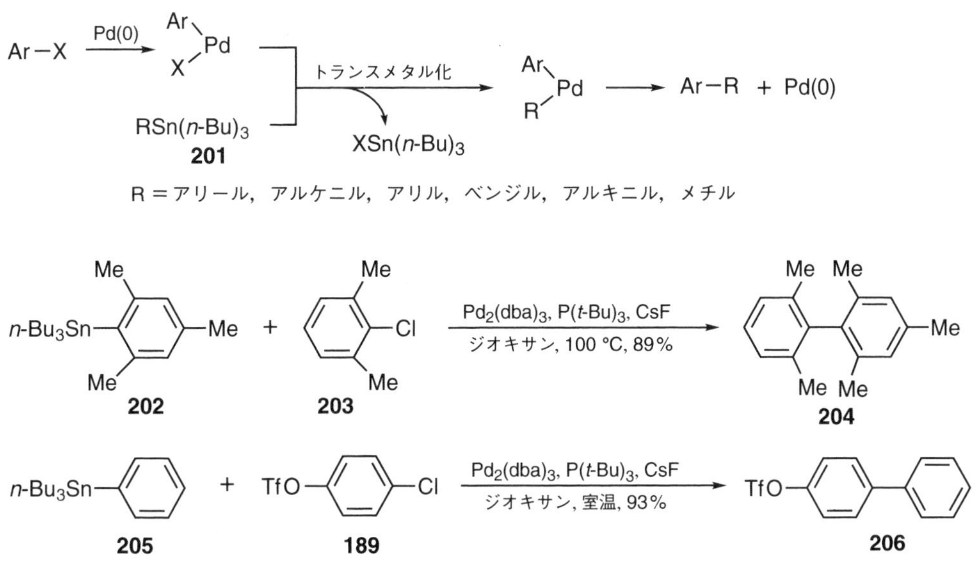

R = アリール，アルケニル，アリル，ベンジル，アルキニル，メチル

図 2・20 小杉-右田-Stille 反応

化はメチル基を除き非常に遅いので，R としてアリール，アルケニル，アリル，ベンジル，アルキニルおよびメチル基が優先的にトランスメタル化で移動する（図 2・20）．そのため RSn(n-Bu)₃ **201** のスズについた四つの有機基のうち，n-ブチル基は反応せず R だけが利用される．ともに立体障害のあるアリールスズ化合物 **202** と塩化アリール **203** とは，P(t-Bu)₃ を用いることによって反応し，2,2',6,6'-テトラメチル基で込みあった **204** を与える．アリールスズ化合物 **205** と p-クロロフェノールのトリフラート **189** の反応で P(t-Bu)₃ を用いると，意外にも TfO 基よりも反応性がはるかに低いと考えられる塩素側で選択的に反応し，**206** を生成する．

ラクトン **207** から誘導されたエノールホスファート **208** は，Pd(0) に酸化的付加した後，ビニルスズ化合物 **209** とのトランスメタル化を経てカップリング生成物 **210** を与える．ホスフィンを用いないでトリフルオロ酢酸パラジウムだけを触媒として，トリフルオロ酢酸アリル(**211**)とベンゾイルスズ化合物 **212** を反応させると，アリルフェニルケトン(**213**)が得られる．

## 有機ケイ素化合物の反応（檜山反応）

容易にトランスメタル化が起こるマグネシウムやスズの有機典型金属化合物に比べて，ケイ素–炭素結合は共有結合性が強いので，通常の条件ではトランスメタル化しない．しかし，**214** の炭素–ケイ素結合は OH⁻ や F⁻ イオン源，たとえば n-Bu₄NF(TBAF) などを加えると，5 配位のシリカート **215** を発生して活性化されるので，トランスメタル化するようになる．このようにして進行するケイ素化合物のカップリング反応は檜山反応とよばれる[26]．

芳香族の有機ケイ素化合物としては，フェニルトリメトキシシラン(**216**)とその誘導体がカップリングに使用される（図 2・21）．臭化アリール **217** との反応に使用するホスフィンとしては PPh₃ でよいが，塩化アリール **218** を反応させるには，立体障害の大きい 2-ジシクロヘキシル(ビフェニル)ホスフィン(**L-7**)の使用が必要である．アリールとアルキル基のカップリングも配位子を選べば可能である．たとえば，直鎖脂肪族の 1-ブロモデカン(**219**)をカップリングさせ，1-フェニルデカンを合成するには，P(t-Bu)₂Me(**L-2**)が用いられている．

ケイ素化合物のカップリングには，活性化させるために n-Bu₄NF などの高価なフッ化物イオン供給剤を量論量以上使用するのが欠点である．そこでフッ化物イオン源を使用しない活性化法も試みられている．その一つとして，アルケニルジメチルシラノール **220** とヨウ化アリールのカップリングは，より安価な KOSiMe₃ を 2 当量使用することによって，しかもホスフィンを加えないで進行し **221** を高収率で与える．

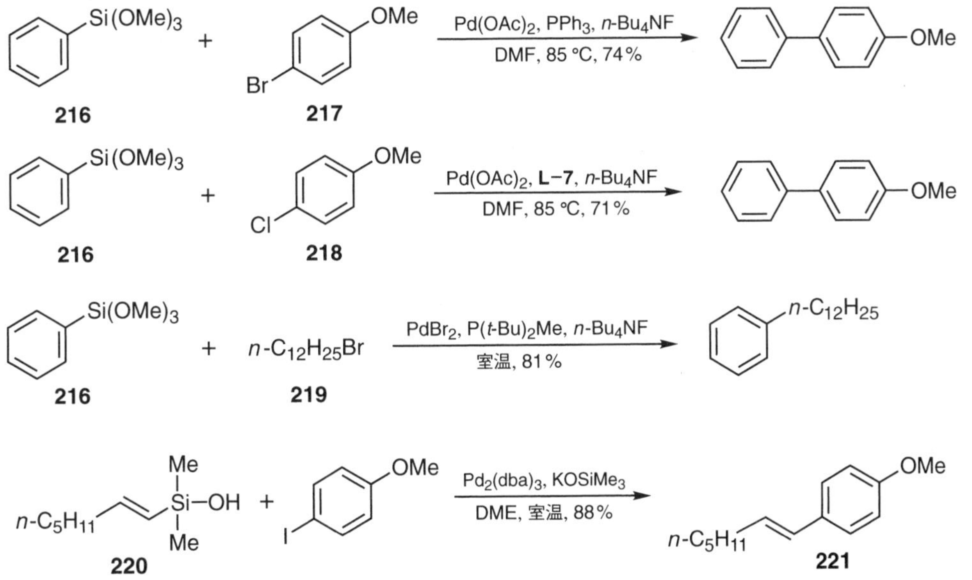

図 2・21　檜 山 反 応

## (b) 1-アルキンのアリール，アルケニル化（薗頭-萩原反応）

1-アルキンに Grignard 反応剤を反応させてアルキニルマグネシウム **222** を生成させ，それにパラジウム触媒の存在下ハロゲン化アリール（Ar-X）を反応させると，Ar-X の酸化的付加，**222** とのトランスメタル化により（アリール）アルキニルパラジウム **223** が生成し，それが還元的脱離するとアルキンのアリール化が起こり，アリール置換アルキン **224** が得られる（図 2・22）[27]．アセチレン分子

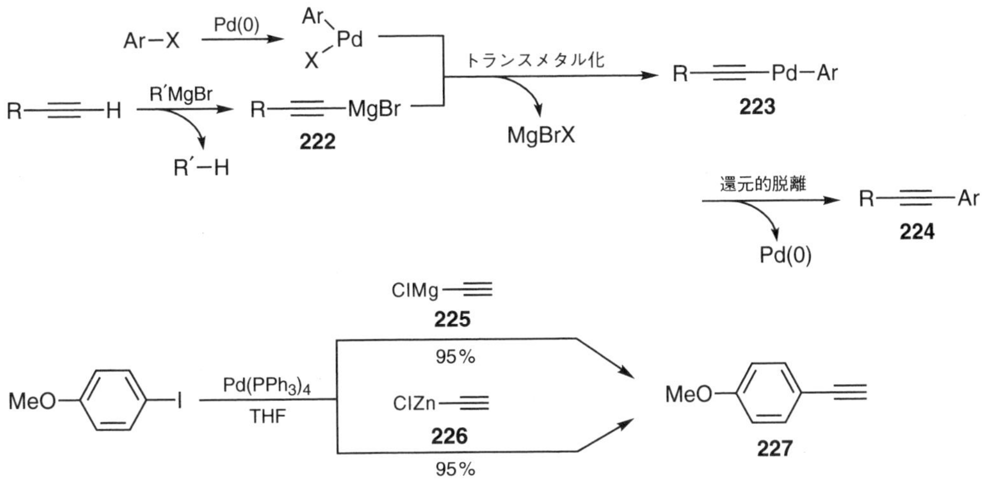

図 2・22　1-アルキンとのカップリング反応

自体を直接モノアリール化してアリール置換アセチレンを合成することはむずかしい．そこで，アリールアセチレンを合成するのに，マグネシウムおよび亜鉛のエチニル誘導体（または金属アセチリド）**225**, **226** を，たとえば $p$-ヨードアニソールと反応させることで，$p$-エチニルアニソール（**227**）が合成できる．

さらに薗頭-萩原反応とよばれる，**222** のようなアルキニル金属を使わない，簡単で便利な 1-アルキンの直接アリール化法がある．過剰のアミン共存下，パラジウム触媒に触媒量の CuI を添加し，1-アルキンと Ar-X を反応させることにより，1-アルキンそのもののアリール化が進行する（図 2・23）．この場合，まず反応系で CuI と 1-アルキン **228** とから，アルキニル銅（銅アセチリド）**229** が生成し，そのトランスメタル化でアルキニルパラジウム **223** となる．それが還元的脱離すればアリールアルキン **224** を与え，同時に Pd(0) と CuI が再生するので触媒反応が進むと理解できる．パラジウム触媒を用いる 1-アルキンとハロゲン化アリールやアルケニルとの反応では，§2・2・2(b) で述べたように三重結合の挿入反応が起こるが，その反応系にアミンの存在下，触媒量の CuI を加えると挿入は起こらず，1-アルキンの水素がアルケニルまたはアリール基で置換されることになる．CuI を触媒とする直接アリール化反応がスムーズに進行しない場合は，図 2・22 で示したように 1-アルキンをアルキニル金属に誘導してから反応させる．

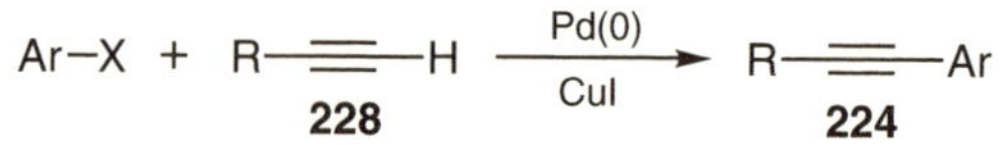

$$\text{Ar-X} + \text{R}\text{---}\text{H} \xrightarrow[\text{CuI}]{\text{Pd(0)}} \text{R}\text{---}\text{Ar}$$
   **228**                **224**

反応機構

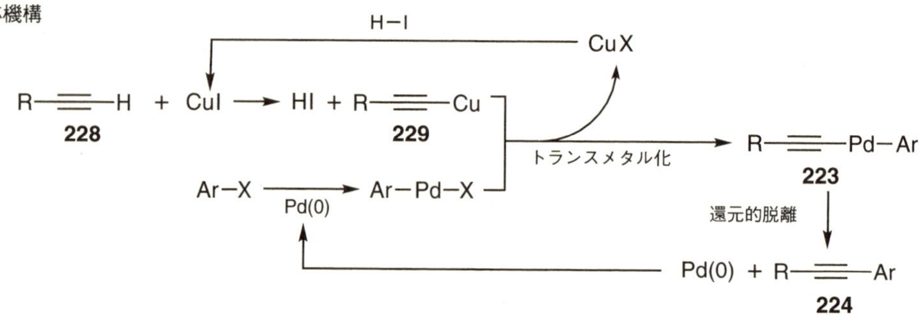

図 2・23　1-アルキンのアリール化（薗頭-萩原反応）

ヨウ化アリールや臭化アリールは容易に 1-アルキンと反応するが，$p$-クロロアニソールは P($t$-Bu)$_3$ の使用によってのみ反応し **230** を与える．アセチレンカルボン酸のオルトエステル **231** を $p$-ヨードトルエンと反応させ，酸処理すると置換アセチレンカルボン酸エステル **232** が合成できる．

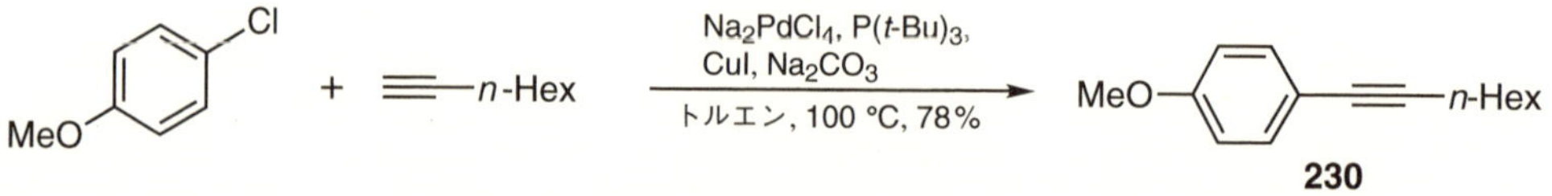

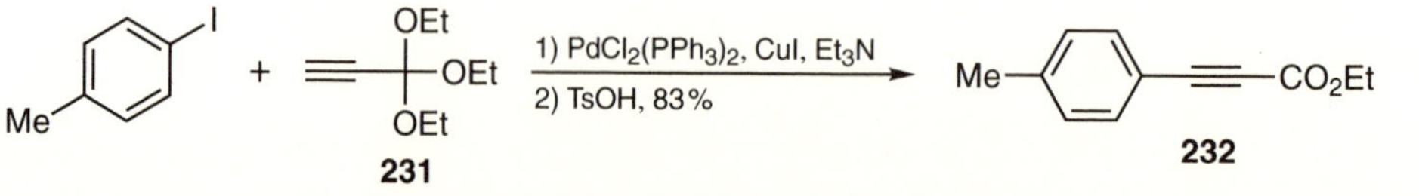

トリクロロトリヨードベンゼン（**233**）をまず CuI の存在下で反応させると，そのヨウ素部分と 1-

アルキンが直接反応して **234** を生成するが，**234** の塩素部分はアルキニル亜鉛 **235** と反応し **236** を与える．

ハロゲン化アルケニルの薗頭-萩原反応は，ポリエンやエンインの合成に広く活用されている．一般にパラジウム触媒で反応し難いとされている塩化アルケニルは，PPh₃ を用いて予想外に容易に1-アルキンと反応する．(Z)-1,2-ジクロロエチレン(**237**)は塩化物であるにもかかわらず反応性が高く，1-アルキンと室温で反応するので，2種類の1-アルキンを段階的に反応させ，シスの非対称エンジイン(endiyne)を合成するのに利用される．まず，**237** と1-アルキン **238** の反応で **239** を得た後，別の1-アルキン **240** を反応させると非対称のエンジイン **241** が得られる．

### (c) 有機ハロゲン化物および擬ハロゲン化物の水素化分解

アリル，アリールやアルケニルのハロゲン化物，および擬ハロゲン化物は，種々の水素化物によって水素化分解(hydrogenolysis，より正確には加水素分解)され，ハロゲンが容易に除去できる．水素源としては水素に限らず，HSn$(n$-Bu$)_3$ や NaBH₄ などが用いられる．また，$sp^2$ 炭素についたハロゲンを除去するのに有用な方法として，ギ酸の Et₃N 塩をヒドリド源に用いる水素化分解法がある．この場合，ハロゲン化物の酸化的付加の後，ギ酸塩が反応してギ酸パラジウム **242** となるが，これは容易に脱炭酸してパラジウムヒドリド **243** を発生するので，その還元的脱離により水素化分解生成物 **244** が得られる．

パラジウム触媒を用いる水素化分解は擬ハロゲン化物に拡張できる．たとえば，フェノール類のヒドロキシ基をトリフラート **245** に替えて，ヒドリドと置換すると **246** に変換できる．これは他の方法では容易に達成できないフェノール性ヒドロキシ基の除去法である．**247** の二つのヒドロキシ基をジトリフラート **248** にし，ギ酸の $Et_3N$ 塩と反応させると **249** が生成する．

ハロゲン化アルケニルは水素化分解で脱ハロゲンされアルケンになる．擬ハロゲン化物の水素化分解法の応用の一つとして，ケトンをエノールトリフラートやエノールホスファート **250** に誘導し，ギ酸の $Et_3N$ 塩で水素化分解させてアルケン **251** に変えられる．1,1-ジブロモアルケン **252** の二つの臭素原子のうち，立体的に有利な側から Pd(0) に酸化的付加が起こる．そこで，ヒドリド源として $HSn(n\text{-}Bu)_3$ を反応させると，室温で立体選択的に水素化分解が起こり，まず，(Z)-1-ブロモアルケン **253** が得られ，さらに過剰の $HSn(n\text{-}Bu)_3$ を用いれば残る臭素も除去できる．

とりわけ有用なのはアリル化合物の位置および立体選択的水素化分解である．アリル化合物 **254**, **255** の水素化分解では，$HSn(n-Bu)_3$，$HSiR_3$ などの水素化物を用いると 2-アルケン **257** が主生成物として生成する．一方，有機溶媒に溶ける便利なヒドリド源であるギ酸の $Et_3N$ 塩は，脱炭酸してヒドリドを発生し，位置選択的に 1-アルケン **256** を与える[28),29)]．この場合ヒドリドは末端炭素でなく，置換基のある 3 位の炭素を攻撃している．このギ酸の $Et_3N$ 塩を用いる選択的水素化分解には $P(n-Bu)_3$ が優れた配位子である．

ギ酸を用いる位置選択的水素化分解は応用が広い．ギ酸ミルテニル（**258**）はパラジウム触媒によって脱炭酸する．その際 α-ピネン（**260**）はほとんど生成せず，内部二重結合がエキソ位に移動した β-ピネン（**259**）が位置選択的に得られる．同様にタキソールの酢酸アリル誘導体 **261** をギ酸の $Et_3N$ 塩と反応させると，エキソの二重結合は移動することなくアセトキシ基が除去できる．このような位置選択性は，ギ酸由来のヒドリドはアリル系の多置換側の炭素を攻撃することによる．

アリル系の位置および立体選択的水素化分解はデカリン環のシスおよびトランス体の構築に応用できる．デカリン環の 3 位のギ酸エステル **262**, **266** の水素化分解は位置および立体選択的に進行する（図 2・24）．ギ酸エステルの立体配置が β 側 **262** の場合，立体反転でアリル錯体 **263** が生成し，脱炭酸とともに立体保持でヒドリドが位置選択的に多置換の橋頭第三級炭素に導入され，トランス体 **264** が得られる．全体として立体反転が起こっている．置換基の少ない 3 位の第二級炭素にヒドリドが導入された **265** は生成しない．また，ギ酸エステルの立体配置が α 側 **266** の場合は，**267** を経てシス体 **268** が生成する．

このような位置選択性はつぎのように理解できる（図 2・25）．アリル化合物 **254**, **255** から生成したπ-アリルパラジウム **269** は，ギ酸塩と反応し（π-アリル）ギ酸パラジウム **270** となる．**270** は容易に脱炭酸するが，その際一つの可能性として，ギ酸パラジウムは **273** で示すように立体的に空い

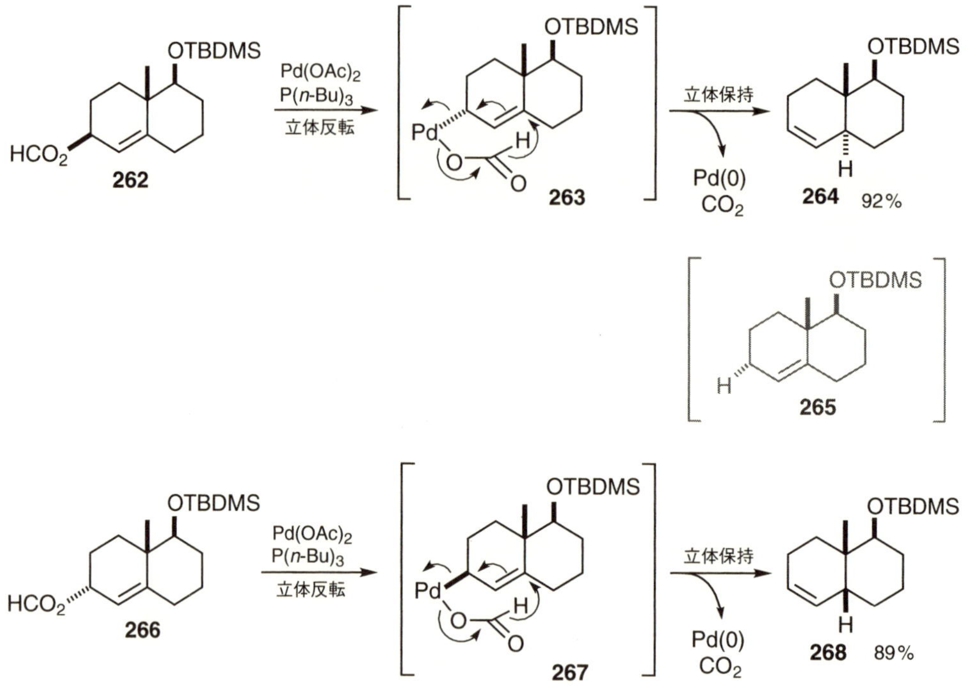

図 2・24 シス，トランスデカリンの合成

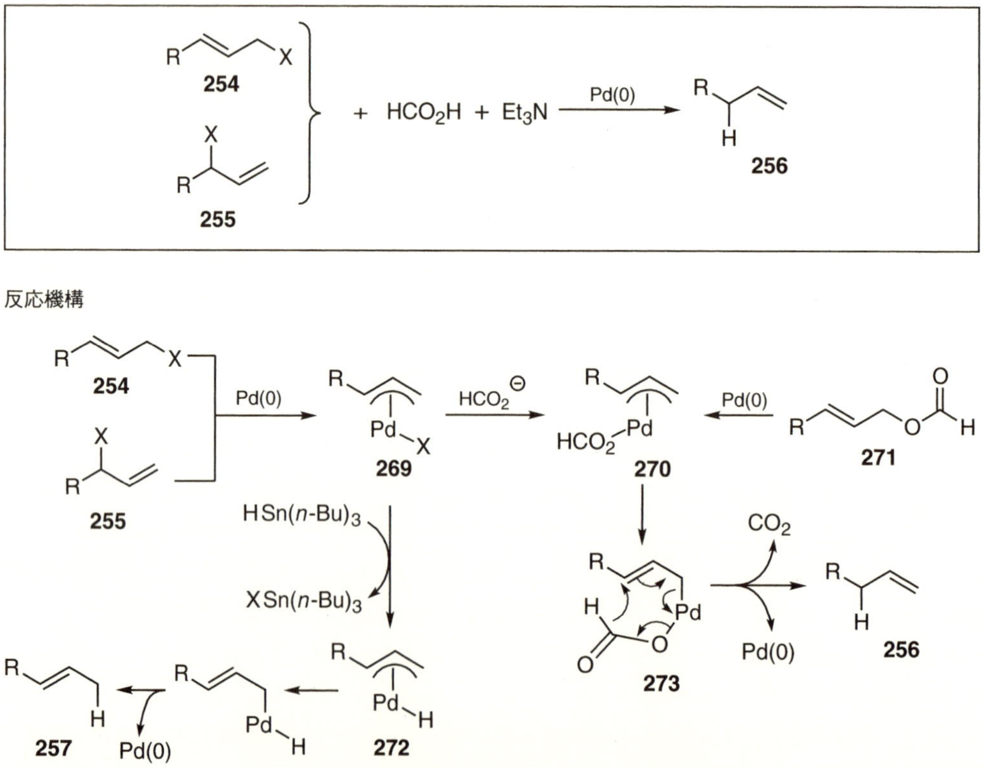

図 2・25 アリル化合物のギ酸塩による水素化分解の機構

た側の末端炭素に付き，その脱炭酸で発生するヒドリドは，図 2・25 のような機構で脱炭酸に伴い置換基の多い炭素側に導入される結果，1-アルケン **256** が生成すると理解できる．

一方，HSn(n-Bu)$_3$，HSiR$_3$ などを用いると，ヒドリドによる **269** のトランスメタル化が起こり，π-アリルパラジウムヒドリド **272** が生成する．それが還元的脱離すればヒドリドは末端炭素に移動するので，2-アルケン **257** を与える．ギ酸アリル **271** はヒドリド源がなくても，パラジウム触媒によって **270**, **273** を経て 1-アルケン **256** になる．このようなヒドリド源にギ酸塩，配位子に P(n-Bu)$_3$ を用いるアリル化合物の位置選択的水素化分解は，1-アルケンの合成法として有用である．

ギ酸を用いるアリル化合物の水素化分解は，カルボン酸およびアミンをアリル基で保護し，あとで脱保護するのに応用できる．カルボン酸はアリルエステル **274** として保護し，後でギ酸を用いて容易に脱保護できる．アミンをカルバミン酸アリル **275** として保護し，ギ酸を用いる水素化分解で脱保護すればアミンが回収できる．この脱保護では副生物として気体の $CO_2$ とプロピレンが発生するだけであり，後処理もきわめて簡単である．

$$\text{RCO}_2\text{CH}_2\text{CH}=\text{CH}_2 + \text{HCO}_2\text{H} \xrightarrow[\text{Et}_3\text{N}]{\text{Pd(0)}} \text{RCO}_2\text{H} + \text{CH}_2=\text{CHCH}_3 + \text{CO}_2$$
**274**

$$\text{RHNCO}_2\text{CH}_2\text{CH}=\text{CH}_2 + \text{HCO}_2\text{H} \xrightarrow[\text{Et}_3\text{N}]{\text{Pd(0)}} \text{RNH}_2 + \text{CH}_2=\text{CHCH}_3 + \text{CO}_2$$
**275**

### 2・2・4 有機ハロゲン化物および擬ハロゲン化物と炭素，窒素，酸素，およびリン求核剤との反応

#### (a) カルボニル化合物の α-アリール，アルケニル，およびアリル化

求核性の活性メチレンやアミノ，ヒドロキシ基のような官能基のアリール化およびアルケニル化は，従来困難とされていた．それがパラジウム触媒を用い，適当な塩基および配位子を選ぶことによって可能となり，この分野の研究は大きく発展した．このことは芳香族ハロゲン化物の各種求核剤による置換反応が容易に進行することを示している．

**アリール化**

ハロゲン化アルキルを用いる求核性官能基のアルキル化は容易に進行するが，ハロゲン化アリールやアルケニルを用いて，単純ケトンやカルボン酸エステルはもとより，マロン酸エステルやβ-ケト酸エステルなどの活性メチレン化合物のエノラートイオンをアリールまたはアルケニル化することは従来は困難とされてきた．最近になり P(t-Bu)$_3$ のような電子密度が大きく，かさ高い配位子を有するパラジウム触媒を用いることによって，ケトン，アルデヒド，カルボン酸エステルのようなカルボニル化合物の α 位を直接アリール化すること，すなわち芳香族求核置換反応が可能になった[30]～[32]．しかも塩化アリールでもアリール化が進行する．

強い塩基として t-BuONa のような第三級アルコキシドの使用が重要である．その理由は，パラジウム触媒により第一級や第二級アルコールから生成する RONa，たとえば EtONa はハロゲン化アリールと反応して，パラジウムエトキシド **276** を生成する（図 2・26）．それは容易に β 水素を脱離してアセトアルデヒドに酸化分解されるのに対して，t-BuOK では β 水素がないので，この分解の可能性がないからである．塩基性は高くないが，有機溶媒に溶けやすい $Cs_2CO_3$ が効果的な場合もある．

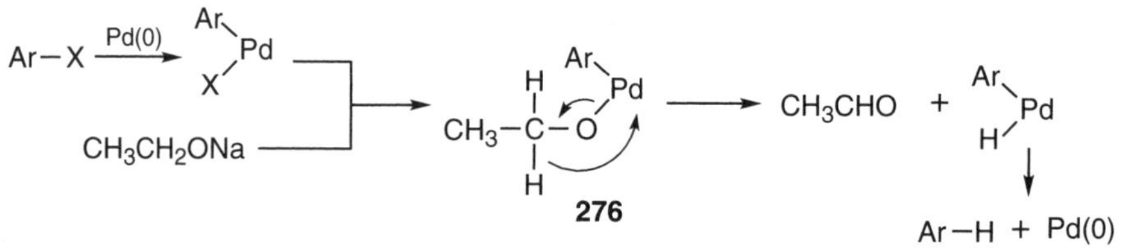

図2・26 ハロゲン化アリールによるアルコールの酸化

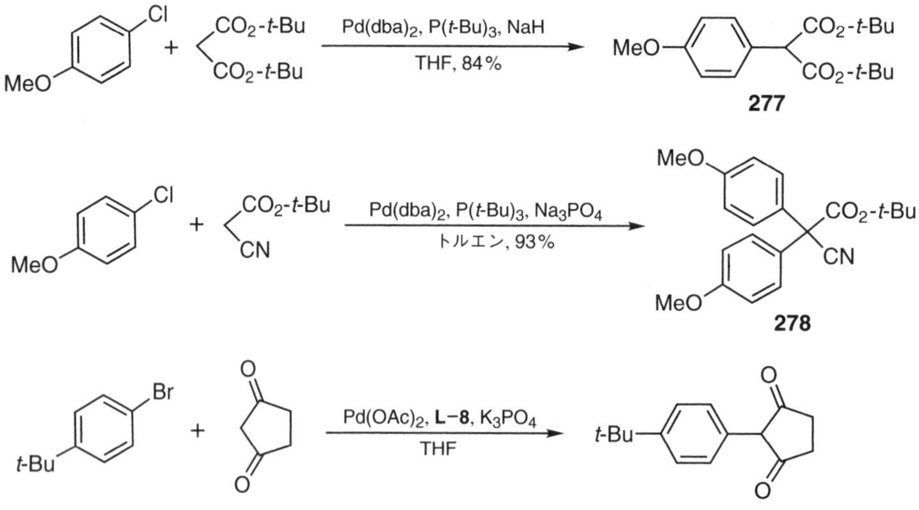

図2・27 活性メチレン化合物のアリール化

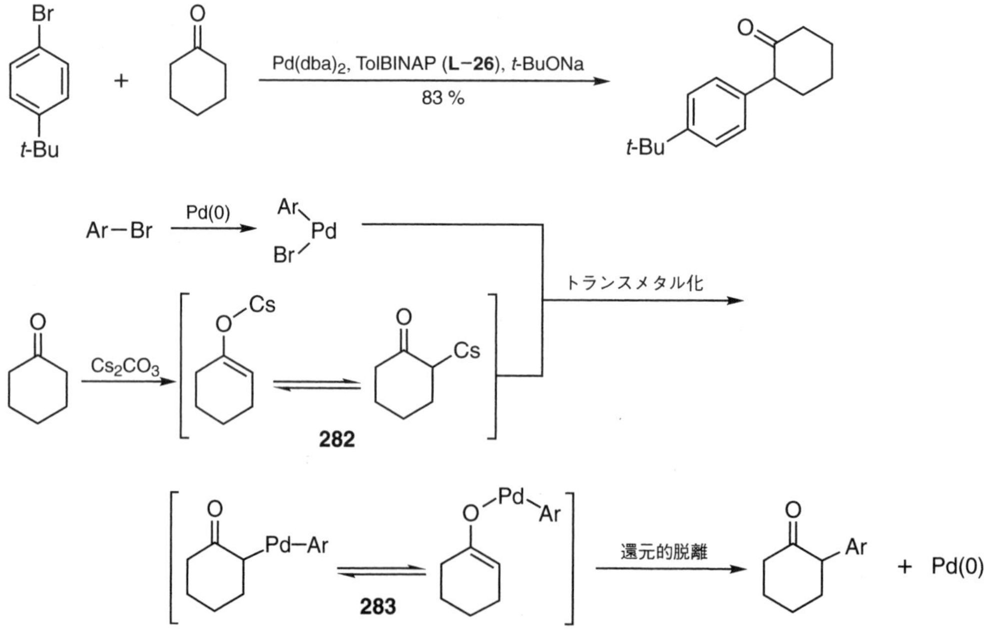

図2・28 シクロヘキサノンのα-アリール化

活性メチレン化合物としてマロン酸ジ-t-ブチルは，電子供与性のメトキシ基をもつため反応性がより低くなっている 4-クロロアニソールによってもアリール化され 277 を与える（図 2・27）．配位子が P(t-Bu)$_3$ であることと，ジ-t-ブチルエステルの使用が重要である．同様にシアノ酢酸-t-ブチルも塩化アリールでジアリール化され 278 を与える．1,3-シクロペンタンジオン (280) は L-8 を配位子として，臭化アリール 279 によりアリール化され 281 となる．

シクロヘキサノンのようなケトンは（図 2・28），TolBINAP (L-26) を用いて塩化アリールや臭化アリールにより容易に α-アリール化される．塩基として Cs$_2$CO$_3$ を用いる反応では，セシウムエノラート 282 のトランスメタル化でアリールパラジウムエノラート 283 が発生し，その還元的脱離でアリール化が起こると説明できる．

臭化フェニル部分を有するシクロヘキサノン 284 の分子内アリール化による 285 の生成はより容易で，PPh$_3$ でも進行する．プロピオフェノン (286) も P(t-Bu)$_3$ を用いることにより塩化アリールでアリール化され 287 になる．

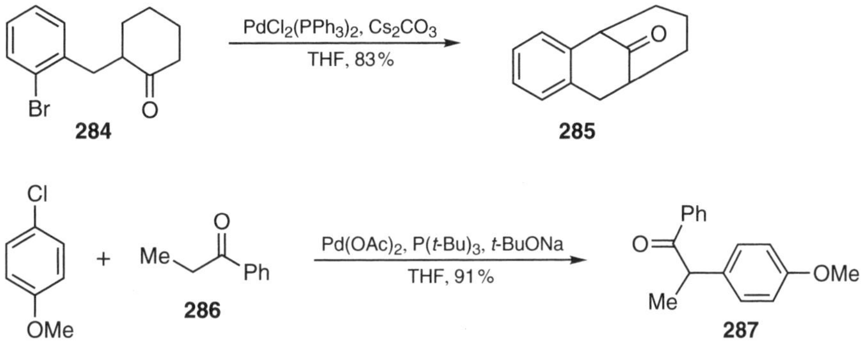

α,β-不飽和ケトン 288 では γ 位にあたるメチル基が，選択的にアリール化され 289 になる．アルデヒド 290 は Cs$_2$CO$_3$ と P(t-Bu)$_3$ を用いて，α-アリール化され 291 を与える．

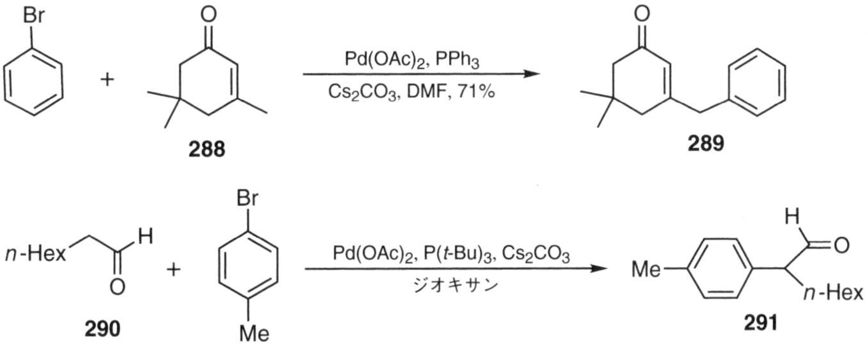

エステルも α-アリール化される．酢酸-t-ブチル (292) やプロピオン酸-t-ブチル (295) の α-アリール化は塩化アリール，臭化アリールで可能で，293，296 を与える．295 と β-ブロモナフタレン類 294 や p-クロロアニソールとの反応は，ナプロキセン誘導体 296 やイブプロフェン誘導体 297 の新しい効率的な合成法になる．配位子としてカルベン L-17, L-18 や 2-(N,N-ジメチルアミノ)ビフェニルホスフィン類 L-9, L-10 が用いられる．

アミノ酸エステル 298 は，そのままではアミノ基がアリール化されるので，アミノ基をシッフ塩基 299 として保護してから，P(t-Bu)$_3$ を用いてクロロベンゼンでα-アリール化できる．得られた 300 を脱保護すれば，α-アリール-α-アミノ酸エステルが得られる．

アセトアミドやアセトニトリルのような酸性の低い化合物でも，BINAP を用いて臭化アリールでアリール化され 301，302 が生成する．

ニトロアルカンも α-アリール化される．6-ニトロ-1-ヘキセン(**303**)と臭化アリールとの反応では，予想される **303** の末端オレフィンの溝呂木-Heck 反応を起こすことなく，α-アリール化が優先的に進行し **304** を与える．

Cs$_2$CO$_3$ と P($t$-Bu)$_3$ を用いることによって，シクロペンタジエンのような酸性の低い化合物も塩化アリールでペンタアリール化され，**305** を高収率で与えるのは予想外の反応で，パラジウム触媒の威力を示す例である．

### アリル化（辻-Trost 反応）

活性メチレン化合物のハロゲン化アリルによるアリル化は触媒がなくても進行するが，よりよい方法は図 1・8 や図 2・6 で説明したように，パラジウム触媒を活用し，ハロゲン化アリルの代わりにカルボン酸のアリルエステルを用いてアリル化することである．アリルエステルから π-アリル錯体を生成させ，いろいろな求核剤をアリル化する反応は辻-Trost 反応とよばれている[1), 15), 33)～36)]．とりわけ有用な方法として，パラジウム触媒の存在下，炭酸アリルエステルを用いることによって，図 2・6 で説明したように塩基を用いない中性条件下でアリル化することができる[1), 15)]．

例として酢酸および炭酸アリルエステル部分をもつ化合物 **306** とニトロ酢酸エチルを反応させる（図 2・29）と，中性条件下では選択的にまずその炭酸アリル部分が反応し **308** の生成を経て，$C$-アリル化された **307** を与える．ニトロ酢酸エチルでよく起こるニトロ基の $O$-アリル化は起こらない．つぎに塩基を加えれば **307** は残る酢酸アリルエステル側で反応する．ジメチルアミンとの反応でアリルアミン誘導体 **310** を与え，塩基によりニトロ酢酸エチル部分にカルボアニオンを発生させると，分子内反応でシクロプロパン **309** を生成する．このように共存する炭酸アリルと酢酸アリル部分とを，中性条件と塩基性条件を選んで選択的にアリル化できる．

ケトンの炭酸アリルエステルによる直接的 α-アリール化は難しく，実用的ではない．そこで間接的なケトンのアリル化法として，β-ケト酸のアリル形エステル **311** をパラジウム触媒で処理すると，酸化的付加とともに脱炭酸が起こり，π-アリルパラジウムエノラート **312** と **313** を発生する．その還元的脱離によって分子内アリル化が進行し，α-アリルケトン **314** が得られる．この反応は **311** の α 位に水素がある場合には高温(200 ℃)，無触媒で進行し，Carroll 転位とよばれる．一方，パラジ

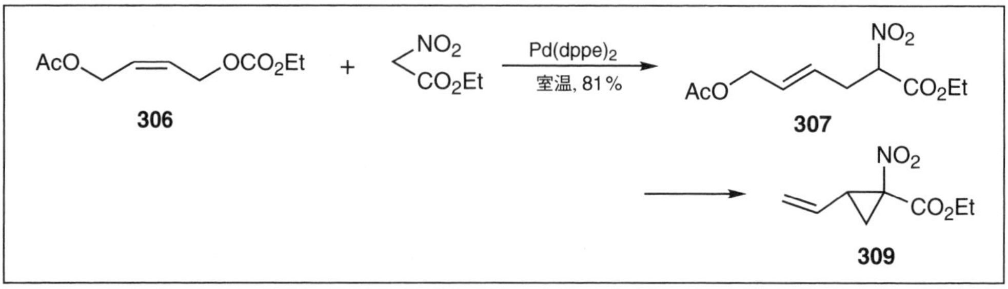


反応機構

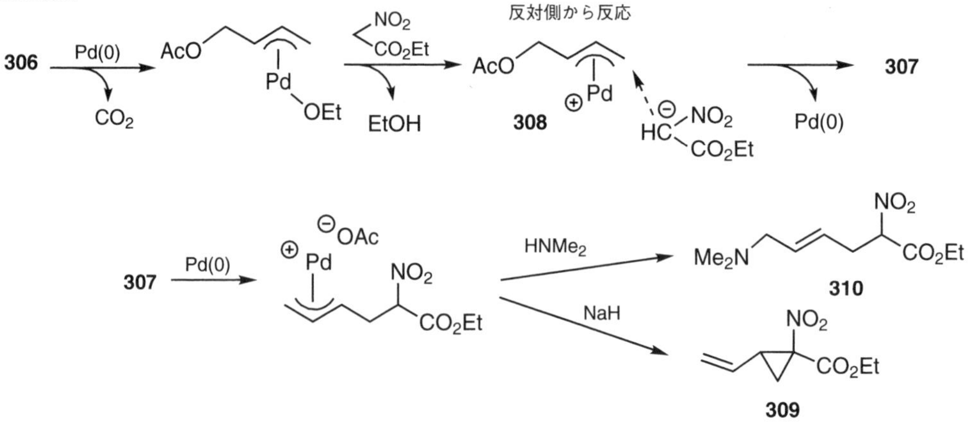


図 2・29　炭酸アリルを用いる中性条件下でのアリル化

ウム触媒を用いる場合は反応機構が異なり，より低温でしかも $\alpha$ 位に水素がなくても進行する．さらに $\beta$-ケト酸アリルだけでなく，マロン酸ジアリル **315** でも同様に，低温で脱炭酸-分子内アリル化が進行する[1), 15), 35)]．

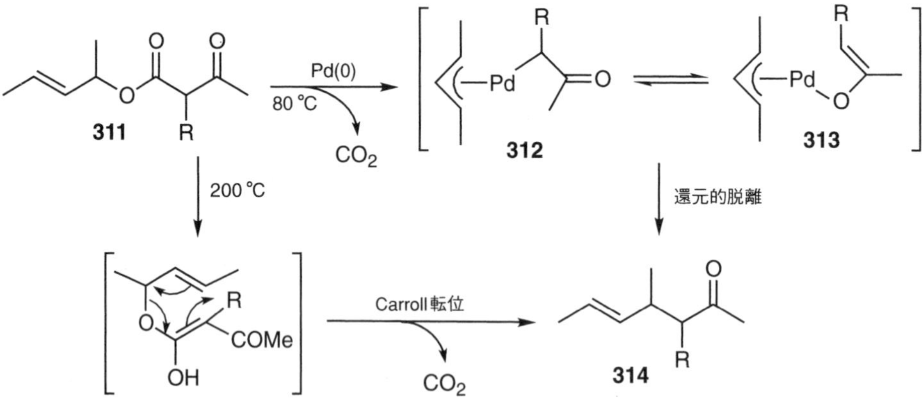


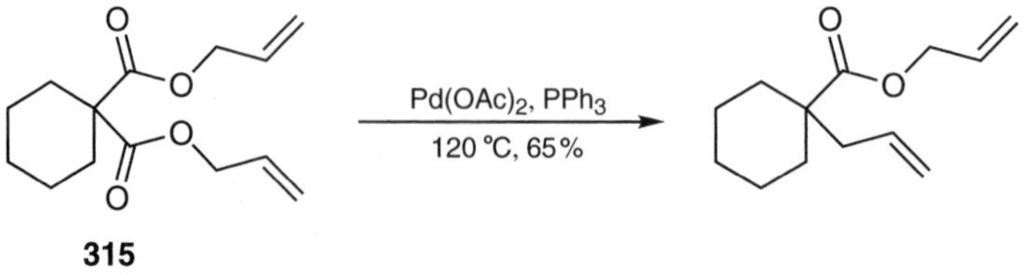

ケトンのアリル化法として，ケトンをシリルエノールエーテル **317** に誘導し，パラジウム触媒を用いて炭酸アリル **316** と反応させると，反応系で炭酸アリルから発生した π-アリルパラジウムメトキシドと **317** とでトランスメタル化が起こり，パラジウムエノラート **318**, **319** を生成する．その還元的脱離でアリル化が起こり α-アリルケトンを与える[15]．

種々の光学活性ホスフィンを用いて不斉アリル化が報告されている．その中で 2 例をあげる．不斉配位子 **L-34** を用いてシスのアリル形ジエステル **320** とスルホニルニトロメタンを反応させると，まず C-アリル化が起こり **321** を生成し，つぎに分子内 O-アリル化により光学純度 100％に近い **322** が得られる．このことは両アリル化が完全に立体保持で進行していることを示す[34), 36)]．

また不斉配位子(PHOX) **L-33** の存在下，2-エチルシクロヘキサノンのシリルエノールエーテル **323** を炭酸ジアリルでアリル化すると，92％ee の α-アリル化体 **324** が得られる．

カルボン酸エステルそのものは，パラジウム触媒を用いても炭酸アリルで直接アリル化できない．その場合は，エステルをまずケテンシリルアセタール **325** に変換してから炭酸アリル **316** と反応させると，**325** とπ-アリルパラジウムメトキシドとのトランスメタル化で **326**，**327** を生成し，その還元的脱離を経て，α-アリル化されたエステル **328** を与える．

### (b) アミノ化合物の N-アリール化：芳香族アミンの合成

従来アミノ基をハロゲン化アリールを用いて N-アリール化し，芳香族アミンを直接合成するのは困難であった．ところがパラジウム触媒を用いることにより，脂肪族の第一級，第二級アミンを，塩化アリール，臭化アリールやアリールトリフラートを用いてアリール化し，芳香族の第二級，第三級アミンを合成できるようになった[3),37),38)]．塩基としてやはり反応条件下で分解しない強塩基の $t$-BuONa や NaN(TMS)$_2$ の使用が重要である．塩化アリールの反応では，配位子として特に P($t$-Bu)$_3$ や **L-1** が優れている．また PPh$_3$ に比べて円錐角の大きい P($o$-Tol)$_3$ (**L-4**)や，二座配位の BINAP や DPPF(**L-16**)も用いられる．N-メチルアニリン(**329**)は，P($o$-Tol)$_3$ を用いてアリール化されて **330** を与える．

脂肪族アミン **332** のアリール化では（図2・30），まずアルキルアミン **332** と強塩基からナトリウムアミド **333** が生成し，これと **331** とのトランスメタル化でパラジウムアミド **334** が生成する．それが還元的脱離すればアリール化されたアミン **335** になる．このアミノ化には P($t$-Bu)$_3$ や二座配位の BINAP や DPPF が効果的である．副反応として **334** の β 水素脱離が起これば，イミン **336** とパラジウムヒドリド **337** を生成し，**337** の還元的脱離によりハロゲン化物(Ar−X)が水素化分解された Ar−H **338** が生成する．

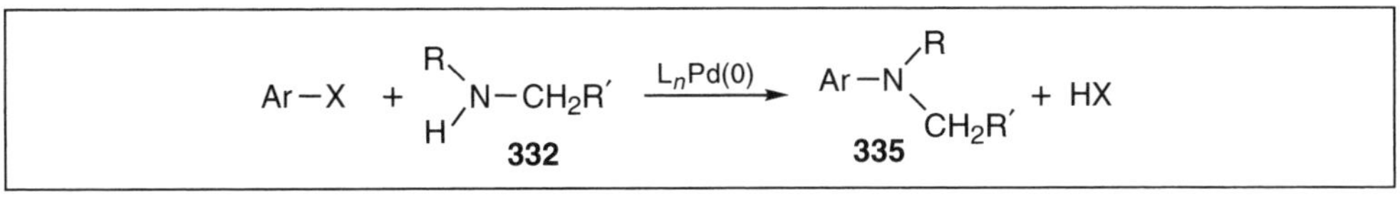

## 2・2 Pd(0)錯体の触媒反応: 有機ハロゲン化物および擬ハロゲン化物の反応

$$Ar-X + \underset{\mathbf{332}}{\underset{H}{\overset{R}{N}}-CH_2R'} \xrightarrow{L_nPd(0)} \underset{\mathbf{335}}{\underset{CH_2R'}{\overset{R}{N}}-Ar} + HX$$

反応機構

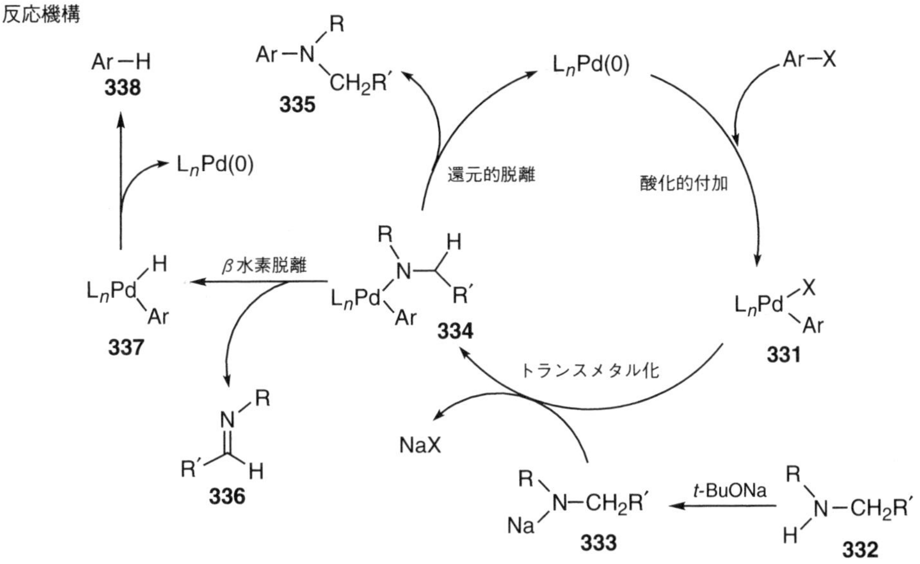

図 2・30 アミンのアリール化の機構

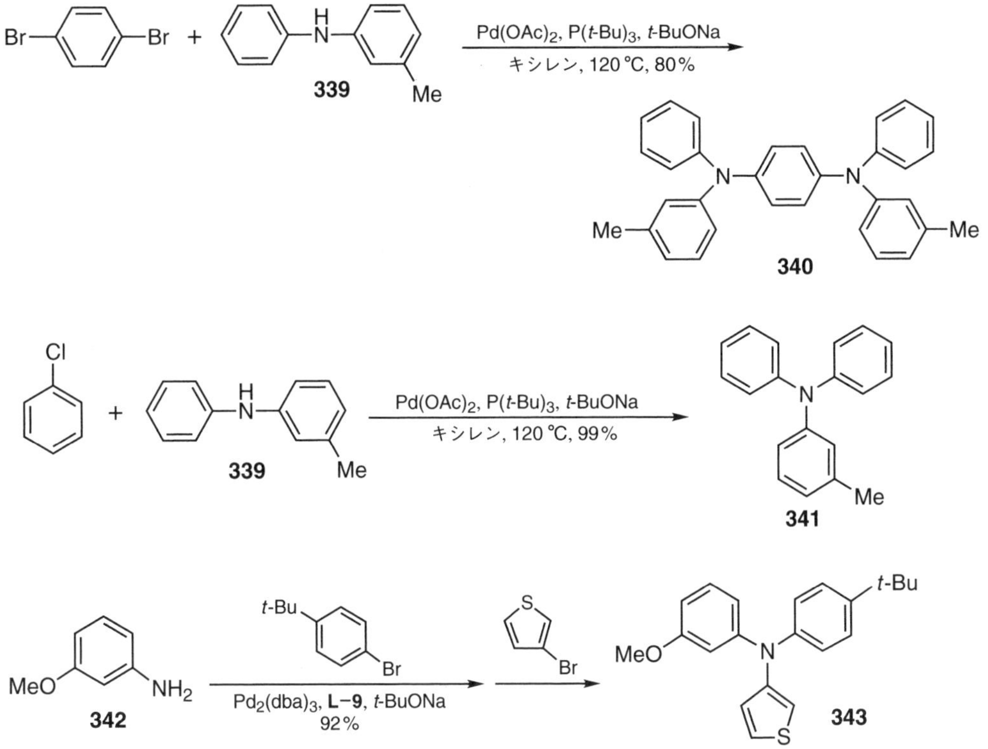

図 2・31 芳香族アミンのアリール化

芳香族アミンは脂肪族アミンより塩基性が低いので，アミノ化も遅い．しかし，P(t-Bu)₃ とt-BuONa を用いることにより，反応性の低い芳香族アミンであるジアリールアミン **339** が，塩化アリール，臭化アリールでアリール化され（図2・31），**340** や **341** のような材料化学で有用な芳香族第三級アミンが合成されている．

ビフェニルホスフィン **L-9** を用いて，アニリン誘導体 **342** に異なる2種類のハロゲン化アリールを順次反応させることにより，アニリンの段階的アリール化が進行し，異なるアリール置換基をもつ芳香族第三級アミン **343** が合成できる．

アニリンを塩化アリールでアリール化してジアリールアミン **344** を合成するのに，カルベン **L-18** も効果的な配位子である．二座配位の BINAP を用いると，アリールトリフラート **345** でもアリール化が進行し **346** を与える．この反応によってフェノール類をトリフラート **347** に誘導し，アミンと反応させてアニリン誘導体 **348** を合成できる．このことはフェノール類を間接的にアニリン誘導体 **348** に変換するという，全く新しい有用な合成手段が提供されたことを意味する．

アミンの分子内 N-アリール化，N-アルケニル化は含窒素ヘテロ環の新しい合成法になる．たとえば，MOP(**L-28**)を用いるアミド **349** の分子内アリール化によって，ラクタム **350** が合成されている．DPEPHOS(**L-14**)と弱塩基の炭酸カリウムを使用し，**351** の分子内アルケニル化で，1β-メチルカルバペネム **352** が収率90％で合成されている．

### (c) フェノール，およびアルコールの $O$-アリール化：
### ジアリールエーテルおよびアリールエーテルの合成

ジアルキルおよびアルキルアリールエーテルが容易に合成できるのに比べて，ジアリールエーテルの合成は簡単ではない．それが強塩基の $t$-BuONa の存在下，パラジウム触媒を用いてハロゲン化アリールとフェノール類とを反応させて合成できる途が拓けた[37), 38)]．配位子の選択が重要で，$N,N$-ジメチルアミノビナフチルホスフィン **L-27** を用いて，立体障害のある臭化アリール **353** と $o$-クレゾールとの反応で，ジアリールエーテル **354** が合成されている．トリフラート **355** とフェノール誘導体 **356** の反応による **357** の合成には，2-ビフェニル-ジ-$t$-ブチルホスフィン(**L-6**)が効果的である．

通常，塩化アリールを穏やかな条件下でフェノール類に変換するのは容易ではない．一つの解決法として，パラジウム触媒を用いて塩化アリールと $t$-BuONa から，アリール-$t$-ブチルエーテル **358** を生成させると，その $t$-ブチル基は酸により容易に除去できる．この反応は塩化アリールからフェノール類 **359** を合成する新しい方法になる．

第一級および第二級のアルキルアリールエーテルを合成するには，ハロゲン化アリールと対応するアルコールを反応させる．反応中間体であるアリールパラジウムアルコキシド **360** の還元的脱離により，アルキルアリールエーテル **362** が生成すると説明できる．しかしその際，図 2・26 で説明したように **360** の $\beta$ 水素脱離が起こり，結果としてアルコールが酸化されると同時に，ハロゲン化アリールは脱ハロゲンされた **361** になる可能性もあるので，エーテル **362** の合成は必ずしも容易ではない．一般にエーテルの生成よりアルコールの酸化が主反応になることが多い．特に第二級アルコールはエーテル生成よりも酸化が起こりやすい．

還元的脱離を促進させることによって，アルキルアリールエーテルの合成を優先させるためには，かさ高い配位子を用いることが重要である．*N*,*N*-ジメチルアミノビナフチルホスフィン **L-27** と $Cs_2CO_3$ の存在下，*n*-BuOH を塩化アリール **363** を用いてアリール化し，アリール-*n*-ブチルエーテル **364** と脱塩素された **365** とが 8：1 の比で得られている．配位子 **L-27** を用いる第一級アルコール **366** の分子内反応では，七員環の環状エーテル **367** が主生成物として得られている．

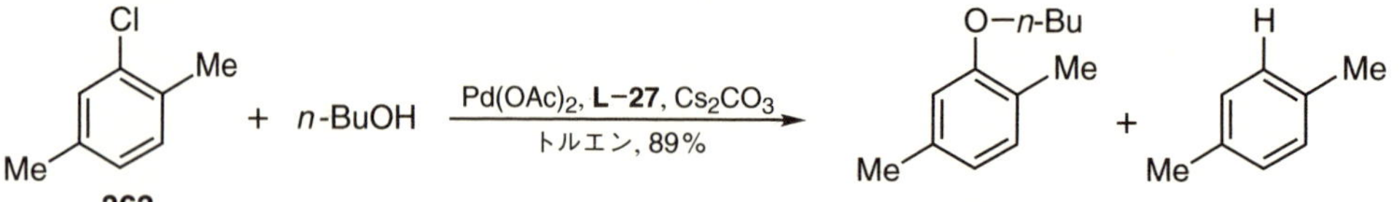


**363** **364** **365**

8 ： 1

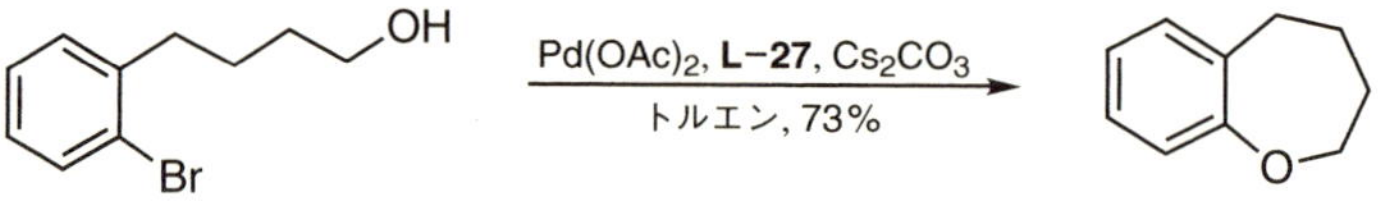


**366** **367**

### (d) リン求核剤の *P*-アリール化

図 2・32 の一般式のように，ホスフィン類のうち第一級ホスフィン $PhPH_2$(**368**) や第二級ホスフィン $Ph_2PH$(**369**)，またはジフェニルホスフィンオキシド(**370**)を，パラジウム触媒を用いてハロゲン化アリールでアリール化することにより，種々の第二級および第三級アリールホスフィンに変換できる．この反応は Ar−X を Pd(0)に酸化的付加させ，たとえばジフェニルホスフィン(**369**)との置換反応で **372** を生成させ，その還元的脱離で第三級アリールホスフィン **371** を与えると説明できる．

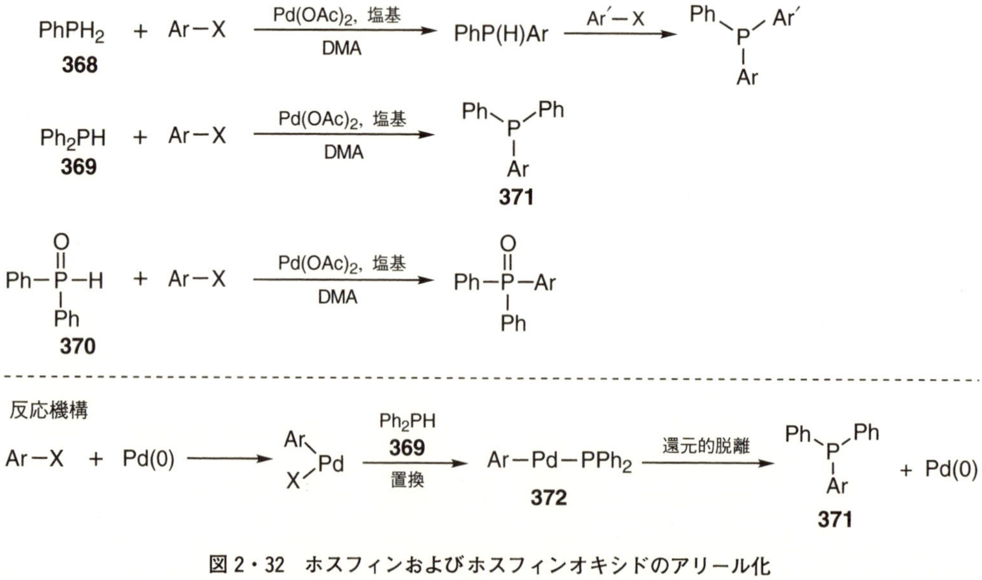


**368** **369** **371** **370** **372** **371**

**図 2・32 ホスフィンおよびホスフィンオキシドのアリール化**

ジフェニルホスフィン(**369**)は，ヨウ化アリール **373** によってアリール化され **374** を生成する．反応は配位子を用いないで $Pd(OAc)_2$ だけで進行する．

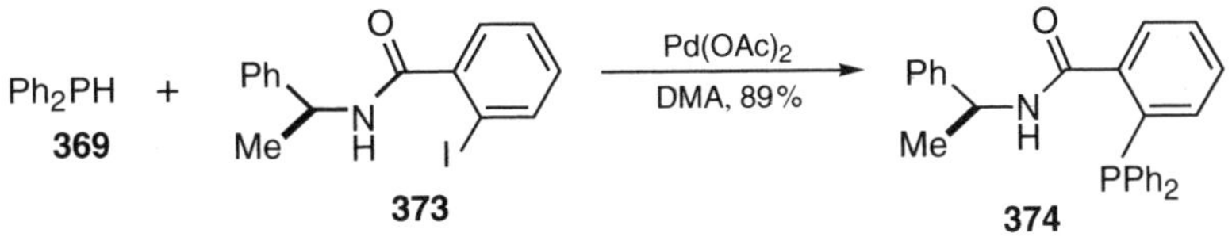

2・2 Pd(0)錯体の触媒反応: 有機ハロゲン化物および擬ハロゲン化物の反応　　75

異なるアリール基をもつ第二級および第三級ホスフィンは，フェニルホスフィン(**368**)を異なるハロゲン化アリールで段階的にアリール化することで合成できる．DPPP(**L-12**)を配位子として，まず**368**をヨウ化アリール**375**と反応させて第二級ホスフィン**376**を得，ついで別のヨウ化アリール**377**を反応させ第三級ホスフィン**378**が合成できる．

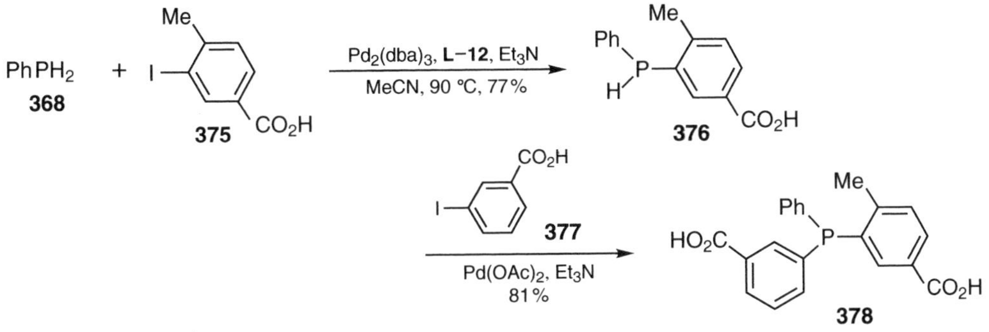

不斉配位子として重要な光学活性 BINAP 誘導体の簡便な合成法として，パラジウム，ニッケル触媒を用いる方法が開発されている(図2・33)．DPPE(**L-11**)の配位したニッケル触媒を用い，塩基と

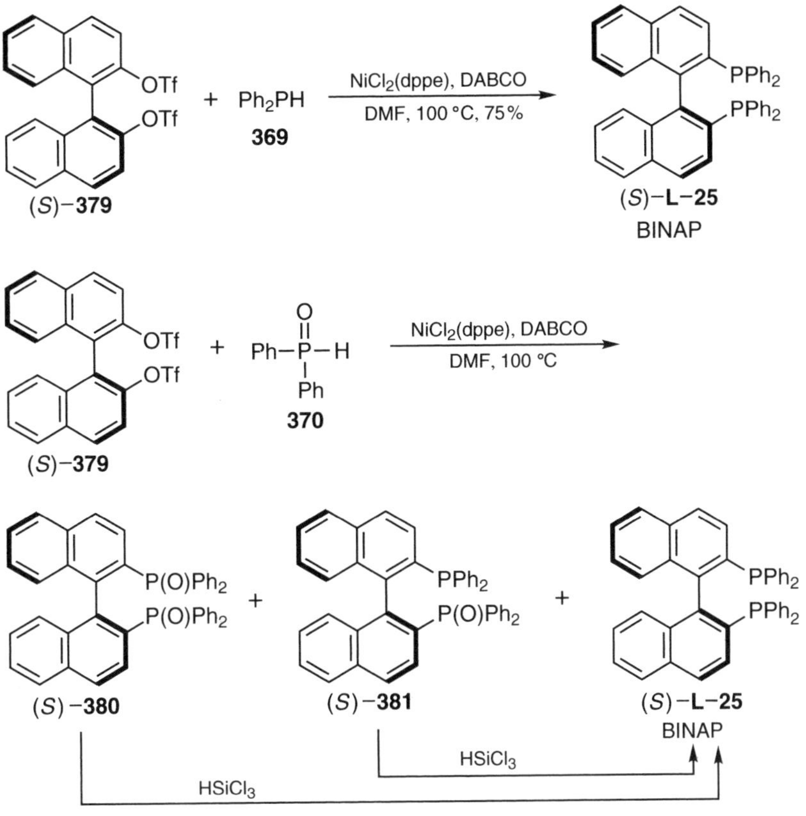

図2・33　BINAP の合成

してDABCOの存在下，DMF中でSまたはRのビナフトールのビストリフラート**379**にジフェニルホスフィン(**369**)を反応させると，2個のTfO基がPPh₂により置換された目的のBINAPが得られる．一方，パラジウム触媒ではこの二置換は起こらない．このようなトリアリールホスフィンの合成には，**369**よりも取扱いの容易なジフェニルホスフィンオキシド(**370**)を使用するのがより便利である．ニッケル触媒を用いて**379**と**370**を反応させると**380**が主生成物として得られ，**381**およびBINAPも副生する．**380**, **381**のようなホスフィンオキシドをHSiCl₃を用いて還元すれば，目的とするBINAPが得られる．

**381**とBINAPが副生するのは，**370**と**369**＋**382**が平衡関係にあり，おのおのが相互変換するためである．

$$2\ \text{Ph–P(O)H(Ph)} \rightleftarrows \text{Ph–P–H(Ph)} + \text{Ph–P(O)OH(Ph)}$$
**370**　　　　　　　　**369**　　　**382**

**379**とジフェニルホスフィンオキシド(**370**)の反応で，DPPB(**L-13**)を配位子としたパラジウム触媒を用いると，選択的に一置換が起こって**383**になり，二置換は起こらない．したがって，このパラジウム触媒反応はMOP(**L-28**)のような単座配位のビナフチルホスフィンの合成に利用できる．これらの反応で得られた**380**, **381**, **383**, **384**のようなホスフィンオキシドは，HSiCl₃によりMOP(**L-28**)やBINAP(**L-25**)に還元できる．

(S)-**379** + **370** →[Pd(OAc)₂, DPPB, EtN(i-Pr)₂ / DMSO, 90 ℃, 95%] (S)-**383**

→[1) NaOH, 2) MeI] (S)-**384** →[HSiCl₃] (S)-**L-28** MOP

ホスホン酸ジメチル(**385**)，ホスフィン酸メチル(**387**)，フェニルホスフィン酸メチル(**388**)のフェニル化により，それぞれフェニルホスホン酸ジメチル(**386**)，フェニルホスフィン酸メチル(**388**)，ジフェニルホスフィン酸メチル(**389**)が合成できる．

ホスホン酸ジメチルのフェニル化

$$\text{MeO–P(O)(OMe)H} + \text{Ph–I} \xrightarrow{\text{Pd(PPh}_3)_4,\ 塩基} \text{MeO–P(O)(OMe)Ph}$$
**385**　　　　　　　　　　　　　　　　**386**

## 2・2 Pd(0)錯体の触媒反応：有機ハロゲン化物および擬ハロゲン化物の反応

ホスフィン酸メチルのフェニル化

H-P(=O)(OMe)-H + Ph-I  →[Pd(OAc)$_2$, PPh$_3$ / N-メチルモルホリン / 63%]  H-P(=O)(OMe)-Ph
**387** → **388**

フェニルホスフィン酸メチルのフェニル化

H-P(=O)(OMe)-Ph + Ph-I →[Pd(OAc)$_2$, PPh$_3$ / Et$_3$N, 49%] Ph-P(=O)(OMe)-Ph
**388** → **389**

たとえば，**387** を，異なるヨウ化アリール **390** と **391** で段階的にアリール化すれば，ジアリールホスフィン酸メチル **392** が合成できる．

**387** →[**390** (Ph-C$_6$H$_4$-I) / Pd(OAc)$_2$, PPh$_3$ / HC(OMe)$_3$, Et$_3$N] →[**391** (Me-C$_6$H$_4$-I) / Pd(PPh$_3$)$_4$ / N-メチルモルホリン / 51%] **392**

### 参考になる総説

1) J. Tsuji, "New General Synthetic Methods Involving π-Allylpalladium Complexes as Intermediates and Neutral Conditions", *Tetrahedron*, **42**, 4361 (1986).
2) 寺尾 潤, 神戸宣明, "遷移金属触媒を用いるハロゲン化アルキル類と有機金属試薬とのクロスカップリング反応", 有機合成化学協会誌, **62**, 1192 (2004).
3) 辻 二郎, "日進月歩のパラジウム, ニッケル触媒の化学；増大する有機合成化学へのインパクト", 有機合成化学協会誌, **59**, 607 (2001).
4) A. F. Littke, G. C. Fu, "Palladium-Catalyzed Coupling Reaction of Aryl Chloride", *Angew. Chem. Int. Ed.*, **41**, 4176 (2002).
5) R. F. Heck, "Palladium Catalyzed Vinylation of Organic Halides", *Org. React.*, **27**, 345 (1982).
6) A. de Meijere, F. E. Meyer, "Fine Feathers Make Fine Birds, The Heck Reaction in Modern Garb", *Angew. Chem., Int. Ed. Engl.*, **33**, 2379 (1994); A. de Meijere, P. von Zezschwitz, S. Brase, "The Virtue of Palladium-Catalyzed Domino Reactions-Diverse Oligocyclization of Acyclic 2-Bromoenynes and 2-Bromoenynes", *Acc. Chem. Res.*, **38**, 413 (2005).
7) E. Negishi, C. Coperet, S. Ma, S. Y. Liou, F. Liu, "Cyclic Carbopalladation, A Versatile Synthetic Methodology for the Construction of Cyclic Organic Compounds", *Chem. Rev.*, **96**, 365 (1996).
8) 足森厚之, L. E. Overman, "分子内反応による4級炭素の触媒的不斉構築", 有機合成化学協会誌, **58**, 718 (2000).
9) A. B. Dounay, L. E. Overman, "The Asymmetric Intramolecular Heck Reaction in Natural Product Total Synthesis", *Chem. Rev.*, **103**, 2945 (2003).
10) J. T. Link, "The Intermolecular Heck Reaction", *Org. React.*, **60**, 157 (2003).
11) 豊田真弘, "触媒的環化アルケニル化反応を利用する多環状天然物の合成研究", 有機合成化学協会誌, **64**, 25 (2006).
12) A. Roglans, A. Pia-Quintana, M. Moreno-Manas, "Diazonium salts as Substrates in Palladium-Catalyzed Cross-Coupling Reactions", *Chem. Rev.*, **106**, 4622 (2006).
13) G. Zeni, R. C. Larock, "Synthesis of Heterocycles via Palladium π-Olefin and π-Alkynes", *Chem. Rev.*, **104**, 2285 (2004); "Synthesis of Heterocycles via Palladium-Catalyzed Oxidative Addition", *Chem. Rev.*, **106**, 4644 (2006).
14) 土井隆行, "π-アリルパラジウム中間体への分子内アルケン挿入および分子内アレン挿入を経る連続的五員環骨格の構築の研究", 有機合成化学協会誌, **59**, 1190 (2001).
15) J. Tsuji, I. Minami, "New Synthetic Reactions of Allyl Carbonates, Allyl β-Keto Carboxylate Catalyzed by Palladium Complexes", *Acc. Chem. Res.*, **20**, 140 (1987).

16) J. Tsuji, "Decarbonylation Reactions using Transition Metal Compounds", *Synthesis*, 157 (1969).
17) A. Suzuki, "Organic Synthesis via Boranes", Vol.Ⅲ, "Suzuki Coupling", Aldrich Chemical Co. Inc. (2003).
18) "Metal-Catalyzed Cross- Coupling Reactions", Vol. 1, 2, ed. by A. de Meijere, F. Diederich, Wiley-VCH (2004).
19) K. C. Nicolaou, P. G. Bulger, D. Sarlah, "Palladium-Catalyzed Cross-Coupling Reactions in Total Synthesis", *Angew. Chem. Int. Ed.*, **44**, 4442 (2005).
20) M. Seki, "Recent Advances in Pd/C-Catalyzed Coupling Reactions", *Synthesis*, 2975 (2006).
21) N. Miyaura, A. Suzuki, "Palladium-Catalyzed Cross-Coupling of Organoboron Compounds", *Chem. Rev.*, **95**, 2457 (1995).
22) 西田まゆみ, 田形 剛, "不均一系触媒による鈴木-宮浦反応", 有機合成化学協会誌, **62**, 737（2004）.
23) 鈴木 章, "芳香族ボロン酸誘導体を用いるビアリール化合物合成に関する最近の進歩", 有機合成化学協会誌, **63**, 312（2005）.
24) V. Farina, V. Krishnamurthy, W. J. Scott, "The Stille Reaction", *Org. React.*, **50**, 1 (1997).
25) P. Espinet, A. M. Echavarren, "The Mechanism of the Stille Reaction", *Angew. Chem. Int. Ed.*, **43**, 4704 (2004).
26) S. E. Denmark, R. F. Ramzi, "Design and Implementation of New Silicon-Based, Cross-Coupling Reactions; Importance of Silicon-Oxygen Bonds", *Acc. Chem. Res.*, **35**, 835 (2002).
27) E. Negishi, L. Anastasia, "Palladium-Catalyzed Alkynylation", *Chem. Rev.*, **103**, 1979 (2003).
28) 清水功雄, 大島正人, 長沢和夫, 辻 二郎, 萬代忠勝, "ギ酸-パラジウム触媒系によるアリル化合物の加水素分解反応；その有機合成への応用", 有機合成化学協会誌, **49**, 526（1991）.
29) J. Tsuji, T. Mandai, "Palladium-Catalyzed Hydrogenolysis of Allylic and Propargylic Compounds with Various Hydrides", *Synthesis*, 24 (1996).
30) 辻 二郎, "容易に進行するようになったカルボニル化合物のα-アリール化反応", 有機合成化学協会誌, **60**, 989（2002）.
31) D. A. Culkin, J. F. Hartwig, "Palladium-Catalyzed Arylation of Carbonyl Compounds and Nitriles", *Acc. Chem. Res.*, **36**, 234 (2003).
32) D. Prim, J. M. Campagne, D. Joseph, B. Andrioletti, "Palladium-Catalyzed Reactions of Aryl Halides with Soft Non-organometallic Nucleophiles", Tetrahedron Report number 600, *Tetrahedron*, **58**, 2041 (2002) .
33) 辻 二郎, "π-アリルパラジウムの化学の誕生と発展", 有機合成化学協会誌, **57**, 1036（1999）.
34) B. M. Trost, D.L.Van Vranken, "Asymmetric Transition Meral-Catalyzed Allylic Alkylation", *Chem. Rev.*, **96**, 395 (1996); B. M. Trost, M. L. Crawley, "Asymmetric Transition Meral-Catalyzed Allylic Alkylation: Applications in Total Synthesis", *Chem. Rev.*, **103**, 2921 (2003).
35) M. Braun, T. Meier, "New Developments in Stereoselective Palladium-Catalyzed Allylic Alkylations of Preformed Enolates", *Synlett*, 661 (2006); "Tsuji-Trost Allylic Alkylation with Ketone Enolates", *Angew. Chem. Int. Ed.*, **45**, 6952 (2006).
36) B. M. Trost, M. R. Machacek, A. Aponick, "Predicting the Stereochemistry of Diphenylphosphino Benzoic Acid (DPPBA)-Based Palladium-Catalyzed Asymmetric Allylic Alkylation Reactions", *Acc. Chem. Res.*, **39**, 747 (2006).
37) J. P. Wolfe, S. Wagaw, J. F. Marcoux, S. L. Buchwald, "Rational Development of Practical Catalysts for Aromatic Carbon-Nitrogen Bond Formation", *Acc. Chem. Res.*, **31**, 805 (1998).
38) J. F. Hartwig, "Discovery and Understanding of Transition Metal-Catalyzed Aromatic Substitution Reactions", *Synlett*, 1283 (2006).

## 2・3　Pd(Ⅱ)化合物を用いる酸化反応
### 2・3・1　Pd(Ⅱ)化合物の関与する反応の概要

§2・1で説明し, 図2・4で要約したように "Pd(Ⅱ)化合物の酸化反応" に分類される反応では, 基質の酸化と同時に $PdX_2$ は Pd(0) に還元される. 高価な Pd(Ⅱ)化合物を量論的に消費しないために, $CuCl_2$ のような共酸化剤を共存させておくと, 触媒量の Pd(Ⅱ)で反応を進行させることができる. 図2・5に "Pd(Ⅱ)の酸化反応" に属する代表的な反応をあげたが, 本節ではこれらの反応について具体的に説明する.

Pd(Ⅱ)化合物としては, $PdCl_2$ と有機溶媒によく溶解する $Pd(OAc)_2$ が広く用いられる. 図2・1の一般式で生成する Pd(0) を Pd(Ⅱ)に再酸化するには $CuCl_2$, $Cu(OAc)_2$, $HNO_3$, ベンゾキノン, $H_2O_2$, 有機過酸化物などが用いられる. DMSO 中の反応ではこれらの再酸化剤がなくても, 場合によっては酸素だけで Pd(0) が Pd(Ⅱ)に酸化されるので Pd(Ⅱ)の触媒反応が進行する.

## 2・3・2 アルケンの反応

まず，アルケンの関与する酸化反応をとり上げる．"Pd(II)化合物の酸化反応"に属するアルケンの関与する反応は，図 2・34 の一般式で示される．電子密度の低い Pd(II) 化合物にアルケンが配位すれば，アルケンの電子がパラジウムに移り，アルケンの電子密度が減少する．そのため種々の求核剤（B–H）が，Pd(II) に配位したアルケンを求核的に攻撃するようになり，パラジウム化（palladation）が起こりパラジウム化物 **393** を中間体として生成する．この中間体 **393** は以下に説明する 3 種類の反応経路 a, b, c のいずれかを経てさらに酸化反応が進行し（図 2・35），同時に Pd(II) は Pd(0) に還元される．

Pd(II) 化合物とアルケンの反応

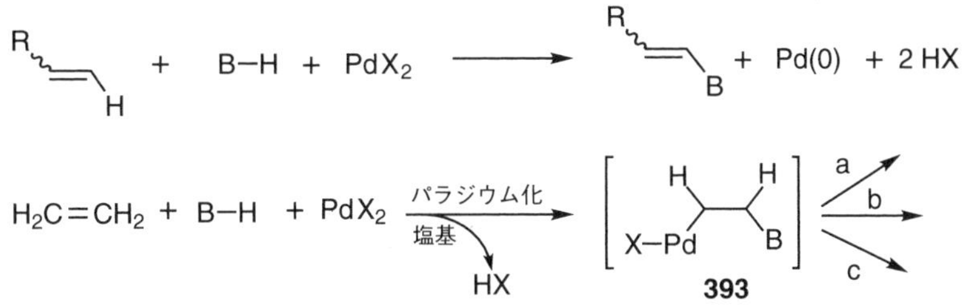

$$R\text{-CH=CH}_2 + \text{B–H} + \text{PdX}_2 \longrightarrow R\text{-CH=CH-B} + \text{Pd(0)} + 2\text{HX}$$

$$H_2C=CH_2 + \text{B–H} + \text{PdX}_2 \xrightarrow[\text{塩基}]{\text{パラジウム化}} [\text{X–Pd–CH}_2\text{–CH}_2\text{–B}]\ \mathbf{393} \xrightarrow{a, b, c}$$

$PdX_2 = PdCl_2$ または $Pd(OAc)_2$
$BH$ = 求核剤, $H_2O$, $ROH$, $RCO_2H$, $RNH_2$, $CH_2E_2$

図 2・34 Pd(II) 化合物の酸化反応

**反応経路 a**　　B–H = HO–H の場合

Wacker 反応

$$H_2C=CH_2 + PdCl_2 + H_2O \xrightarrow{\text{オキシパラジウム化}}$$

**393 a** $\xrightarrow{\text{ヒドリド転位}}$ CH$_3$CHO + Pd(0) + 2HCl

**反応経路 b**　　B–H = AcO–H の場合

Pd(OAc)$_2$ を用いる酢酸ビニルの製造

**393 b** $\xrightarrow[\text{塩基}]{\beta\text{水素脱離}}$ CH$_2$=CHOAc + Pd(0) + AcOH

**反応経路 c**　　B–H = AcO–H の場合

Pd(OAc)$_2$ と LiNO$_3$ を用いるエチレングリコールモノエステルの生成

**393 b** $\xrightarrow[\text{塩基，加水分解}]{\text{求核剤の 1,2-付加}}$ HOCH$_2$CH(OAc) **394** + Pd(0) + AcOH

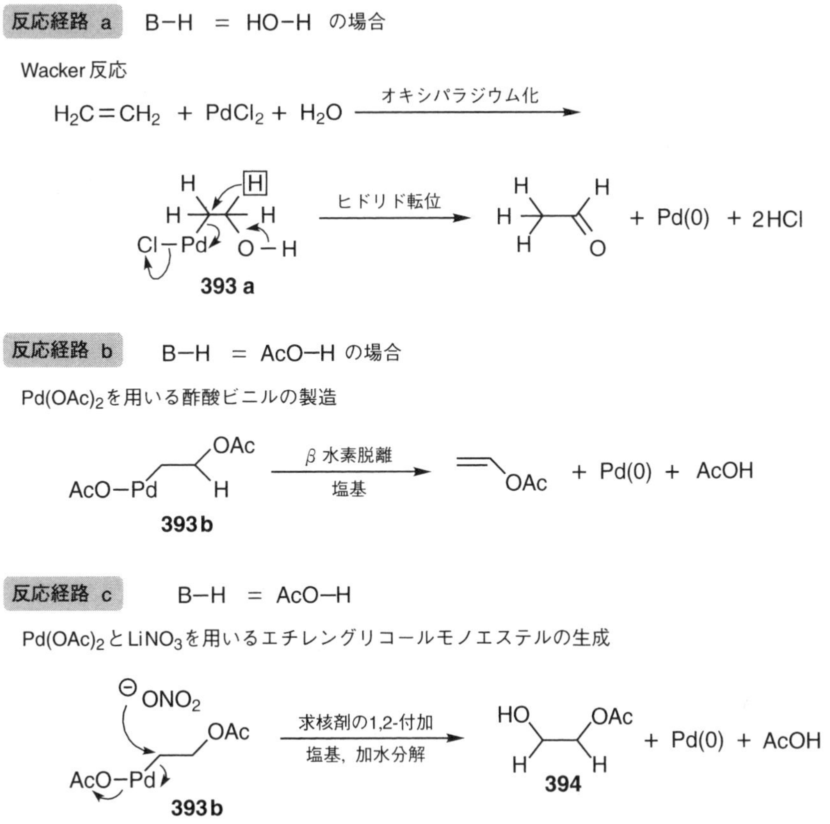

図 2・35 Pd(II) 化合物によるエチレンの酸化反応の経路

求核剤 B-H が水の場合は，反応経路 a をとり，オキシパラジウム化 (oxypalladation) で生成する中間体 **393a** は図のようにヒドリドが 1,2-転位して，アセトアルデヒドが生成する．反応経路 b ではアセトキシパラジウム化物 **393b** の β 水素脱離が起こり，新しい置換アルケンを与える．エチレンが Pd(OAc)$_2$ と反応し酢酸ビニルを生成するのがその例である．

**393b** に別の求核剤，たとえば LiNO$_3$ の存在下では，硝酸イオン (ONO$_2^-$) による置換反応が起こり，Pd-OAc が脱離する．生成した硝酸エステルは容易に加水分解され，結果として 2 種類の求核剤の 1,2-付加が起こったことになり，グリコールモノエステル **394** を生成する (反応経路 c)．以下これらの基本反応を具体的に説明する．

Wacker 反応ではアルケンが塩酸中，PdCl$_2$ の存在下，反応経路 a により水と反応しカルボニル化合物に酸化される．PdCl$_2$ の水溶液にエチレンを吹き込むとアセトアルデヒドが生成し，同時にパラジウム黒が定量的に沈殿することは古くから知られ，パラジウムの定量分析に用いられていた．この反応を発展させ，PdCl$_2$ とともに CuCl$_2$ を触媒にして，アセトアルデヒドを工業的に製造する Wacker 法が開発された．本法はパラジウムの均一系触媒反応の最初の例で，パラジウムの有機化学を誕生させた歴史的に重要な成果である．Wacker 法はつぎの三つの素反応から成り立つ[39]．

まず，エチレンが塩酸中で PdCl$_2$ によってアセトアルデヒドに酸化されるとともに，PdCl$_2$ は Pd(0) になる．つぎに Pd(0) は共存する CuCl$_2$ により酸化され PdCl$_2$ が再生するが，同時に CuCl$_2$ は CuCl に還元される．最後に CuCl は酸素で速やかに CuCl$_2$ に酸化されるので，それらが集約された結果として触媒反応のサイクルが完成する．Wacker 法についてはつぎの事実に注目することが大事である．卑金属の CuCl$_2$ を用いて貴金属の Pd(0) を Pd(II) に酸化するのは，両金属 (Pd と Cu) の酸化還元電位を考えると，常識的には困難と考えられる．すなわち，錆びないはず (酸化されにくい) の貴金属であるパラジウムを，錆びやすい (酸化されやすい) 卑金属の銅の塩化物で酸化するのは，常識に反し予想されないことである．この常識に挑戦し，塩酸中 (高い塩化物イオン濃度は酸化還元電位を有利に変化させる) でパラジウムに対し大量の CuCl$_2$ を使用し，生成した CuCl をただちに酸素で CuCl$_2$ に酸化して反応系から除き，結果として反応の平衡を右に偏らせる触媒プロセスを完成させたのが Wacker 法の独創性である．

$$H_2C=CH_2 + H_2O + PdCl_2 \longrightarrow CH_3CHO + 2HCl + Pd(0) \quad (1)$$

$$Pd(0) + 2CuCl_2 \longrightarrow PdCl_2 + 2CuCl \quad (2)$$

$$2CuCl + 2HCl + 1/2\,O_2 \longrightarrow 2CuCl_2 + H_2O \quad (3)$$

反応 (1)～(3) の集約 $H_2C=CH_2 + 1/2\,O_2 \xrightarrow[\text{CuCl}_2\ 触媒]{\text{PdCl}_2\ 触媒} CH_3CHO \quad (4)$

Wacker 反応はつぎの機構で説明されている．図 2·35 の反応経路 a のように，オキシパラジウム化で生成した **393a** が，矢印で示すようなヒドリド転位を経てアセトアルデヒドを生成する．この反応機構を明らかにするために，重水 (D$_2$O) 中でエチレンと PdCl$_2$ を反応させると，生成したアセトアルデヒドには重水素は取込まれず，重水素化された **397** は生成しない．また，重水素化されたエチレンの酸化で完全に重水素化されたアセトアルデヒド **395** が得られたことから，エチレンの 4 個の水素はすべてアセトアルデヒドに保持されることがわかり，ヒドリド転位機構 (反応経路 a) が支持される．すなわち図 2·35 の反応経路 b と同様の **393a** の β 水素脱離により生成する可能性のあるビニルアルコール **396** は，Wacker 反応の中間体ではないので反応経路 b は否定される．

## 2・3 Pd(II)化合物を用いる酸化反応

$$\left[ H_2C=C\begin{smallmatrix}OD\\H\end{smallmatrix} \right] \rightleftharpoons CH_2DCHO$$
**396**　　　　　　**397** 生成せず

↑ β水素脱離

$H_2C=CH_2 + D_2O + PdCl_2 \longrightarrow CH_3CHO + Pd(0) + 2 DCl$

$D_2C=CD_2 + H_2O + PdCl_2 \longrightarrow CD_3CDO + Pd(0) + 2 HCl$
　　　　　　　　　　　　　　　**395**

エチレンの酸化反応を1-アルケンに拡張すると,含水DMF中でMarkovnikov則に従い選択的にメチルケトン**398**に酸化されアルデヒドは生成しない.すなわち1-アルケンはメチルケトン**398**の前駆体とみなせる[40),41)].例として2-アリルシクロヘキサノン(**399**)はジケトン**400**に酸化され,それはアルドール縮合でシクロペンテノン**401**に環化する.タキソールのように官能基が多い化合物の合成にも応用され,**402**にある一置換の二重結合の選択的酸化で生成したジケトン**403**のアルドール縮合によって**404**が得られている.Wacker反応では内部アルケンの酸化は非常に遅い.

酢酸中のエチレンとPd(OAc)$_2$との反応では,アセトキシパラジウム化の後,反応経路bにより**393b**のβ水素脱離が起こり酢酸ビニルが得られる.ところが硝酸塩が存在すると経路が変わり,**393b**は選択的に反応経路cをとり,結果として求核剤の1,2-付加が起こる.生成物の硝酸エステルは反応系で加水分解され,グリコールのモノ酢酸エステル(**394**)になる.

$$H_2C=CH_2 + Pd(OAc)_2 \longrightarrow \text{\textasciitilde}OAc + Pd(0) + AcOH$$

$$H_2C=CH_2 + Pd(OAc)_2 \xrightarrow[H_2O]{LiNO_3} HO\text{\textasciitilde}OAc \quad \mathbf{394}$$

反応機構

$$H_2C=CH_2 + Pd(OAc)_2 \xrightarrow{\text{アセトキシパラジウム化}} AcO-Pd\text{\textasciitilde}OAc \longrightarrow$$

反応経路b → [AcO-Pd-CH(H)-CH_2-OAc] **393b** → β水素脱離 → CH_2=CH-OAc + AcOH + Pd(0)

LiNO_3 反応経路c → [AcO-Pd-CH_2-CH_2-OAc + ⁻ONO_2] **393b** → 1,2-付加 → O_2NO–CH_2CH_2–OAc → 加水分解 → HO–CH_2CH_2–OAc **394**

図2・35の反応経路bの反応を発展させ，Pd(OAc)_2の代わりにシリカに担持したパラジウム触媒を用いる気相系でエチレンに酢酸と酸素を反応させる方法で，酢酸ビニルがクラレ(株)により工業生産されている（図2・36）[42), 43)]．このプロセスの触媒系にはCuCl_2のようなPd(0)のPd(II)への再酸化剤は添加されていない．シリカの表面に薄く分散担持された非常に活性の高い金属パラジウムは，確認は難しいが図に示すようにPd(OAc)_2に酸化され，エチレンと反応して酢酸ビニルを生成すると同時にPd(0)が生成する．そしてこのPd(0)は酢酸の存在下酸素により再びPd(OAc)_2に酸化されるという触媒サイクルが，シリカの表面で効率的に繰返されていると考えられる．すなわち，計画的に調製されたシリカの活性な表面は，酸素による高効率的なPd(0)のPd(II)への再酸化の反応場を提供している．

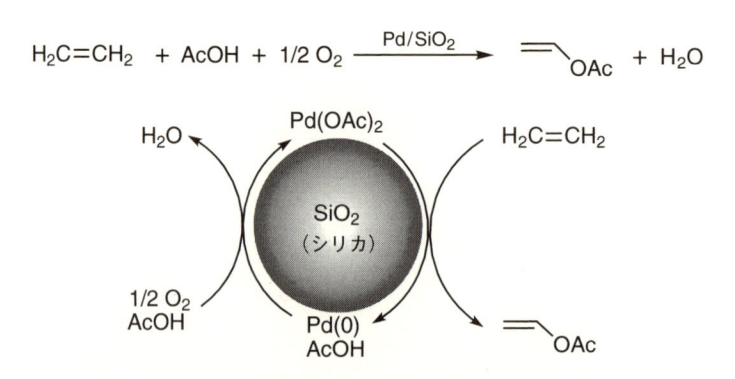

$$H_2C=CH_2 + AcOH + 1/2\,O_2 \xrightarrow{Pd/SiO_2} \text{\textasciitilde}OAc + H_2O$$

図2・36 酢酸ビニルの気相における製法

酢酸溶液中，反応経路bで進行するPd(OAc)_2とプロピレンとの反応では，アセトキシパラジウム化で中間体**405**，**407**を生成し，それらはβ水素脱離を経て**406**，**408**，**409**を与える．一方，図2・36のようなシリカ担持のパラジウム触媒を用いるプロピレン，酢酸，酸素の気相反応では，選択

的に酢酸アリル (**409**) が生成するので，その工業製造法となっている[44]．シクロヘキセンと Pd(OAc)$_2$ との反応はアリル形酢酸エステル **411** を選択的に与え，ビニル形エステル **412** は生成しない．この事実は **410** で示すように，シス付加のアセトキシパラジウム化に続く $\beta$ 水素のシン脱離で一応説明できるが，トランス付加のアセトキシパラジウム化と異性化の可能性も否定できない．

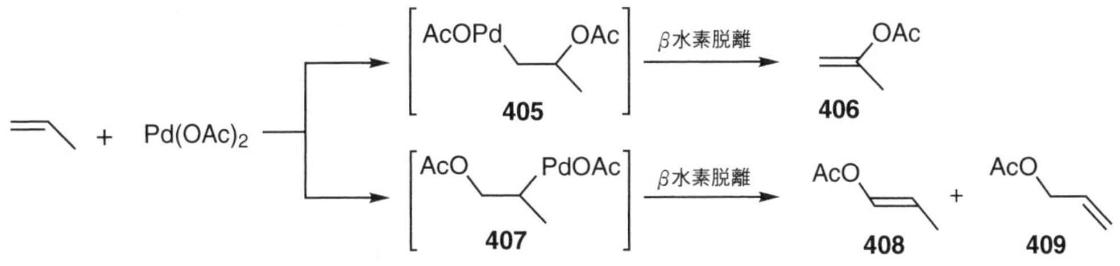

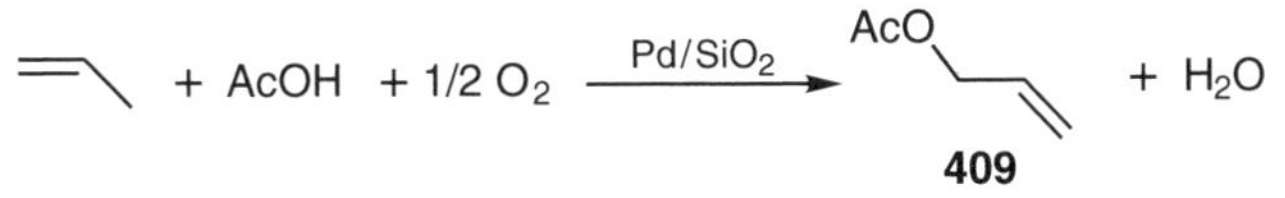

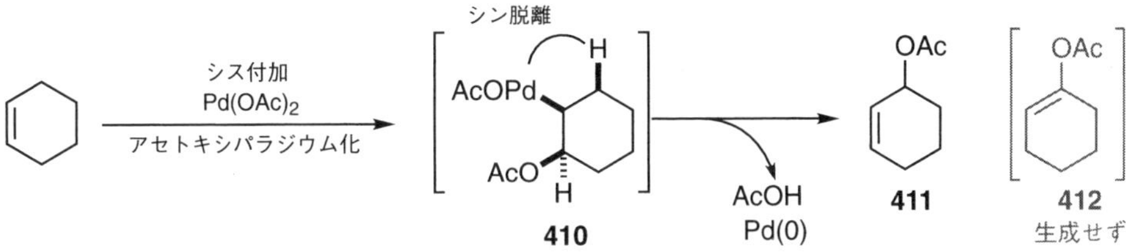

炭素求核剤も反応経路 b でアルケンと反応する．$\beta$-ジケトアルケン **413** が分子内カルボパラジウム化で **414** を生成し，その $\beta$ 水素脱離で **415** となり二重結合の異性化によって **416** を与えるのがその例である．同様に第 1 章の図 1・7 で述べたシクロオクタジエン (COD) と炭素求核剤のマロン酸エステルの反応による，**77** および **80** の生成は反応経路 c によるものである[45]．

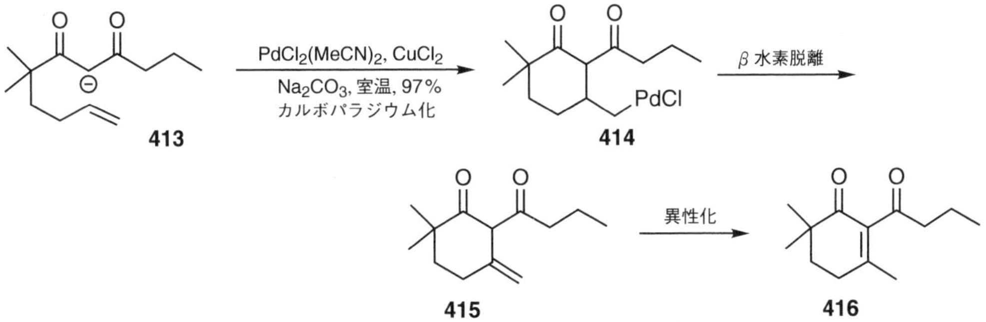

Pd(OAc)$_2$ によってベンゼンはスチレンと酸化的にカップルし，反応経路 b でスチルベンを生成する (図 2・37)．この反応は藤原反応とよばれ，また量論的 Heck 反応ともいわれる[46),47]．ベンゼンのアセトキシパラジウム化で **417** が生成し，それにアルケンが挿入して **418** となり，最後に $\beta$ 水素脱離が起こりスチルベンを生成すると説明できる．この反応を Pd(OAc)$_2$ に関し触媒的に進行させるため，ベンゾキノン (BQ) と $t$-ブチルヒドロペルオキシドを共酸化剤に用いて，ケイ皮酸エチル (**419**) とベンゼンから **420** が得られている．

§2・2の図2・8で示した"Pd(0)錯体の触媒反応"に属するHeck反応と，ここに示した"Pd(II)化合物の酸化反応"による量論的Heck反応とは同じ生成物を与える．ここで大事なことは，この二つの反応が機構的にどのように違うかをよく認識することである．

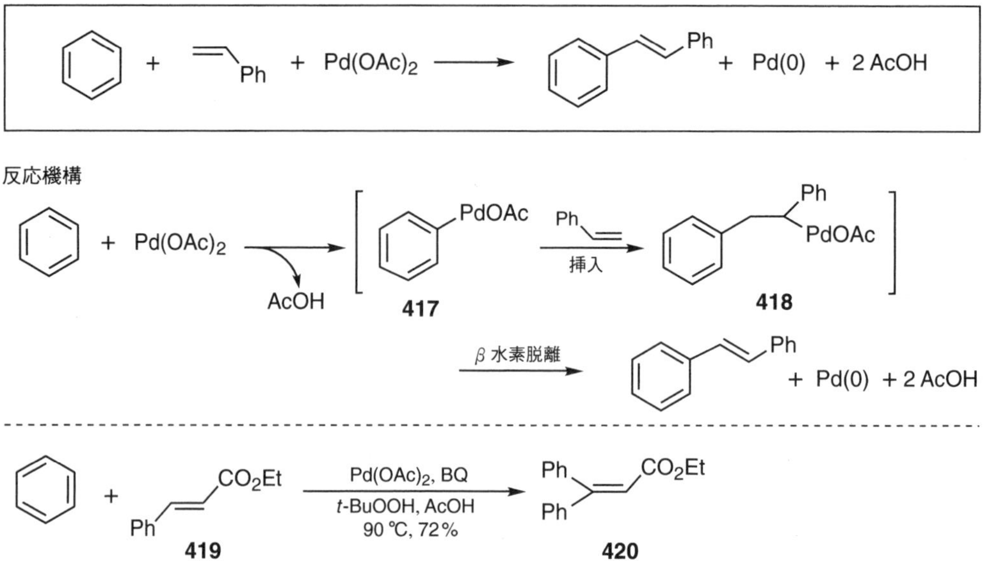

図2・37 藤原反応の機構

## 2・3・3 芳香族化合物の反応

ベンゼンとPd(OAc)$_2$との反応は，2種類の酸化生成物を与える．その一つは酸化的ホモカップリングによるビフェニルである[48]．応用例として，フタル酸エステルからビフェニルテトラカルボン酸エステル(**422**)が工業生産されている．いま一つはベンゼンのアセトキシ化によるアセトキシベンゼン(**421**)である．**421**の加水分解でフェノールが得られるので，この反応はフェノールの新製造法として興味がもたれている．

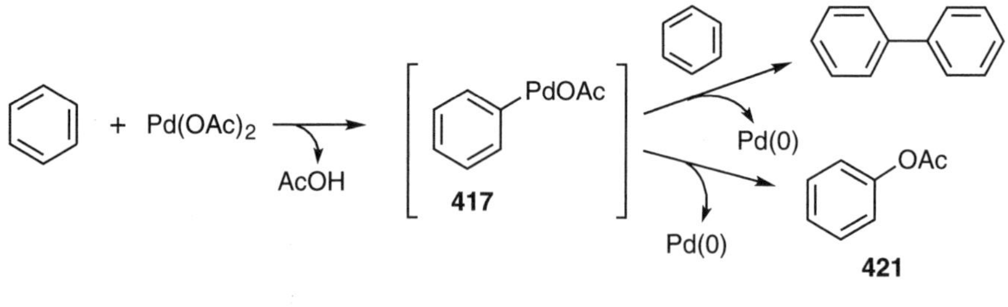

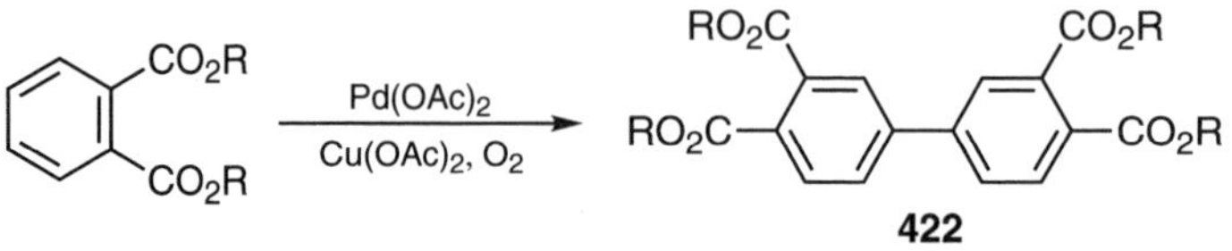

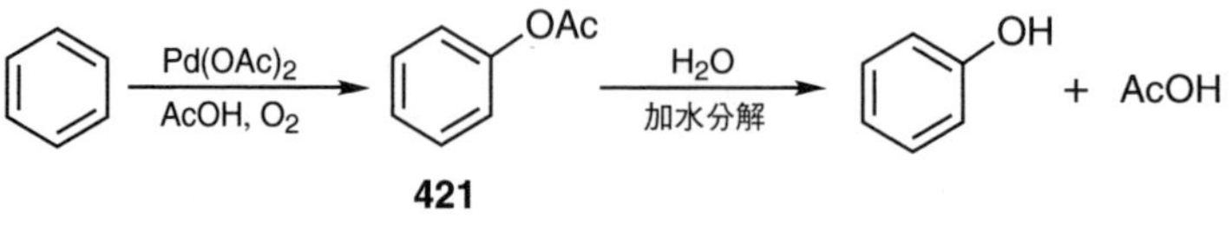

## 2・3・4 酸化的カルボニル化

アルケンの酸化的カルボニル化(図2・38)では,反応条件により $\alpha,\beta$-不飽和カルボン酸誘導体 **423**(図2・35,反応経路 b),$\beta$-置換カルボン酸誘導体 **424**,およびコハク酸誘導体 **425**(おのおの反応経路 c)がある程度の選択性で生成する[45]. 確認されたわけでないがアルケンの酸化的カルボニル化は,カルボパラジウム化で生成すると考えられる **426** が中間体であろう. 酸素,CO おのおの1気圧,室温で $PdCl_2$ とともに CuCl(酸素により容易に $CuCl_2$ に酸化される)を触媒にして,スチレン誘導体 **427** からコハク酸誘導体 **428** が収率 82 % で得られている.

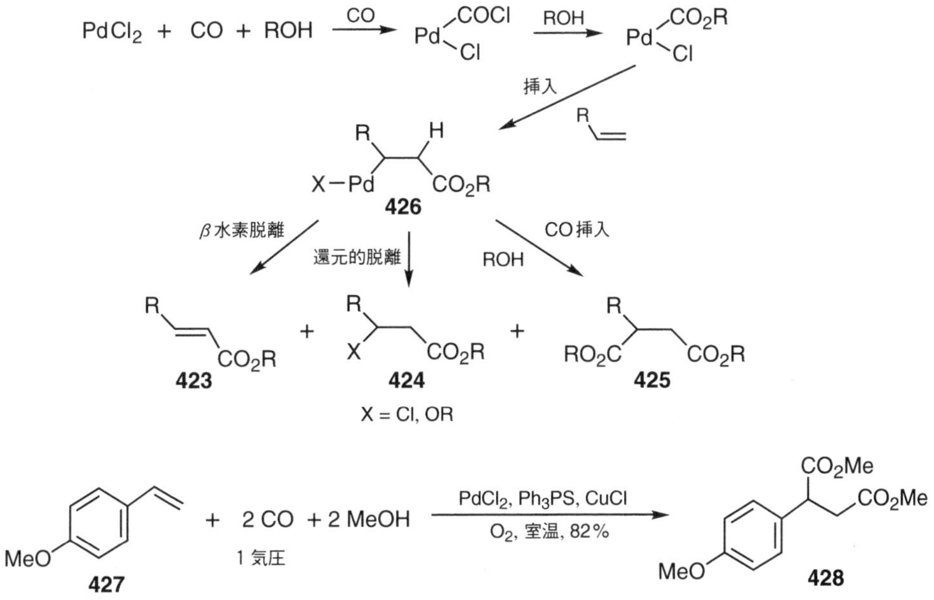

図2・38 アルケンの酸化的カルボニル化

1-アルキンの酸化的カルボニル化は1気圧の CO で進行し,置換アセチレンカルボン酸エステル **430** を生成する. 中間体のアルキニルパラジウム **429** に CO の挿入が起こっている. この反応には $CuCl_2$ やベンゾキノンが Pd(0) の酸化に用いられる.

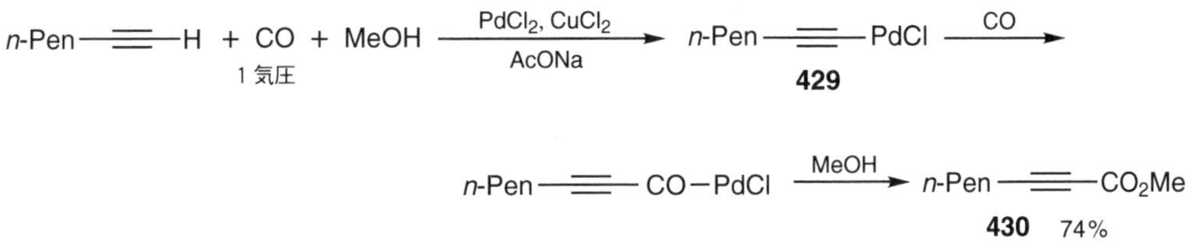

アルケンのカルボニル化反応ではないが,アルコールも酸化的にカルボニル化される. $PdCl_2$ の存在下 CO とメタノールを反応させると,反応条件によって炭酸ジメチル(**431**)とシュウ酸ジメチル(**432**)が生成する. この反応は一応次のように説明できる. $PdCl_2$ は塩基の存在下でアルコールと反応しジメトキシパラジウムとなる. それに CO が挿入して **433** と **434** を生成し,それらの還元的脱離で炭酸ジメチル(**431**)とシュウ酸ジメチル(**432**)を与える.

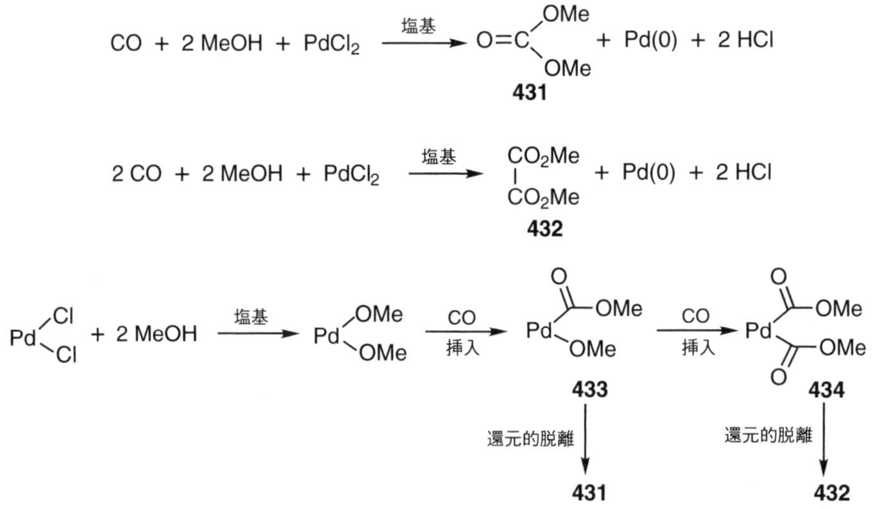

$$CO + 2\,MeOH + PdCl_2 \xrightarrow{\text{塩基}} O=C\begin{matrix}OMe\\OMe\end{matrix} + Pd(0) + 2\,HCl$$
**431**

$$2\,CO + 2\,MeOH + PdCl_2 \xrightarrow{\text{塩基}} \begin{matrix}CO_2Me\\|\\CO_2Me\end{matrix} + Pd(0) + 2\,HCl$$
**432**

$$Pd\begin{matrix}Cl\\Cl\end{matrix} + 2\,MeOH \xrightarrow{\text{塩基}} Pd\begin{matrix}OMe\\OMe\end{matrix} \xrightarrow[\text{挿入}]{CO} \underset{\mathbf{433}}{Pd\begin{matrix}C(O)OMe\\OMe\end{matrix}} \xrightarrow[\text{挿入}]{CO} \underset{\mathbf{434}}{Pd\begin{matrix}C(O)OMe\\C(O)OMe\end{matrix}}$$

**433** →(還元的脱離)→ **431**
**434** →(還元的脱離)→ **432**

宇部興産(株)は酢酸ビニルの工業的製造と同様に担持パラジウム触媒を用い，亜硝酸エステルを特異な共酸化剤とする酸化的カルボニル化による，独創的なシュウ酸エステルおよび炭酸ジメチルの工業的製造法を開発した(図2・39)[49)~52)]．この製造法ではCOと亜硝酸メチル(**435**)の反応で炭酸ジメチル(**431**)が生成し，亜硝酸メチルはNOに還元される(反応式1)．NOはメタノール中で酸素により容易に酸化され**435**が再生する(反応式2)．その結果**435**を消費しないで炭酸ジメチル生成反応(反応式3)は進行するので，**435**は一種のユニークな触媒といえる．同様にシュウ酸ジブチル(**437**)が亜硝酸ブチル(**436**)を触媒として製造されている(反応式4, 5, 6)．

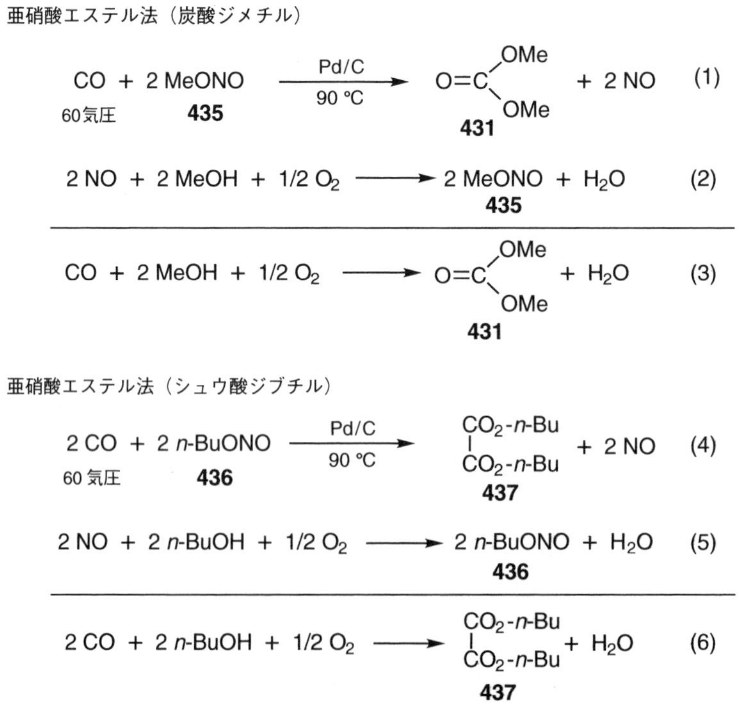

亜硝酸エステル法（炭酸ジメチル）

$$CO + 2\,MeONO \xrightarrow[90\,°C]{Pd/C} O=C\begin{matrix}OMe\\OMe\end{matrix} + 2\,NO \qquad (1)$$
60気圧　　**435**　　　　　　　　　　　　**431**

$$2\,NO + 2\,MeOH + 1/2\,O_2 \longrightarrow 2\,MeONO + H_2O \qquad (2)$$
**435**

$$CO + 2\,MeOH + 1/2\,O_2 \longrightarrow O=C\begin{matrix}OMe\\OMe\end{matrix} + H_2O \qquad (3)$$
**431**

亜硝酸エステル法（シュウ酸ジブチル）

$$2\,CO + 2\,n\text{-BuONO} \xrightarrow[90\,°C]{Pd/C} \begin{matrix}CO_2\text{-}n\text{-Bu}\\|\\CO_2\text{-}n\text{-Bu}\end{matrix} + 2\,NO \qquad (4)$$
60気圧　　**436**　　　　　　　　　　　　**437**

$$2\,NO + 2\,n\text{-BuOH} + 1/2\,O_2 \longrightarrow 2\,n\text{-BuONO} + H_2O \qquad (5)$$
**436**

$$2\,CO + 2\,n\text{-BuOH} + 1/2\,O_2 \longrightarrow \begin{matrix}CO_2\text{-}n\text{-Bu}\\|\\CO_2\text{-}n\text{-Bu}\end{matrix} + H_2O \qquad (6)$$
**437**

**図2・39　炭酸ジメチル，シュウ酸ジブチルの製造法**

## 参考になる総説

39) J. Smidt, W. Hafner, R. Jira, R. Sieber, J. Sedlmeier, A. Sabel, "The Oxidation of Olefins with Palladium Chloride Catalysts", *Angew., Chem. Int. Ed. Engl.*, **1**, 80 (1962).
40) J. Tsuji, "Synthetic Applications of Palladium-Catalyzed Oxidation of Olefins to Ketones", *Synthesis*, 369 (1984).
41) 辻 二郎, 萬代忠勝, 野上順造, "Pd塩を触媒とするオレフィンのケトンへの酸化とその有機合成への展開", 有機合成化学協会誌, **47**, 649 (1989).
42) 安井昭夫, "発明, 開発, 工業化, パラジウム触媒の開発史", 化学, **33**, 170 (1978).
43) 中村征四郎, "酢酸ビニル製造プロセスの変遷とその展望", 触媒, **35**, 467 (1993).
44) 石岡領治, 佐野健一, "酢酸アリル製造用触媒の開発", 触媒, **33**, 28 (1991).
45) J. Tsuji, "Carbon-Carbon Bond Formation via Palladium Complexes", *Acc. Chem. Res.*, **2**, 11 (1969).
46) I. Moritani, Y. Fujiwara, "Aromatic Substitution of Oleins by Palladium Salts", *Synthesis*, 524 (1973).
47) C. Jia, T. Kitamura, Y. Fujiwara, "Pd(II) or Pt(II)-Catalyzed Hydroarylation of Alkynes by Arenes", 有機合成化学協会誌, **59**, 1052 (2001).
48) 塩谷陽則, "ビフェニルテトラカルボン酸ジ無水物の製造触媒の開発", 触媒, **35**, 7 (1993).
49) 内海晋一郎, "一酸化炭素カップリングによるシュウ酸ジエステル合成法の開発", 触媒, **23**, 477 (1981).
50) 松崎徳雄, 大段恭二, 浅野正之, 田中秀二, 西平圭吾, 千葉泰久, "亜硝酸メチルを用いた炭酸ジメチルの合成法", 日本化学会誌, 15 (1999).
51) 松崎徳雄, "炭酸ジメチルの新規製造法", 触媒, **41**, 53 (1999).
52) 石井宏寿, 竹内和彦, 浅井道彦, 上田 充, "酸化的カルボニル化反応による芳香族カーボネートの合成", 有機合成化学協会誌, **59**, 790 (2001).

# 3. カルベン錯体を触媒とするアルケンおよびアルキンメタセシス

## 3・1 カルベン錯体とアルケンメタセシスの機構

2005年のノーベル賞は"有機合成におけるメタセシス(metathesis)法の開発"により Y. Chauvin, R.H. Grubbs と R.R. Schrock に授与され,メタセシスの合成的有用性が高く評価されている[1〜3].アルケンメタセシスと考えられる反応は,以前から機構不明のまま知られていたが,その研究は N. Calderon らが1967年に $WCl_6$ と $EtAlCl_2$ から調製した触媒を用いて,2-ペンテン(**1**)が瞬間的に2-ペンテン,2-ブテンと3-ヘキセンとの 2:1:1 の平衡混合物になることを発見し(図3・1),その反応をオレフィンメタセシス(以下メタセシスと略す)と命名したことに始まる[4].それ以来,全く新規なアルケンの合成反応としてメタセシスの研究は著しく発展した[5〜13].

基本的なアルケンメタセシスでは,見かけ上,直鎖非対称アルケン **2** の二重結合が切断され,新しい対称アルケン **3** と **4** が生成する(図3・1).強いとされる二重結合が切断されると同時に,新しい二重結合が生成している.このようにメタセシスは一つのアルケンを別の新しいアルケンに誘導できる,他の手段では達成不可能な有用な反応である.また第1章で述べた遷移金属錯体の基本反応の知識だけでは全く理解できない反応である.

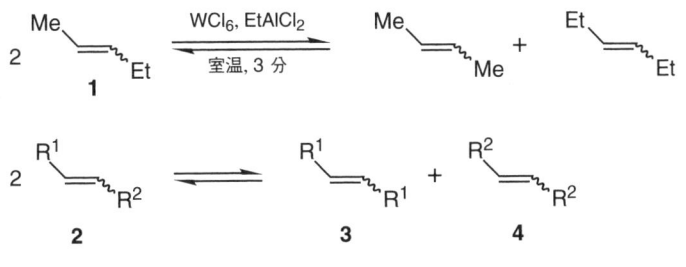

図3・1 非対称アルケンのメタセシス

メタセシスは金属-炭素の二重結合をもつカルベン錯体(carbene complex)の関与する反応である.カルベンは種々の方法で発生できるが通常は単離できない活性な中間体であり,単離せずに有機合成に利用されている.一方,カルベンをタングステンやモリブデンのカルボニル錯体に配位させることにより,安定なカルベン錯体が1960年代に合成単離され,その反応が検討された.同じ頃,機構不明のままアルケンメタセシスと考えられる反応も発見されていた.カルベン錯体とメタセシスの反応機構の研究が進むにつれ,カルベン錯体がメタセシスの触媒活性種であることがわかり,両方の研究が結びついた.

金属としてはタングステン,モリブデン,ルテニウムやレニウムなどのカルベン錯体がメタセシス反応に触媒活性を示す[12],[13].市販されている実用的な触媒には(図3・2),Schrock 触媒 **5** とよばれる,かさ高い配位子をもつモリブデンイミドアルキリデン(imidoalkylidene)錯体[2]と,第一世代の

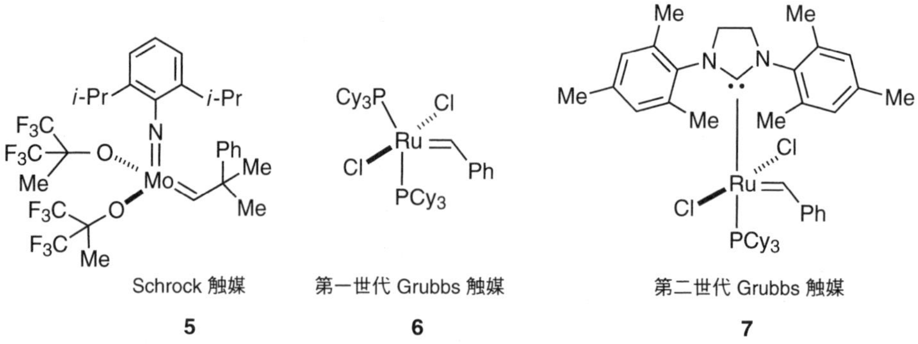

90　　　　　　　　　　　　　　　　　3. カルベン錯体を触媒とするアルケンおよびアルキンメタセシス

Schrock 触媒　　第一世代 Grubbs 触媒　　第二世代 Grubbs 触媒
**5**　　　　　　　　　**6**　　　　　　　　　　　**7**

図 3・2　市販のメタセシス触媒

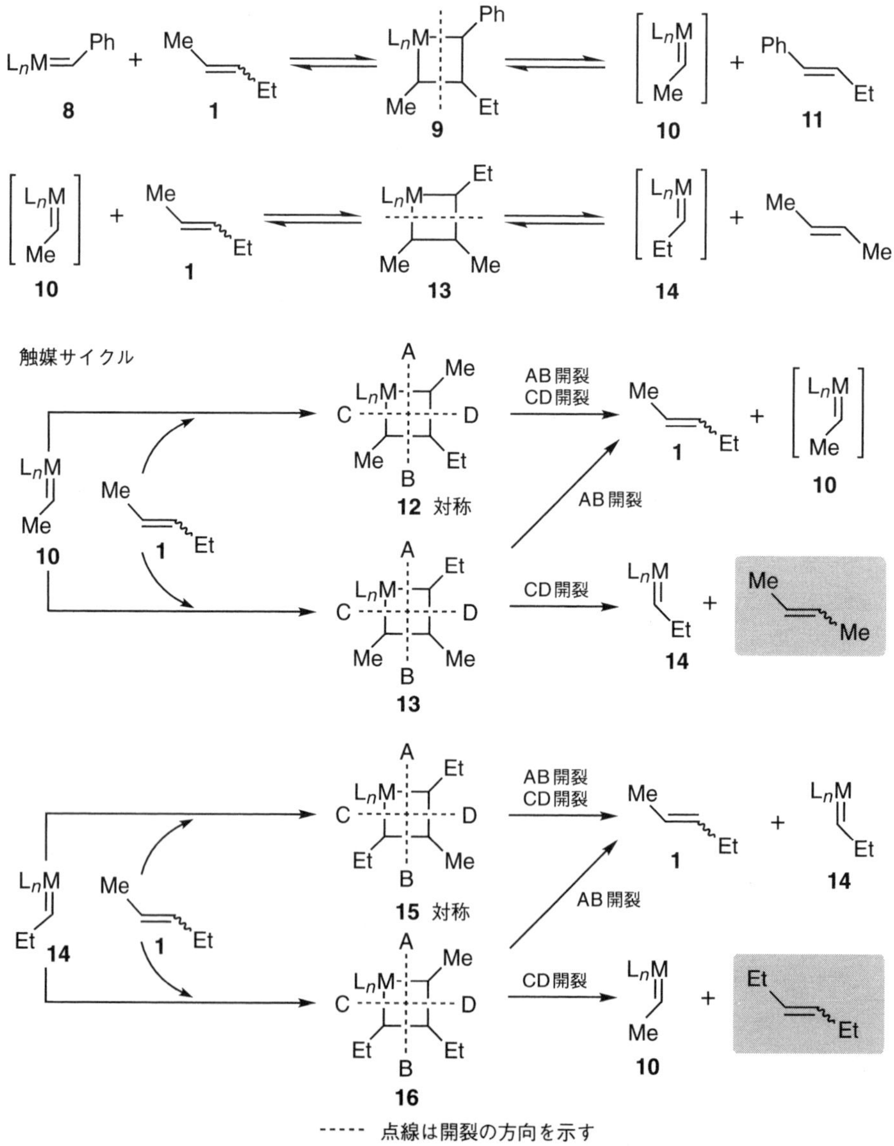

----- 点線は開裂の方向を示す

図 3・3　アルケンメタセシス反応の機構

Grubbs 触媒とよばれるルテニウムのベンジリデン錯体 **6**，および含窒素環カルベンを配位子とする第二世代の Grubbs 触媒 **7** とがある[3]．**7** は熱安定性にすぐれ，触媒 **5**, **6** よりも触媒活性ははるかに高い．Schrock 触媒 **5** は活性は高いが，水，アルコール，空気に安定でなく使用上注意が必要である．一方，Grubbs 触媒 **6** と **7** は，カルボニル基をはじめ多くの官能基とはあまり反応せず，安定で取扱いやすい．これらのルテニウム錯体は Ru(II) であり，16 電子[Ru(II) 6 電子，五つの配位子から 2×5=10，計 16 電子]で配位的に不飽和である．注目すべきことはルテニウム錯体 **6** と **7** の配位子として，電子密度が高く，かさ高い $PCy_3$ が有効であって，$PPh_3$ の錯体は活性がはるかに低いことである．Grubbs 触媒は市販されており，実用的に使用が容易になったことでメタセシスの研究と応用が飛躍的に進歩した．

このメタセシスという珍しい反応の機構を，Chauvin はカルベン錯体 **8** とアルケンとの[2+2]環化付加(cycloaddition)による，金属を含む四員環のメタラシクロブタンの生成とその開裂で説明した[1]．最も簡単な例として 2-ペンテン(**1**)のメタセシスで説明すると(図 3・3)，まずカルベン錯体 **8**(**6** または **7** の略式)と **1** との[2+2]環化付加で，メタラサイクルであるメタラシクロブタン **9** が生成する．続いて **9** は環の歪を解消するため速やかに環化付加の逆反応で開裂し，触媒活性種のカルベン錯体 **10** とアルケン **11** を生成する．また，錯体 **10** とアルケン **1** からは **13** を経て，別の触媒活性種のカルベン錯体 **14** が発生し，ここから触媒サイクルが始まる．カルベン錯体 **10** とアルケン **1** の環化付加でメタラシクロブタン **12** と **13** が生成するが，**12** は対称であるため，AB および CD 開裂で原料の **1** と **10** を再生するだけの非生産的(non-productive)中間体である．一方の非対称であるメタラシクロブタン **13** は生産的(productive)で，CD 開裂により新しく 2-ブテンと触媒活性種のカルベン錯体 **14** とを与える．また，**14** と **1** の環化付加では，対称の非生産的メタラシクロブタン **15** と，生産的メタラシクロブタン **16** とになる．**16** が CD 開裂すれば新しく 3-ヘキセンが生成し，カルベン錯体 **10** が再生する．これらの反応の繰返しで，2-ペンテンから 2-ブテンと 3-ヘキセンとが生成する触媒反応が説明できる．

メタセシス反応は可逆的で平衡反応であるので，図 3・1 および図 3・3 では平衡を示す 2 本の矢印で表示したが，以後の反応例ではわかりやすくするために簡単に 1 本の矢印を用いた．両者に実質的に差があるわけではない．

メタセシスではその生成物の構造を，上記の反応機構に基づいて簡単に予測するのが難しい場合が

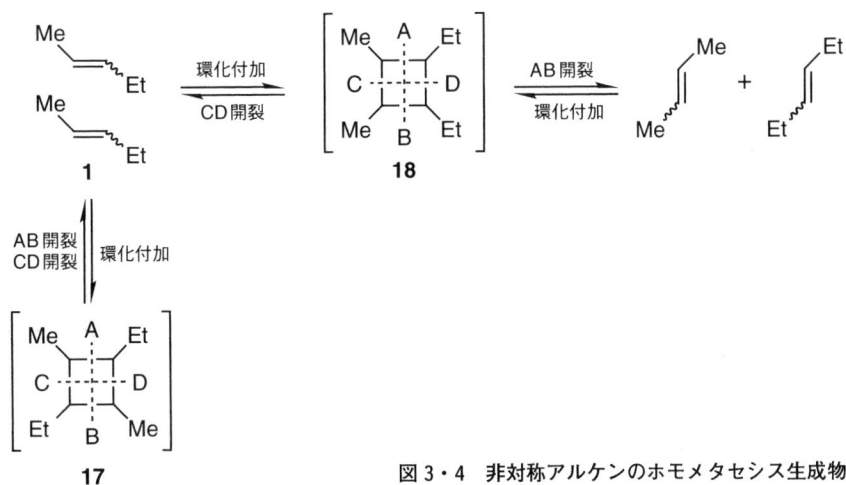

図 3・4 非対称アルケンのホモメタセシス生成物の構造の簡便予測法

ある．そこで，アルケンメタセシスの生成物の構造を，上記のカルベン錯体機構によらないで，便宜的かつ簡便に予測する方法を説明する(図3・4)．2-ペンテンの反応では，まず2-ペンテン(**1**)の環化付加により，非生産的シクロブタン **17** と生産的シクロブタン **18** とが生成すると仮定する．そして **18** が AB 開裂すれば生成物として 2-ブテンと 3-ヘキセンとを与えると考えればよい．**17** は AB，CD いずれに開裂しても原料の **1** に戻るだけである．この方法でメタセシスの生成物の構造が簡単に予想できる．

メタセシスでは反応基質としてアルケンだけでなく，アルキン，ポリエン，ジインやエンイン (enyne) などが独特の反応をする．つぎにこれらの化合物の反応について説明する．

## 3・2 アルケンメタセシス
### 3・2・1 ホモメタセシス

アルケンメタセシスには同一アルケン間のホモメタセシスと，二つの異なるアルケンのクロスメタセシスとがあり，また分子間と分子内メタセシスとがある．しかも図3・1で示したようにメタセシ

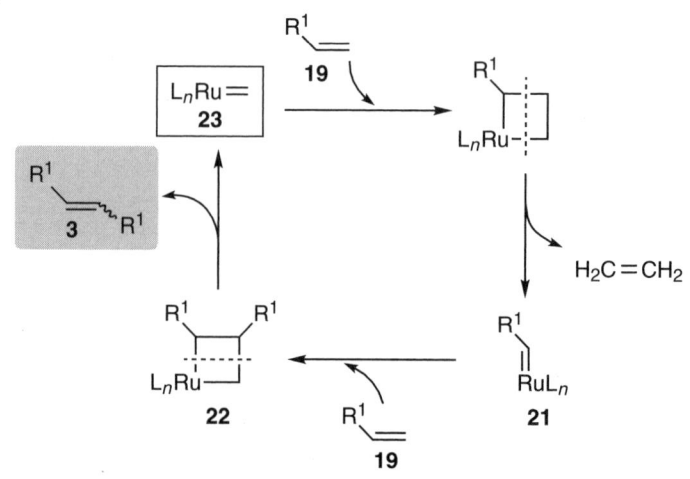

図3・5 末端アルケンのホモメタセシス

ス反応は可逆な平衡反応であるので，目的化合物を収率よく得るためには，生成物のいずれかを速やかに反応系から除去して，平衡を一方に偏らせる工夫を要する．すなわち，原料と生成したアルケンの沸点などに差があり，分離可能であることが実用的に重要である．この見地から，反応が複雑になる分子間よりは分子内反応の方が有用性は高い．特に α,ω-ジエンの分子内メタセシスは環状化合物のすぐれた合成法を提供し，メタセシス法で最も重要である．メタセシスでは，シスまたはトランス-アルケンを用いても立体化学は保持されず，生成物はトランス体を主体とするシス，トランス-アルケンの混合物になる．

対称アルケンはホモメタセシスが起こっても見かけ上の変化はない．最も単純なホモメタセシスは図 3・1 の一つの非対称アルケン **1** から二つの対称アルケンを生成するもので，反応後は三つのアルケンの平衡混合物となる．それらのアルケンに沸点などに差があればよいが，そうでないと分離が問題となる．

末端アルケン **19** のホモメタセシスでは対称アルケン **3** とエチレンが生成するので分離は容易である．この反応の機構は次のように説明できる(図 3・5)．末端アルケン **19** とカルベン錯体 **6** または **7** との環化付加でルテナシクロブタン **20** が生成し，それが開裂すればスチレンと新しいカルベン錯体 **21** を与える．再びアルケン **19** との環化付加で **22** となり，その開裂で生成物のアルケン **3** と触媒活性種となるルテニウムのメチリデン錯体 **23** が生成する．

末端アルケン **19** の触媒サイクルでは，図 3・5 の下図のように **23** が触媒活性種となって，**19** との環化付加，開裂でカルベン錯体 **21** が生成し，同時に生成物のエチレンが発生する．さらに **21** とアルケン **19** から，ルテナシクロブタン **22** を経て，対称アルケン **3** が生成すると同時に **23** が再生するので，触媒反応が進行する．

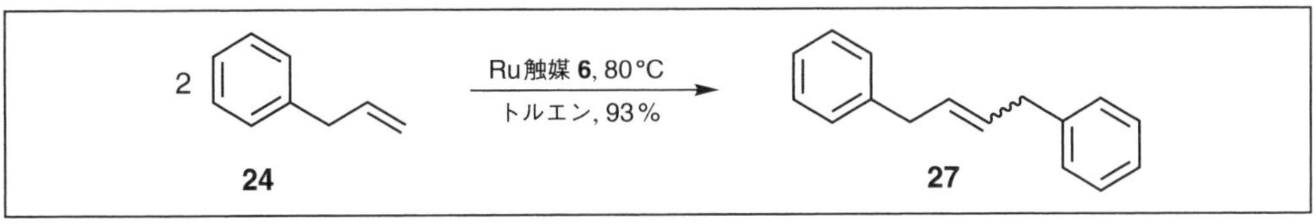

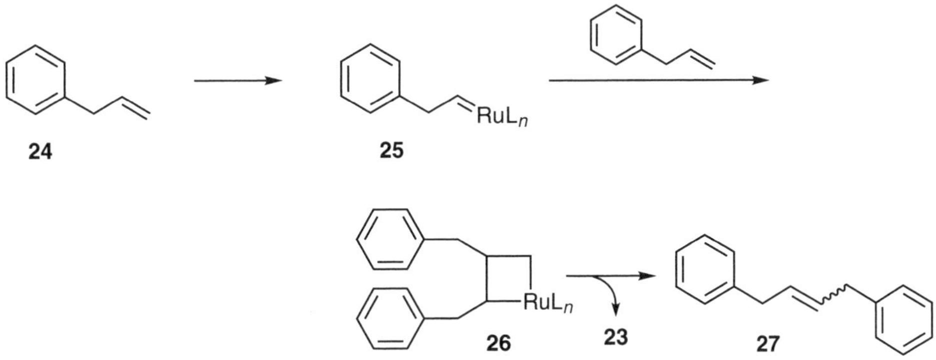

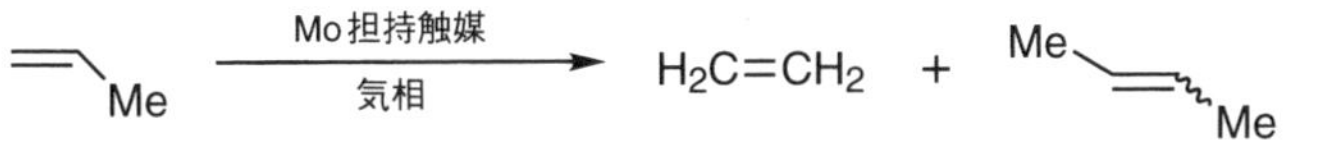

図 3・6 末端アルケンのホモメタセシス

94    3. カルベン錯体を触媒とするアルケンおよびアルキンメタセシス

アリルベンゼン(**24**)は触媒 **6** を用いることにより，カルベン錯体 **25** を経てルテナシクロブタン **26** を生成し，その開裂で 1,4-ジフェニル-2-ブテン(**27**)を 93％の収率で与え，同時に触媒活性種 **23** が生成する(図 3・6)．気体のアルケンのメタセシスは，タングステンやモリブデンのアルミナ担持触媒を用いて気相系で行われる．気相系でプロピレンのメタセシスを進行させ，エチレンと 2-ブテンが工業的に製造されている．この方法は 1 種のアルケンが 3 種のアルケン混合物になるので，"トリオレフィンプロセス"とよばれている．

歪のないシクロヘキセンの分子間メタセシスは非常に遅いが，他のシクロアルケンのメタセシスは速やかに進行する．少し歪のあるシクロペンテン(**28**)のホモメタセシスでは，開環と閉環により環拡大が起こる．何らかの方法で反応を初期段階で止めることができると，**29**，**30** のような環状アルケンが得られる．しかし，ふつうの条件では反応はさらに進み，開環メタセシス重合となり，巨大環状構造をもつと考えられるポリマーが生成する．**29** の生成は次のように説明できる．**28** とカルベン錯体 **23** の環化付加で **31** となり，その開裂で生成したカルベン錯体 **32** がシクロペンテンと環化付加すれば **33** となる．それが開裂することにより **34** の生成を経て **29** を与え，触媒活性種の **23** を再生する．**34** が **29** に閉環せずにつぎつぎにシクロペンテン(**28**)と分子間反応すればポリマーが生成する．

とりわけノルボルネンのような歪のあるシクロアルケン誘導体 **35** や **38** は，触媒 **7** によりメタセシス重合が進行し，実用的に重要なポリマー **36** を生成する．重合は次ページの反応機構で進行し，**38** から生成するルテナシクロブタン **39** や **40** は，歪を解消するため速やかに開裂し，ポリマー **36**

3・2 アルケンメタセシス        95

を生成する．メタセシス重合では重合停止剤として適当量のエチルビニルエーテル(**37**)が用いられる．中間体のカルベン錯体 **41** と **37** からルテナシクロブタン **42** が生成し，その開裂で生成物 **36** と，電子供与性のエトキシ基をもつ活性の低いカルベン錯体を与えるので重合は停止する．ジシクロペンタジエン(**43**)のメタセシス重合で得られるポリマーは，機械的強度に優れた材料である．

反応機構

### 3・2・2 クロスメタセシス

二つの異なる末端アルケン **19** と **44** とのクロスメタセシス(図3・7)で，非対称アルケン **2** を合成しようとすれば，同時に **19** と **44** のホモメタセシスが競争的に進行し，**2**, **3**, **4** が原料アルケン **19** と **44** に反応し複雑な混合物が生成する可能性がある．非対称アルケン **2** は **19** と **44** からつぎのような経路で生成する．まず **19** とカルベン種 **23** の環化付加による **45** の生成を経てカルベン錯体 **21** が生成する．**21** は **44** と環化付加して **46** となり，それが開裂すれば非対称アルケン **2** が得られることになる[14]．

クロスメタセシスで非対称アルケン **2** を収率よく得るにはどうすればよいか．一方の末端アルケンに求電子性基や立体障害のあるアルケンを選び，さらに両アルケンの量比を考慮して反応させると，高い選択性でクロスメタセシスを進行させることができる．同時に発生するエチレンを，系外に除去

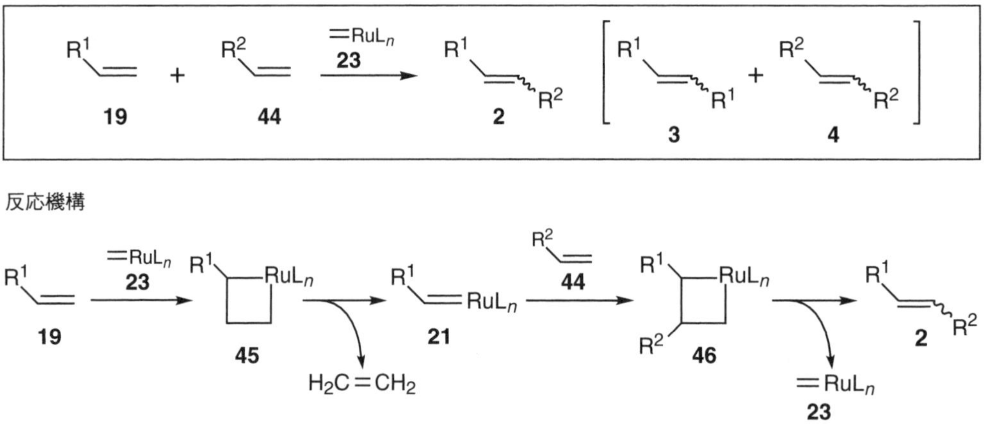

**反応機構**

図3・7 クロスメタセシス

しながら反応させると収率は高くなる．モリブデン触媒 **5** を用いるスチレンと 1-オクテンとの反応では，エチレンが除去できるので **47** が高い選択率で得られる．Ru 触媒 **7** を用いて，末端アルケン **48** を 2 当量のメタクリル酸メチル(**49**)とクロスメタセシスさせると，三置換アルケン **50** が高い収率で得られる．末端アルケン **51** に，極性の高い内部アルケンであるクロトンアルデヒド(**52**)を過剰量反応させると，**53** が 89% という高い収率で得られる．

ジェミナル二置換アルケン **54** と末端アルケン **55** との反応は，三置換アルケン **56** のよい合成法である．

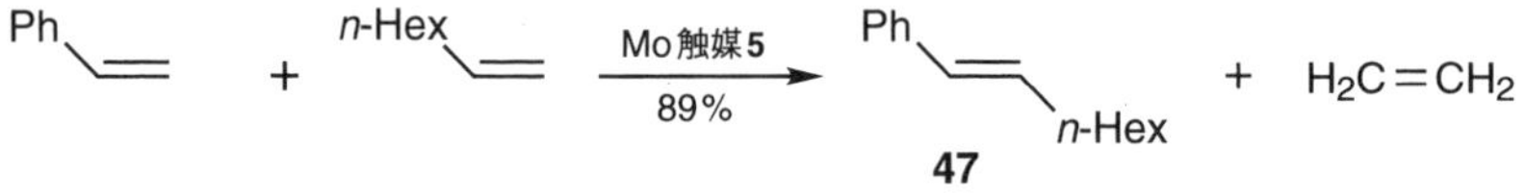

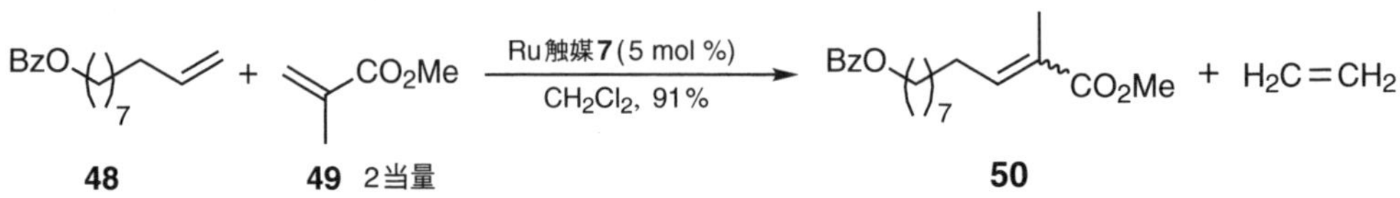

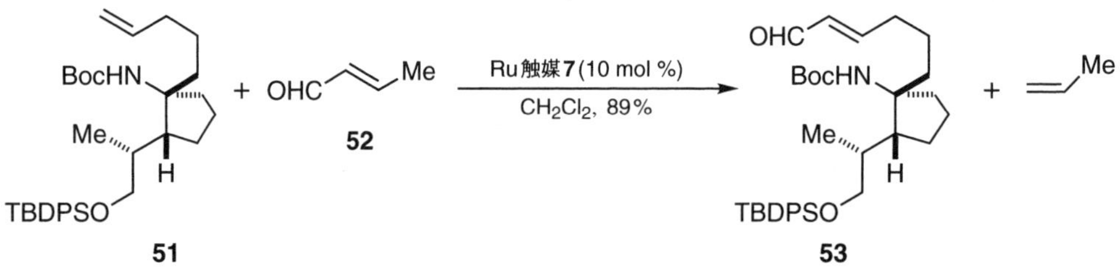

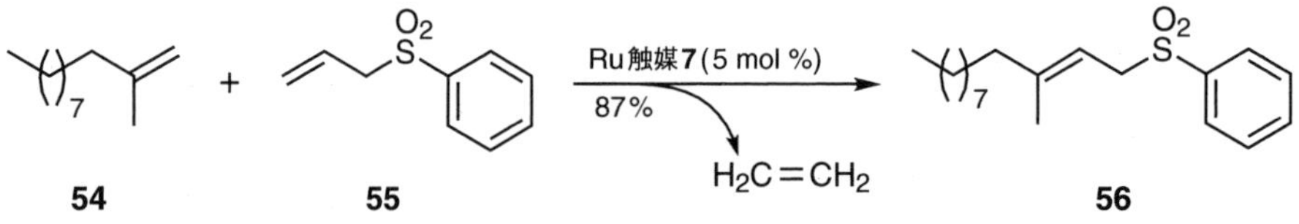

2種類の末端アルケン **19** と **44** のクロスメタセシスで **2** の選択的合成を達成する興味ある効率的な方法がある．まず，一つのアルケン **19** のホモメタセシスで対称アルケン **3** に導き，つぎに **3** に別のアルケン **44** を反応させることで，目的の非対称アルケン **2** が選択的に得られる．たとえば，官能基をもつ末端アルケン **57** と **59** から **60** を合成するのに，まず **57** を収率 95％で対称アルケン **58** に導き，得られた **58** と **59** とのクロスメタセシスで **60** が収率 72％で得られている．

対称の内部アルケン **3** とエチレンとのクロスメタセシスは加エチレン分解(ethenolysis)とよばれ，末端アルケン **19** の優れた合成法になる．スチルベンのような対称アルケンの加エチレン分解によるスチレンの合成は工業的に興味がもたれている．

シクロアルケンの加エチレン分解によって α,ω-ジエン **61** が合成できる．これはシクロアルケンと **23** の環化付加に続く開裂で，カルベン錯体 **62** となり，それがエチレンと反応して **63** を生成し，その開裂で **61** を生成すると説明できる．たとえば，Ru 触媒 **6** を用いるシクロブテン誘導体 **64** の加エチレン分解によって 1,5-ジエン **65** が得られ，その Cope 転位でシクロオクタジエン誘導体 **66** が合成されている．

### 3・2・3 末端ジエンの閉環メタセシスによる環状化合物の合成

シクロアルケンの加エチレン分解の逆反応として，α,ω-ジエン **61** の分子内反応である閉環メタセシスが進行し，シクロアルケンが得られる．この場合，生成するエチレンは反応系から容易に除去できるので平衡が一方に偏り，五員環から大員環までの環状化合物が収率よく合成できる．この反応はメタセシス反応のなかで最も有用であり用途が広く，大中小員環化合物の合成法を一変させた革新的造環法といえる[15)〜18)]．この方法で数多くの環状天然化合物が収率よく合成されている．競争反応として末端ジエン **61** の分子間反応によって，メタセシス重合が起こりポリマー **67** が生成する．

つぎに種々の閉環メタセシスの例をあげる．以下に示すように，2,6-二置換の1,6-ジエン **68** は Ru 触媒 **7** を用いて環化し，ジヒドロピロール **69** を与える．一方，**7** より活性の低い Ru 触媒 **6** では環化は起こらない．同様に硫黄を含む1,7-ジエン **70** から六員環化合物 **71** が収率97％で得られて

いる．この場合 Schrock 触媒 **5** が有効で，Grubbs 触媒 **7** は活性がない．Ru 触媒 **7** を用いる **72** の閉環メタセシスで，nakadomarin A の全合成の中間体である不飽和の八員環ラクタム **73** が構築されている．

複雑な構造で分子量も大きい天然のポリ環状エーテル gambierol の全合成では，末端ジエン **74** の閉環メタセシスによる七員環エーテル **75** の構築が有力な鍵反応である．収率は 88% と高い．

閉環メタセシスは芳香環や大環状化合物の優れた合成法として広く応用されている[17), 18)]．Ru 触媒 **6** を用いて $\alpha, \omega$-ジエン系をもつエステル **76** から，高希釈条件下で，21 員環ラクトン **77** が 71% の収率で得られている．配位性のある七つの二重結合や種々の官能基をもつエステル **78** から，Ru 触媒 **7** を用いて，その末端オレフィンを選択的にメタセシスさせて，不飽和の 20 員環ラクトン **79** が 88% という高い収率で合成されている．

従来，大員環ラクトン類はアルコールとカルボン酸の分子内エステル化で合成されてきたが，**76**，**78** のような $\alpha, \omega$-不飽和エステルの分子内メタセシスを活用することで，炭素－炭素結合生成反応によりラクトンを合成する，全く新しい有用な手段が出現したことになる．

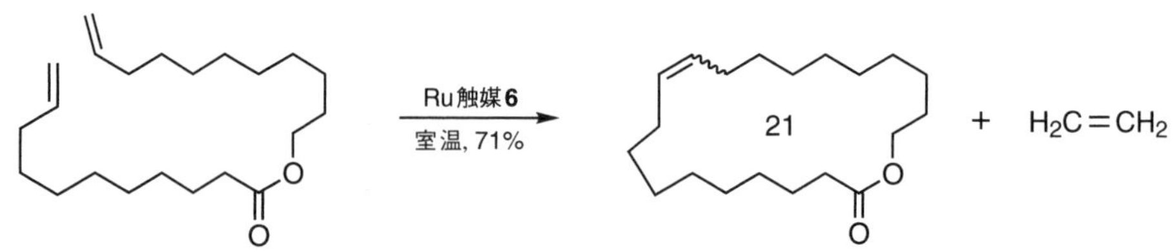


**76**　　**77**

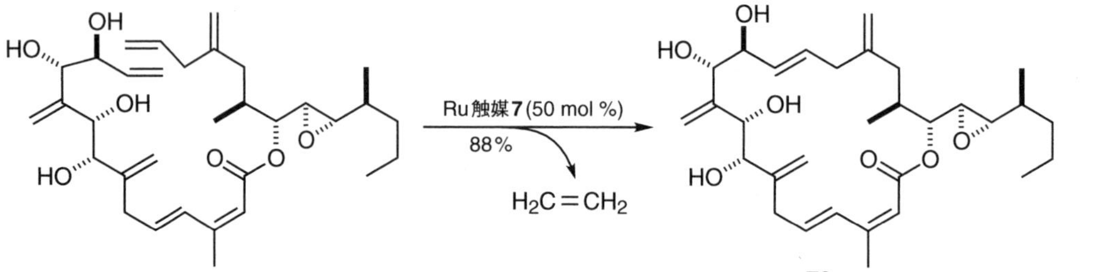


**78**　　**79**

### 3・2・4　シクロアルケンとアルケンとの開環閉環メタセシス

分子内に環状および鎖状アルケンをもつ化合物では，開環閉環メタセシスとよばれるドミノ反応が起こり，**80** から **81** の生成のように(図 3・8)，一見何が起こったのか，すぐには理解できない反応が進行することがある．エチレンの雰囲気下で，シクロヘプテン **80** は開裂し，クロメン誘導体 **81**

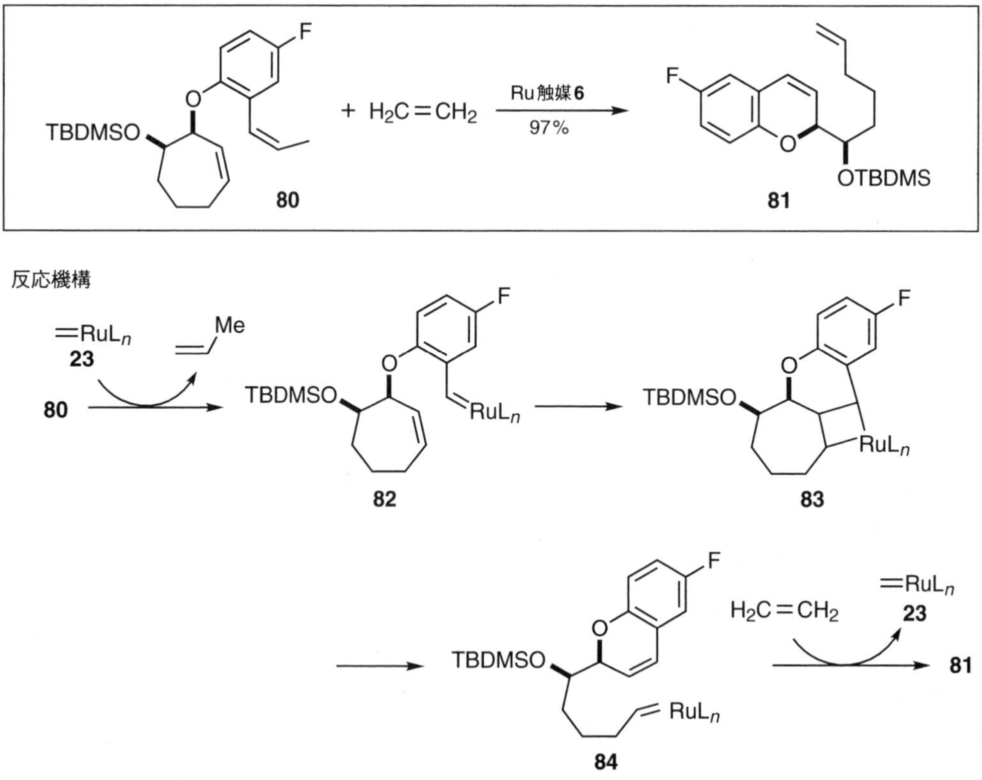


図 3・8　六員環エーテルの合成

## 3・2 アルケンメタセシス

を生成する．このドミノ反応はつぎのように説明できる．80と触媒種23からカルベン錯体82が生成し，ついで分子内の環化付加で83となり，その開裂により84となる．それがエチレンと反応すれば81を生成し，触媒種23を再生すると理解できる．

$N,N'$-ジアリルジアミド85は，ルテナシクロブタン87と89を経る開環閉環メタセシスで，90を95%という高収率で生成する．この反応ではまず末端アルケンの一つが，Ru触媒6と反応してカルベン錯体86になる．それが六員環の二重結合と選択的に環化付加してルテナシクロブタン87を生成し，その開裂でジヒドロピリドンとカルベン基を有する88ができる．再び環化付加でルテナシクロブタン89となり，その開裂で90が得られる．同時に触媒活性種23が発生する．分子間では反応の遅いシクロヘキセンも，分子内では開環メタセシスが速やかに進行している．

反応機構

シクロブテンの3,4-ジアリルエーテル91はビスジヒドロフラン92に環化する．ここではカルベン錯体93が環化付加して，歪の大きいルテナシクロブタン94を生成し，その開裂による95の生成を経て92になると理解できる．この場合93がシクロブテンでなく，残る末端アルケンと閉環メタセシスをして，八員環を生成することも考えられるが，それは実際には生成しない．別の可能性として，まずシクロブテン91がカルベン錯体23と環化付加して96を生成し，その開裂によるカルベン錯体97を経て92となることも考えられる．

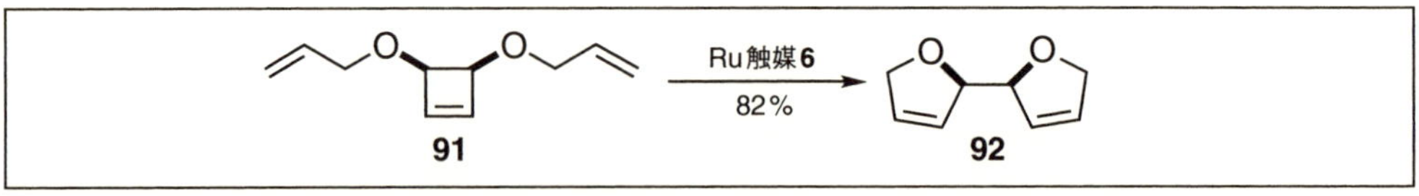

反応機構

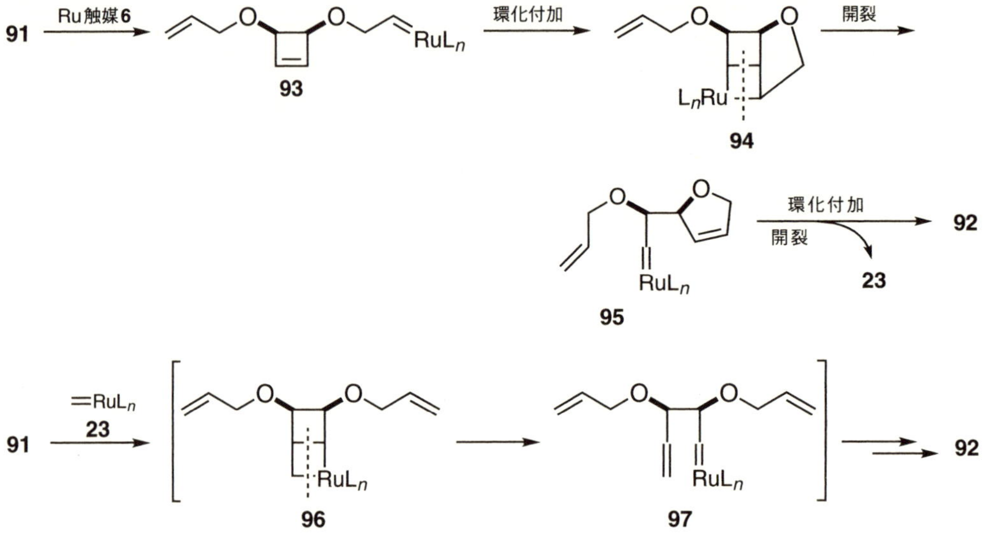

## 3・3　エンインのメタセシス

### 3・3・1　エチレンとアルキンとのクロスメタセシスによる共役ジエンの合成

アルケンとアルキンとの分子間クロスメタセシスでは，アルケン，アルキンのホモメタセシスが同時に起こり，複雑な生成物を与えるので実用性は低い．しかし，アルケンとしてエチレンを選び，内

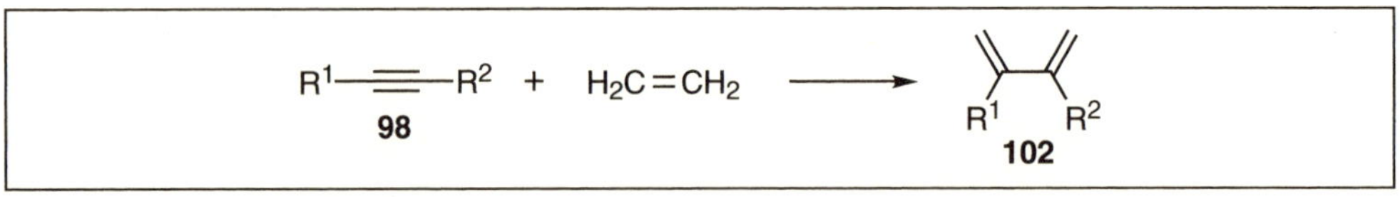

反応機構

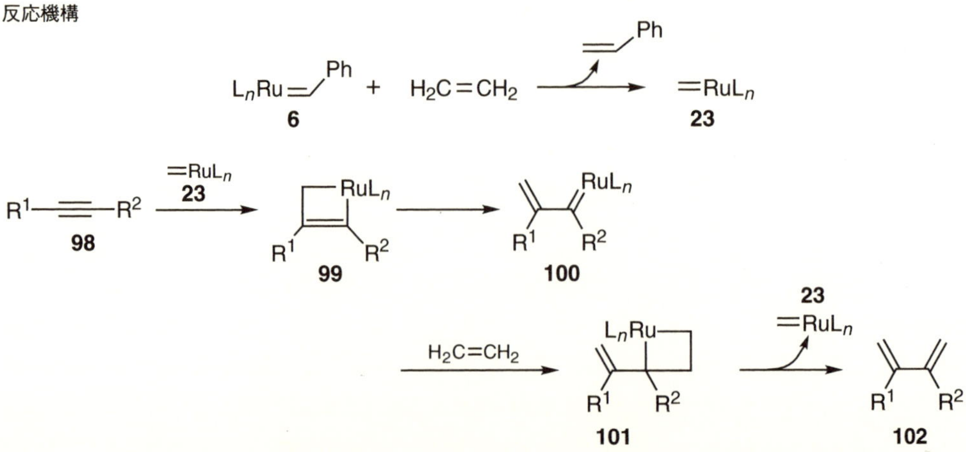

図3・9　エチレンとアルキンとのクロスメタセシスによる共役ジエンの合成

部アルキンとクロスメタセシスさせる方法は，2,3-二置換共役ジエン 102 のすぐれた合成法になる[19),20)]（図 3・9）．この反応ではまずエチレンと Ru 触媒 6 との反応でカルベン触媒種 23 が生成し，それがアルキン 98 と環化付加してルテナシクロブテン 99 になる．ついで 99 が開裂すればビニルカルベン錯体 100 を生成する．100 が再びエチレンと環化付加することによりルテナシクロブタン 101 となり，それが開裂すれば 2,3-二置換共役ジエン 102 が生成し，触媒活性種 23 を再生する．

たとえば，Ru 触媒 6 を用いて対称アルキン 103 はエチレンと反応し，対称の 2,3-二置換共役ジエン 104 を生成する．末端アルキン 105 は同様の反応により，2-置換ブタジエン 106 を与える．

この反応では次の一般式で示すように，形式的にはエチレンの二重結合が切断し，二つのメチレン基として三重結合 107 に供与され，共役ジエン 102 を生成していることになる．

## 3・3・2 エンインおよびジエンインの閉環メタセシス

エチレン雰囲気下でエンイン 108 を分子内メタセシスさせると共役ジエンを生成するが，炭素鎖の長さや官能基の種類により，エキソ形の閉環で 1,2-二置換共役ジエン 109 を与えるか，またはエンド形の閉環で 1,3-二置換共役ジエン 110 を生成する[19),20)]．遷移金属触媒ならではの反応であり，その進行経路は通常の有機化学の知識では理解できない．そこで反応機構に基づいて，進行経路をできるだけわかりやすく解説する．

一つの可能性として，エンイン 108 はまずその二重結合が触媒活性種であるカルベン錯体 23 と反応し，新しいカルベン錯体 111 を発生する．それがエキソ形で分子内の環化付加をすればルテナシクロブテン 112 となり，ついでそれが開環すればビニルカルベン錯体 113 が生成する．ビニルカルベン錯体 113 がエチレンと反応すれば，1,2-二置換共役ジエン 109 を与える．一方，114 のようなエンド形で閉環すればルテナシクロブテン 115 を生成する．それが開環すればビニルカルベン錯体 116 となる．このカルベン錯体 116 とエチレンが反応することによって，1,3-二置換共役ジエン 110 を生成する．参考までに，この反応機構の説明では出発化合物の三重結合がどのように動いたかを黒点（ドット）で示した．

反応機構

上記のエンインメタセシスでは，カルベン錯体 **6** または **23** がまずエンインの末端二重結合と反応してカルベン錯体となり，それが三重結合と反応してビニルカルベン錯体 **113** を生成すると考えたが，もうひとつの機構として，触媒種の **23** がまずエンイン **108** の三重結合と環化付加すると考えてもよい．エキソ形反応ではメタラシクロブテン **117** を生成し，それがビニルカルベン錯体 **118** になる．**118** は二重結合と分子内環化付加して **119** となり，その開裂で 1,3-ジエン **109** を生成するわけである．また図 3・4 で提案した生成物の構造の簡便予測法を適用して，エンイン **108** の環化付加でシクロブテン **120** の生成を仮定すれば，その開裂によって **109** が生成することを予測できる．

簡便構造予測法

## 3・3 エンインのメタセシス

エンド形反応では 108 の三重結合に 23 がエキソ形反応とは逆方向に環化付加して 121 となり，その開裂でビニルカルベン錯体 122 が生成する．122 の末端アルケンが分子内環化付加すれば，ルテナシクロブタン 123 を生成し，それが開裂して 116 を与えることになる．現状ではこの二つの機構はいずれとも決め難い．

エンド形

Ru 触媒 7 を用いて 1,6-エンイン 124 をエチレン雰囲気で反応させると，エキソ形生成物 125 (42%) とエンド形生成物 126 (41%) がほぼ同量得られる．

エンインメタセシスによる環化反応は天然環状化合物の合成に利用されている．たとえば，1,8-エンイン 127 のエキソ形のメタセシスによって，共役ジエン 128 を収率 87% で得て，それから (−)-stemoamide (129) が合成されている．この反応の生成物 128 の構造を簡便に予測する方法として，環化付加体 130 を仮定しその開裂を考えるとよい．

官能基の多いエンイン **131** はエンド形の閉環メタセシスによって，大環状の共役ジエン **132** を生成する．また，アリルおよび3-ブチニル部分を有するジエステル **133** は，主としてエンド形の閉環メタセシスによってラクトン **134** を生成する．エキソ形生成物も少々得られる．

二重結合が環内にあるエンイン **135** を，エチレン雰囲気下で Ru 触媒 **7** を用いて反応させると七員環化合物 **136** が得られる．この反応では **135** と触媒活性種 **23** からルテナシクロブテン **137** が生成し，その開裂によりビニルカルベン錯体 **138** となる．さらに分子内環化付加で **139** を生成し，続く開裂で **140** となる．再び **140** の分子内環化付加による **141** の生成を経て **136** が得られると説明できる．

反応機構

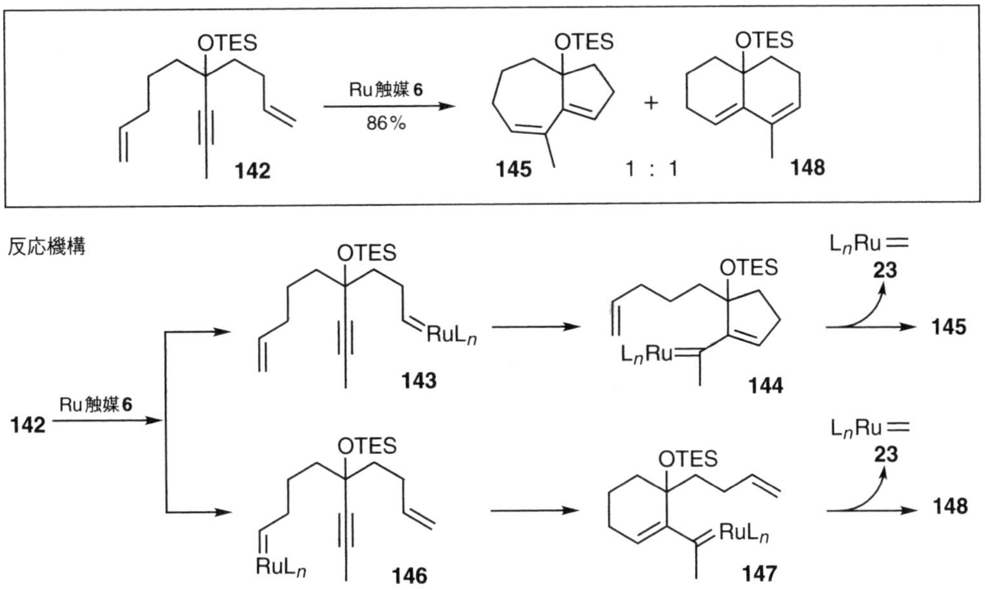

図 3・10 ジエンインの分子内メタセシス (1)

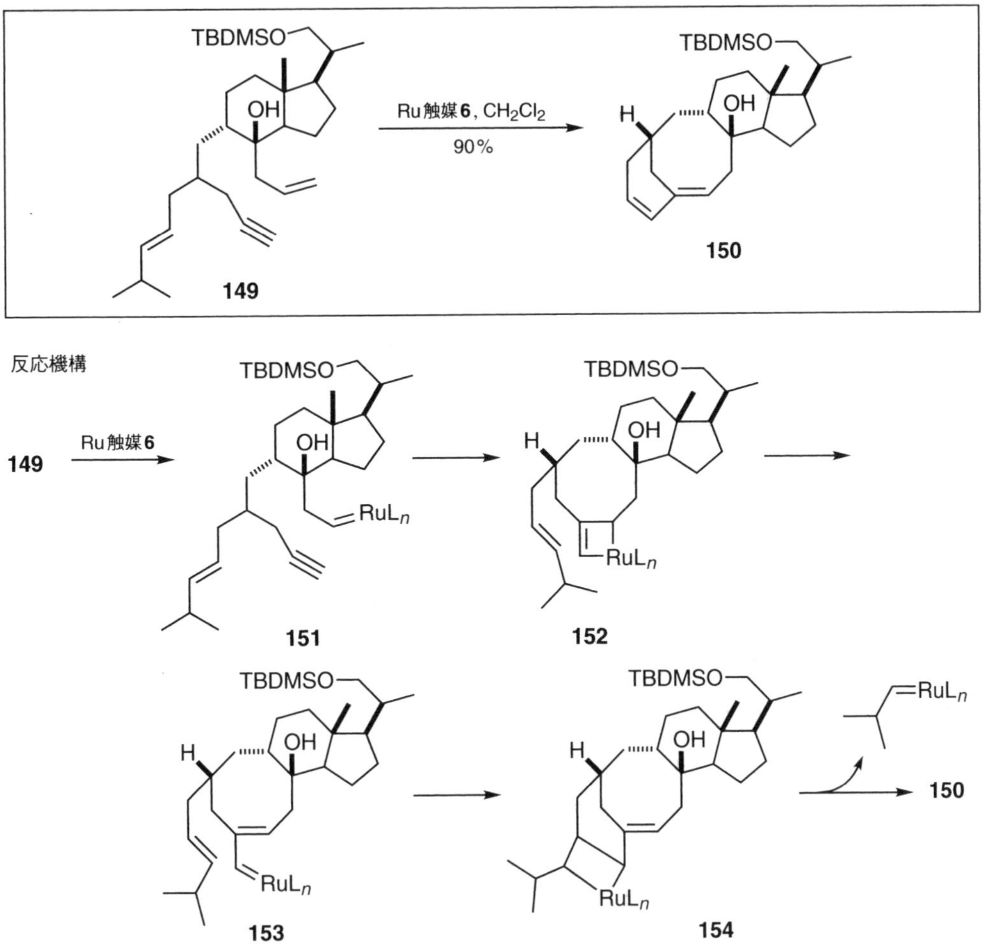

図 3・11 ジエンインの分子内メタセシス (2)

ポリエンインの閉環メタセシスも多環状化合物の合成に有用である．非対称のジエンイン **142** のドミノ閉環メタセシスで(図 3・10)，二つの生成物 **145** と **148** が 1 : 1 の比で全収率 86 % で得られている．このことはカルベン錯体 **6** が，二つの末端アルケンと同じ速度で反応して，2 種類のカルベン錯体 **143** と **146** とを生成することを示している．それらがそれぞれ三重結合と分子内で反応すれば，ビニルカルベン錯体 **144** と **147** を生成する．最後に残るアルケンと反応して生成物 **145** と **148** を 1 : 1 で与えると説明できる．

非対称のジエンインの同様な閉環メタセシスの例として，光学活性のジエンイン **149** は Ru 触媒 **6** を用いるドミノ閉環メタセシスによって，[5.3.1]ビシクロ環が加わった **150** を 90 % の収率で生成する(図 3・11)．反応は末端アルケンから始まり，カルベン錯体 **151** が三重結合と環化付加してメタラシクロブテン **152** を生成する．その開裂で発生したビニルカルベン錯体 **153** と，残る内部二重結合との閉環メタセシスで生成する **154** を経て，1,3-ジエン **150** が生成すると理解できる．この合成法では **149** にある末端二重結合と内部二重結合とを使い分けて，反応の順序をコントロールしていることが重要である．

## 3・4 アルキンメタセシス

### 3・4・1 直鎖アルキンのホモおよびクロスメタセシス

金属-炭素の三重結合をもつタングステンやモリブデンのカルビン(carbyne)錯体を用いることにより，アルキンのメタセシスが進行する[11]．カルビン錯体 **156** を触媒に用いる，非対称アルキン **155** のホモメタセシスは，二つの対称アルキン **157** と **158** および非対称アルキン **155** との混合物を与える．**155** の三重結合が切断され，新しい三重結合が生成するという従来の有機化学では考えられない反応である．反応は次のように説明されている．カルビン錯体 **159** がアルキン **160** と環化付加してメタラシクロブタジエン **161a** と **161b** となる．**161b** の開裂により，対称アルキン **162** とカルビン錯体 **163** が生成する．**163** がアルキン **160** と反応すれば，対称アルキン **164** が生成すると同時にカルビン錯体 **159** が再生する．この反応により三つのアルキン **155**, **157**, **158** の平衡混合物が得られる．メタラシクロブタジエン **161a** と **161b** の開裂速度の差により，生成物の比が異なることになる．

$$R^1-\!\!\!\equiv\!\!\!-R^2 \xrightarrow[\textbf{156}]{L_n Mo\equiv C-R} R^1-\!\!\!\equiv\!\!\!-R^1 \; + \; R^2-\!\!\!\equiv\!\!\!-R^2$$

**155**　　　　　　　　　　**157**　　　**158**

反応機構

アルキンのメタセシスの触媒種であるカルビン錯体の簡便な調製法として，機構は不明であるが$Mo(CO)_6$を触媒前駆体としてフェノール類の存在下，反応系に加えればよい．この方法で調製した触媒を用いて非対称アルキン **165** のホモメタセシスが進行し，2種の対称アルキン **166** と **167** を生成する．同じ触媒を用いて，過剰量のジフェニルアセチレン（**166**）と対称アルキン **168** とのクロスメタセシスを行うと，非対称アルキン **169** が74％の収率で得られる．

### 3・4・2 ジインの閉環メタセシス

Schrock はタングステンのカルビン錯体 **170** を合成した．この市販の錯体を触媒として，ジイン（diyne）**171** の閉環メタセシスが進行し，12員環以上の環状アルキン **172** が得られる．この反応で種々の大環状アルキンが合成できる．カルビン錯体 **170** を触媒に用いたジインのエステル **173** の高希釈条件下での閉環メタセシスによって，19員環ラクトン **174** が69％の収率で得られている．同じ触媒を用いてジイン **175** を閉環メタセシスさせ，ラクトン **176** が収率81％で合成されている．

また機構は不明であるが，モリブデンのトリアミド錯体 **177** を $CH_2Cl_2$ で処理するとアルキンメタセシスに活性な触媒になる．**177** を触媒に用いて **178** の閉環メタセシスを進行させ，得られた **179** の三重結合をシス還元して，プロスタグランジン $E_2$-1,15-ラクトン **180** が合成されている．$\alpha,\omega$-ジエンの閉環メタセシスでは，二重結合のシスとトランスの混合物が生成する．一方，ジインの閉環メタセシスの生成物 **176** や **179** の環内の三重結合は，**180** のようにシス二重結合に選択的に還元できる．

## 3・5 ま と め

アルケンおよびアルキンのメタセシスは従来の有機化学の知識では全く予想もできなかった新しい炭素-炭素結合生成法を提供した．近年，官能基に許容性のある実用的触媒が容易に入手できるようになり急速な進歩を遂げている．多様なアルケンおよびアルキンの合成法として有用であるだけでなく，とりわけ種々の大きさの環状化合物を合成できる新しい環化法として有用性は高い[18), 21)]．反応例で示したように多段階のドミノメタセシス反応の生成物が高い収率で得られていることが多い．アルケンに比べアルキンのメタセシスの研究は遅れているが，今後さらに研究は進むと思われる．

**参考になる総説**

1) Y. Chauvin, "Olefin Metathesis: The Early Days（ノーベル賞受賞講演）", *Angew. Chem. Int. Ed.*, **45**, 3740 (2006).
2) R. R. Schrock, "Multiple Metal-Carbene Bonds for Catalytic Metathesis Reactions（ノーベル賞受賞講演）", *Angew. Chem. Int. Ed.*, **45**, 3748 (2006).

3) R. H. Grubbs, "Olefin-Metathesis Catalysts for the Preparation of Molecules and Materials(ノーベル賞受賞講演)", *Angew. Chem. Int. Ed.*, **45**, 3760 (2006).
4) N. Calderon, "Olefin Metathesis Reaction", *Acc. Chem. Res.*, **5**, 127 (1972).
5) "Handbook of Metathesis", ed. by R. H. Grubbs, Vol. **1-3**, Wiley-VCH (2003).
6) Guest Editors, M. L. Snapper, A. H. Hoveyda, Tetrahedron Symposia, "Olefin Metathesis in Organic Synthesis", *Tetrahedron*, **55**, 8141 (1999).
7) A. Furstner, "Olefin Metathesis and Beyond", *Angew. Chem. Int. Ed.*, **39**, 3012 (2000).
8) T. M. Trnka, R. H. Grubbs, "The Development of $L_2X_2$Ru=CHR, Olefin Metathesis Catalysts: An Organometallic Success Story", *Acc. Chem. Res.*, **34**, 18 (2001).
9) 片山博之, 小澤文幸, "オレフィンメタセシス触媒, 最近の進歩", 有機合成化学協会誌, **59**, 40 (2001).
10) R. R. Schrock, A. H. Hoveyda, "Molybdenum and Tungsten Imido Alkylidene Complexes as Efficient Olefin-Metathesis Catalysts", *Angew. Chem. Int. Ed.*, **42**, 4592 (2003).
11) 大江浩一, 三木康嗣, 植村 栄, "アルキンより発生するカルベン, ビニリデン, アレニリデン金属錯体を鍵中間体とする触媒反応", 有機合成化学協会誌, **62**, 978 (2004).
12) 森美和子, "メタルカルベン錯体を用いたメタセシス反応の新展開", 有機合成化学協会誌, **63**, 423 (2005).
13) 小澤文幸, "高い効率オレフィンメタセシス触媒", 化学, **61**, 12 (2006).
14) S. J. Connon, S. Blechert, "Recent Development in Olefin Cross- Metathesis", *Angew. Chem. Int. Ed.*, **42**, 1900 (2003).
15) M. D. McReynolds, J. M. Dougherty, P. R. Hanson, "Synthesis of Phosphorus and Sulfur Heterocycles via Ring-Closing Metathesis", *Chem. Rev.*, **104**, 2239 (2004).
16) A. Deiters, S. F. Martin, "Synthesis of Oxygen- and Nitrogen-Containing Heterocycles by Ring-Closing Metathesis", *Chem. Rev.*, **104**, 2199 (2004).
17) T. J. Donohoe, A. J. Orr, M. Bingham, "Ring-Closing Metathesis as a Basis for the Construction of Aromatic Compound", *Angew. Chem. Int. Ed.*, **45**, 2664 (2006).
18) A. Gradillas, J. Perez-Castells, "Macrocyclization by Ring-Closing Metathesis in the Total Synthesis of Natural Products", *Angew. Chem. Int. Ed.*, **45**, 6086 (2006).
19) S. T. Diver, A. J. Giessert, "Enyne Metathesis (Enyne Bond Reorganization)", *Chem. Rev.*, **104**, 1317 (2004).
20) E. C. Hanson, D. Lee, "Search for Solution to the Reactivity and Selectivity Problems in Enyne Metathesis", *Acc. Chem. Res.*, **39**, 509 (2006).
21) K. C. Nicolaou, P. G. Bulger, D. Sariah, "Metathesis in Total Synthesis", *Angew. Chem. Int. Ed.*, **44**, 4490 (2005).

# 4. 均一系水素化反応，特に不斉水素化

## 4・1 均一系水素化とは

水素化，すなわち水素の不飽和結合への付加は一見簡単な反応であるが，有機合成での有用性は高い．アルケン，アルキン，芳香環の不飽和結合，さらにニトロ，ニトリル，カルボニル基などの水素化は，古くから現在に至るまで，ニッケル，白金，パラジウム，ロジウム，ルテニウム，コバルト，鉄，銅などの金属の活性化された微粉末，またはそれらを活性炭素，シリカやアルミナなどの担体に担持したものを固体触媒として，気相または液相中，不均一系で広く行われている．

一方，錯体触媒化学の進歩に伴い，溶媒に溶ける遷移金属錯体を触媒に用いて，液相均一系でアルケンやケトンの水素化が行われるようになった．しかし，錯体触媒では，固体触媒ほど多種類の不飽和化合物が水素化できるわけではなく，固体触媒を用いる不均一系水素化(heterogeneous hydrogenation)で容易に目的が達成できる場合は，あえて錯体触媒で水素化する必要はない．均一系水素化(homogeneous hydrogenation)が有用なのは，金属に結合した配位子の電子密度，立体効果などを調節して触媒分子を修飾することで選択的な水素化が達成できる場合である．その中でも触媒量の不斉源を用いるだけの不斉水素化は，光学活性化合物を効率よく大量合成できる手段として重要性を増している．主としてロジウム，ルテニウム錯体を用いて，プロキラル[†]なアルケンやケトンの不斉水素化により光学活性化合物が合成できる．最近の不斉水素化の研究と実用化の進歩は目覚ましい．

有機溶媒に溶けるロジウムの Wilkinson 錯体(**1**)およびルテニウム錯体 **2** が代表的な水素化触媒である．これらの錯体が均一系で，立体障害の大きくない二重結合，三重結合を穏やかな条件下で水素化する触媒になることが発見されて以来，均一系水素化は大きく発展した．本章では主としてロジウム，ルテニウム錯体を触媒とするアルケンとケトン類の水素化と不斉水素化を取上げる．

$$RhCl(PPh_3)_3 \qquad RuCl_2(PPh_3)_3$$
$$\mathbf{1} \qquad\qquad \mathbf{2}$$

これらの錯体による水素化ではアルケンやケトンの立体効果の影響が大きく，その効果を利用すれば選択的水素化が可能である．たとえば，Wilkinson 錯体(**1**)を用いて室温，1 気圧でカルボン(**3**)を水素化すると，イソプロペニル基の二重結合だけが選択的に水素化されて **4** を与える．錯体 **1** は穏やかな条件ではカルボニル，ニトリルやニトロ基，芳香環を水素化しないので，たとえばニトロスチレン(**5**)は 1-ニトロ-2-フェニルエタンに変換できる．ただし，錯体 **1** はアルデヒドを容易に脱カルボニル化し，カルボニル錯体 **6** を生成して活性を失う．また，CO によっても錯体 **1** は錯体 **6** になるので注意が必要である．ルテニウム錯体 **2** を用いてジエン **7** を水素化すると，末端の二重結合だけが選択的に水素化され，内部二重結合は水素化されない．

---

[†] プロキラル(prochiral)とは一変換によってキラルになる性質である．非対称ケトンがそのカルボニル基の不斉還元でキラルな第二級アルコールになるのがその例である．

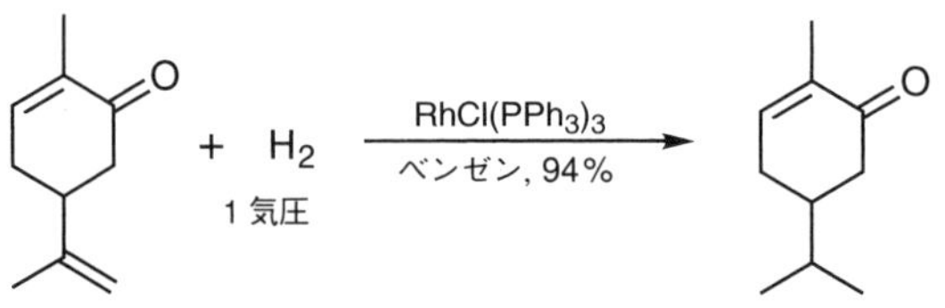

114    4. 均一系水素化反応，特に不斉水素化

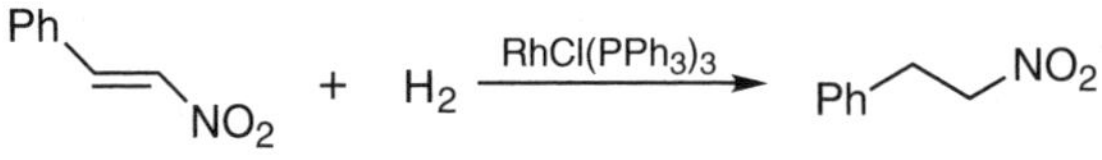

$$\text{3} + H_2 \xrightarrow[\text{ベンゼン, 94\%}]{\text{RhCl(PPh}_3)_3} \text{4}$$

1 気圧

$$\text{PhCH=CHNO}_2 \text{ (5)} + H_2 \xrightarrow{\text{RhCl(PPh}_3)_3} \text{PhCH}_2\text{CH}_2\text{NO}_2$$

$$\text{PhCH=CHCHO} + \text{RhCl(PPh}_3)_3 \xrightarrow[\text{還流}]{\text{ベンゼン}} \text{PhCH=CH}_2 + \text{RhCl(CO)(PPh}_3)_2 + \text{PPh}_3$$
1                                                                                   6  93%

$$\text{RhCl(PPh}_3)_3 + \text{CO} \longrightarrow \text{RhCl(CO)(PPh}_3)_2 + \text{PPh}_3$$
1                                 6 定量的

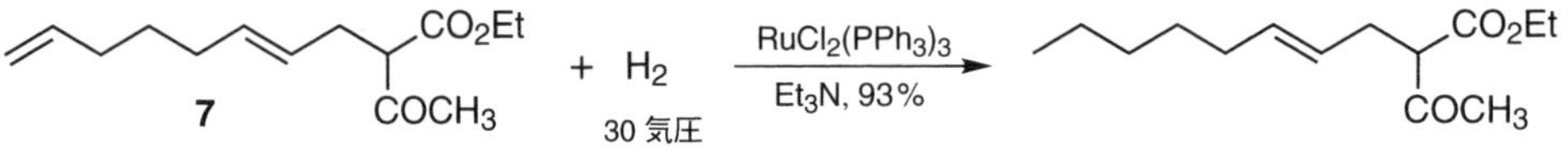

$$\text{7} + H_2 \xrightarrow[\text{Et}_3\text{N, 93\%}]{\text{RuCl}_2\text{(PPh}_3)_3} \text{product}$$

30 気圧

　均一系水素化の機構は詳細に研究されているものの，すべての基質や触媒系に共通した機構で統一的に説明できるわけではない．一般的にはアルケンの水素化はジヒドリド(dihydride)機構とモノヒドリド(monohydride)機構の二つの反応機構で説明されている．

　Wilkinson錯体(**1**)によるアルケンの水素化はジヒドリド説で説明される(図4・1)．まず，溶液中で配位不飽和のRh(I)錯体**1**(16電子)から1分子のPPh$_3$が解離して，溶媒の配位した錯体**8**(14電子)になる．それに水素が酸化的付加することにより5配位で配位不飽和のRh(III)ジヒドリド**9**が生成し，ついでアルケンの配位で18電子で飽和のアルケン錯体**10**が生成する．**10**のRh－H結合にア

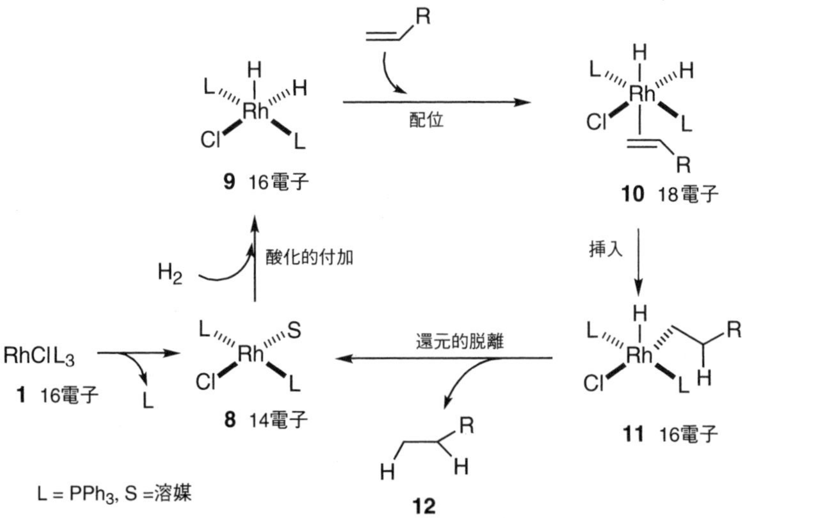

図4・1 ジヒドリド機構: Wilkinson錯体を用いる水素化

ルケンが挿入すればアルキル錯体 11 となる．最後に 11 の還元的脱離でアルカン 12 が生成し水素化の触媒サイクルは終わり，同時に Rh(I)錯体 8 が再生し，次のサイクルが始まる．この反応ではロジウムは Rh(I)と Rh(III)に可逆的に変化している．しかし，後述するように PPh$_3$ を DIPAMP(**L-21**)や BINAP(**L-25**)のようなキラルな二座配位子に換えると，まずアルケンの配位が起こり，ついで水素が酸化的付加するように機構が変化する(図 4・6 参照)．

ルテニウム錯体を触媒とする水素化はモノヒドリド機構で説明される．モノヒドリド機構ではルテニウム錯体 2 や 14 が水素と反応し，モノヒドリド錯体 13 および 15 が反応系中で発生すると考えられる．すなわち，ルテニウム錯体 2 または 14 を水素と反応させると，水素の H−H 結合が不均等に分解し，モノヒドリド錯体 13 および 15 を生成すると説明されている．同時に HCl または酢酸が発生するので，塩基が反応を促進する．具体的な水素化の機構は図 4・9(p.120)に示した．

ルテニウムモノヒドリドの生成

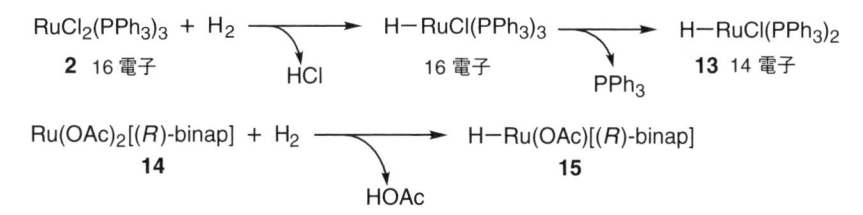

$$\text{RuCl}_2(\text{PPh}_3)_3 + \text{H}_2 \longrightarrow \text{H-RuCl}(\text{PPh}_3)_3 \longrightarrow \text{H-RuCl}(\text{PPh}_3)_2$$
**2** 16 電子　　　　　　　　　HCl　　16 電子　　　　　　　PPh$_3$　　**13** 14 電子

$$\text{Ru}(\text{OAc})_2[(R)\text{-binap}] + \text{H}_2 \longrightarrow \text{H-Ru}(\text{OAc})[(R)\text{-binap}]$$
**14**　　　　　　　　　　　　HOAc　　　**15**

## 4・2 アルケンの不斉水素化
### 4・2・1 ロジウム錯体を用いるアルケンの不斉水素化

ロジウム錯体 1 やルテニウム錯体 2 に配位している PPh$_3$ の代わりに，単座あるいは二座配位の光学活性ホスフィンを配位させることによって，プロキラルなアルケンの不斉水素化(asymmetric hydrogenation)が可能となる．単純なアルケンよりは，キレート配位できる官能基をもつアルケンの方が不斉水素化により適した基質である(図 4・9 参照)．以前から種々の不斉配位子を用いて，官能基を有するアルケンの不斉水素化が試みられ，ある程度の成果が報告されていた．1960 年代末から画期的な進歩が始まったのは，フェニルアラニンの前駆体であり，二重結合と α-アセトアミド部分でキレート配位のできる，エナミド(enamide)構造をもつ (Z)-N-アセチルアミノケイ皮酸(**16**)が，不斉水素化のためのプロキラルな基質に選ばれたことによる(図 4・2)．Knowles はリン原子に不斉中心のある単座のキラルホスフィン CAMP(**L-32**)を(−)-メントールから合成し，それを用いて **16** から 88 % ee の (R)-N-アセチルフェニルアラニン(**17**)を得ることに成功した．さらに，Kagan は合成が簡単でない CAMP のようなキラルな単座配位子の代わりに，天然の光学活性酒石酸を原料に，より容易にキラルな二座配位子 DIOP(**L-20**)を合成し，それを用いて **16** を水素化することで 85 % ee で (R)-**17** を得た．Kagan のこの研究成果は，キレートの骨格上に不斉中心があるキラル二座配位ホスフィンでも，高い % ee が得られることを示した．この成果を参考に，Knowles はリン原子に不斉中心があり，しかも二座配位子である (R,R)-DIPAMP(**L-21**)を考案し，それを用いてデヒドロアミノ酸 **18** を不斉水素化し，97.5 % ee の (S)-**19** を得，それから医薬として重要な光学活性の (S)-DOPA[L-DOPA](**20**)の工業生産に成功した．1974 年のことである．

(Z)-N-アセチルアミノケイ皮酸(**16**)は使用される配位子の種類について融通性の大きい基質であって，その後不斉水素化の研究で用いられる不斉配位子の優劣を比較検討するために，指標化合物として利用されるようになった[1),2)]．さらに，DuPHOS(**L-23**)や軸不斉配位子の BINAP(**L-25**)などが合成され，高い % ee が得られている．Ru−BINAP 錯体でも **16** を水素化できる．興味あることに，

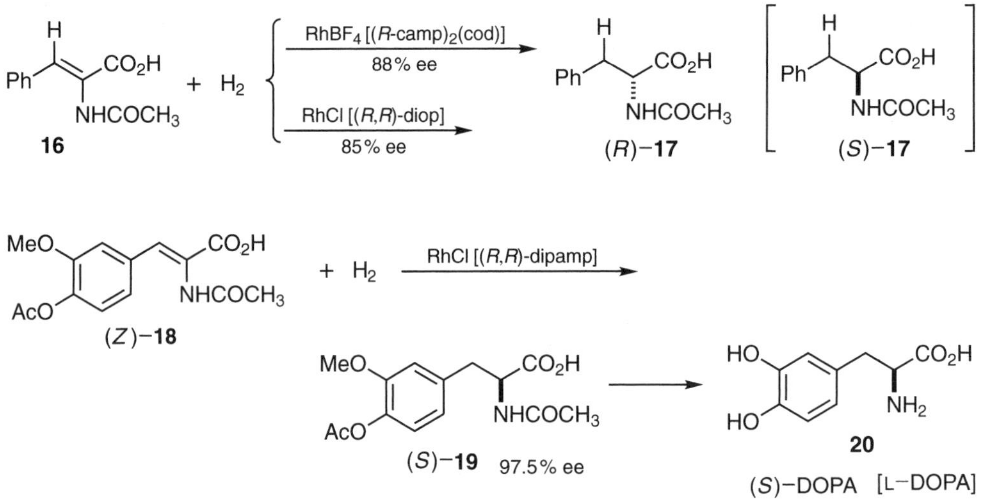

図4・2 デヒドロアミノ酸の不斉水素化

**16** を Rh−(R)−BINAP 錯体で水素化すると(S)−**17** が得られるが，一方 Ru−(R)−BINAP 錯体を触媒に用いると(R)−**17** が生成する．このことは図4・6 および図4・7 で説明するように，ロジウムとルテニウム触媒とでは反応機構(律速段階)が異なることを示している．

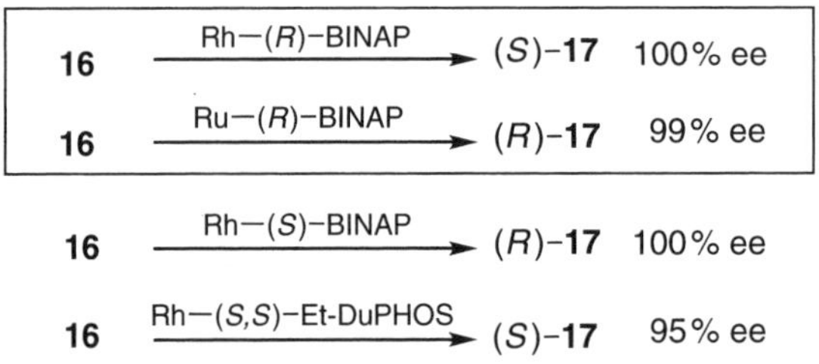

図4・3 不斉配位子と生成物の立体化学の関係

いままで合成された不斉ホスフィンを分類すると，まずリン原子に不斉中心がある CAMP(**L−32**)，DIPAMP(**L−21**)，および BisP(**L−22**)などと，ホスフィン分子内に不斉中心があるものとに大きく分けられる．さらに，ホスフィン分子内に不斉中心があるものは，リン原子の置換基に不斉中心がある DIOP(**L−20**)などと，分子内に不斉炭素はないが分子全体としてキラルの，軸不斉によるもの(BINAP など)，面不斉に基づく不斉配位子などが使われている．広く使用される軸不斉配位子とは，分子内に不斉炭素またはリンはないが，BINAP(**L−25**)のように二つのナフタレン環を結ぶ結合の自由回転が立体障害によって制限されていて，二つのナフタレン環が同一平面にないことに起因する不斉配位子である(図4・4)[2),3)]．二座配位子の BINAP(**L−25**)や **L−26** のほかに単座配位子のモノホスフィン **L−27**，**28**，**29** がある．BICHEP(**L−30**)や SEGPHOS(**L−31**)では，二つのベンゼン環の間の自由回転が制限されている[4)]．不斉水素化にはリン原子が1個のモノホスフィンとともに，キレート配位が可能なジホスフィンも多く使用されている[5)]．

しかし，これらの配位子は優れてはいるが万能ではない．配位子と基質の組合わせがよい場合には，100% に近い % ee が得られるようになり，新しい不斉合成の手段として大きく発展した．そして，野依と Knowles は不斉水素化反応の研究により，2001年度のノーベル賞を受賞した[1),6)]．

効率のよい不斉水素化を達成するのに大事なことは，基質であるアルケンの置換基の数，かさ高さ，

図4・4 軸不斉配位子

とりわけ配位性の官能基の種類を選ぶとともに，キラルホスフィンの種類，溶媒，水素圧力，反応温度などについて最適条件を見つけることである．温度は低い方がよいとは限らない．また，触媒前駆体となる錯体の純度が非常に重要な場合もある．一定比率のロジウムまたはルテニウム化合物とキラルホスフィンとを単に溶媒中で混合するのは，一見簡単な方法ではあるが，活性な触媒が生成しないことが多いので実験上注意が必要である．

### 4・2・2 ロジウム錯体を用いるアルケンの不斉水素化の機構

さて，どのようにして二重結合の不斉水素化が起こるかについて説明する[2]．図4・5で示すようにプロキラルなエナミド **16** の炭素=炭素二重結合を平面上に置くと，上下で区別されるエナンチオトピック(enantiotopic)な面を形成する．この際，触媒となる錯体に不斉中心がなければ，錯体の配位は面の上または下からの区別なく均等に起こる．そして水素は上下から等しくシス付加するので，**17** の S 体と R 体との等量混合物であるラセミ体が生成し不斉水素化は起こらない．一方，不斉触媒を用いると，その金属中心での立体障害は，キラル配位子の影響を受けて不均等であるため，アルケンのエナンチオトピック面の上または下側からの錯体への配位に差が生じ，ジアステレオマー(diastereomer)の関係にある二つのアルケン錯体が生成する．ジアステレオマーの存在比と反応性の違いに応じて，**17** の S 体または R 体のいずれかが優先的に生成し，不斉水素化が進行するわけである．

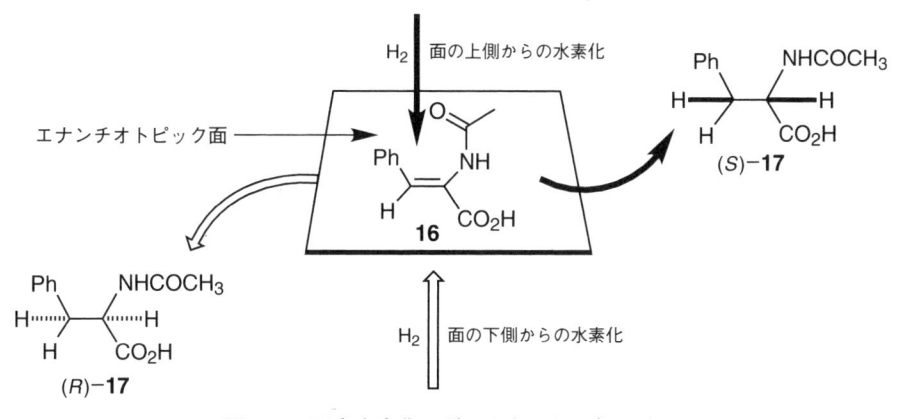

図4・5 不斉水素化はどのようにして起こるか

つぎに，不斉水素化が起こるのに重要な二つの要因(速度論的および熱力学的要因)について説明する．図4・6に示すケース1では，たとえばキラルな Rh-(R)-BINAP 錯体 **21** にプロキラルなアル

ケンが配位する際，キラル配位子の影響によりロジウム中心の立体障害が不均等であるので，エナンチオトピック面の上または下側からの配位に差が生じる．その結果，ジアステレオマーの関係にある安定錯体 **22A** と不安定錯体 **22B** との生成比が大きく偏ることになる．すなわち，触媒のかさ高さを避けるように，錯体 **22A** が安定錯体として優先的に生成する．両オレフィン錯体 **22A** と **22B** では，配位したホスフィンとアルケン分子との立体化学的関係は同じではない．そして，次の水素化の段階では，安定錯体 **22A** よりも不安定錯体 **22B** の水素化の速度が圧倒的に速く，そのために不安定錯体 **22B** からの(S)-**17** が主生成物として得られ，速度論的に主生成物の絶対配置と光学純度が決まることになる．

ケース1

Rh－(R)－BINAP 錯体
**21**

プロキラルアルケンの配位

エナンチオトピック面

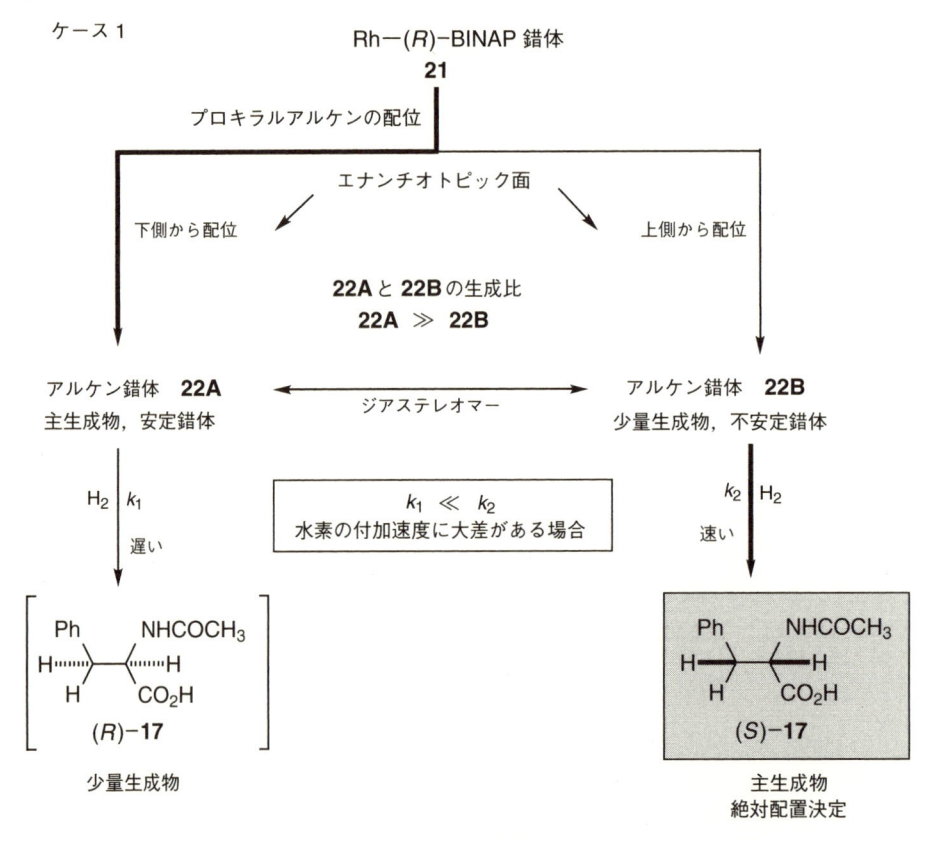

下側から配位　　　　　　　　　　　　上側から配位

**22A**と**22B**の生成比
**22A ≫ 22B**

アルケン錯体　**22A**　　　　　ジアステレオマー　　　　　アルケン錯体　**22B**
主生成物，安定錯体　　　　　　　　　　　　　　　　　　少量生成物，不安定錯体

$H_2$ | $k_1$　　　　　　$k_1 \ll k_2$　　　　　　　$k_2$ | $H_2$
遅い　　　　　　　水素の付加速度に大差がある場合　　　　速い

[Ph, NHCOCH₃ 構造 (R)-17]　　　　　　　　　Ph, NHCOCH₃ 構造 (S)-17

少量生成物　　　　　　　　　　　　　　　　　　　主生成物
　　　　　　　　　　　　　　　　　　　　　　　　絶対配置決定

図 4・6　速度論的要因による不斉水素化（水素化段階の重要性）

図4・7のケース2では，たとえば Ru－(R)－BINAP 錯体 **23** が触媒の場合，それにプロキラルなアルケンが配位する際には，Rh のケースと同様に不均等な立体障害のため，ジアステレオマーの関係にある二つの錯体のうち，熱力学的に安定なルテニウム錯体 **24A** が主生成物となる．しかしこの場合，ルテニウム原子上にはすでにヒドリドが存在しているので，安定錯体 **24A** も不安定錯体 **24B** も同様の速度で水素が付加して，主錯体 **24A** から(R)-**17** が主生成物として誘導され，生成物の絶対配置と光学純度(エナンチオ過剰率)が熱力学的に決定することになる．

先に図4・3で，Rh－(R)－BINAP 錯体を用いると(S)-**17** が得られ，Ru－(R)－BINAP 錯体の場合は(R)-**17** が生成することを述べたが，この事実は，図4・6と図4・7との機構の相違から理解できる．

しかし，不斉水素化反応の生成物の絶対配置が実際に速度論的に決まるか，または熱力学的要因に支配されるかは，簡単には判定できない．ロジウム錯体でもキラル配位子が異なれば，あるいは同じ配位子でも中心金属がルテニウムに代われば，不斉水素化反応の生成物の絶対配置と光学純度とが，

### 4・2 アルケンの不斉水素化

ケース 2

Ru–(R)–BINAP 錯体
**23**

プロキラルアルケンの配位

エナンチオトピック面

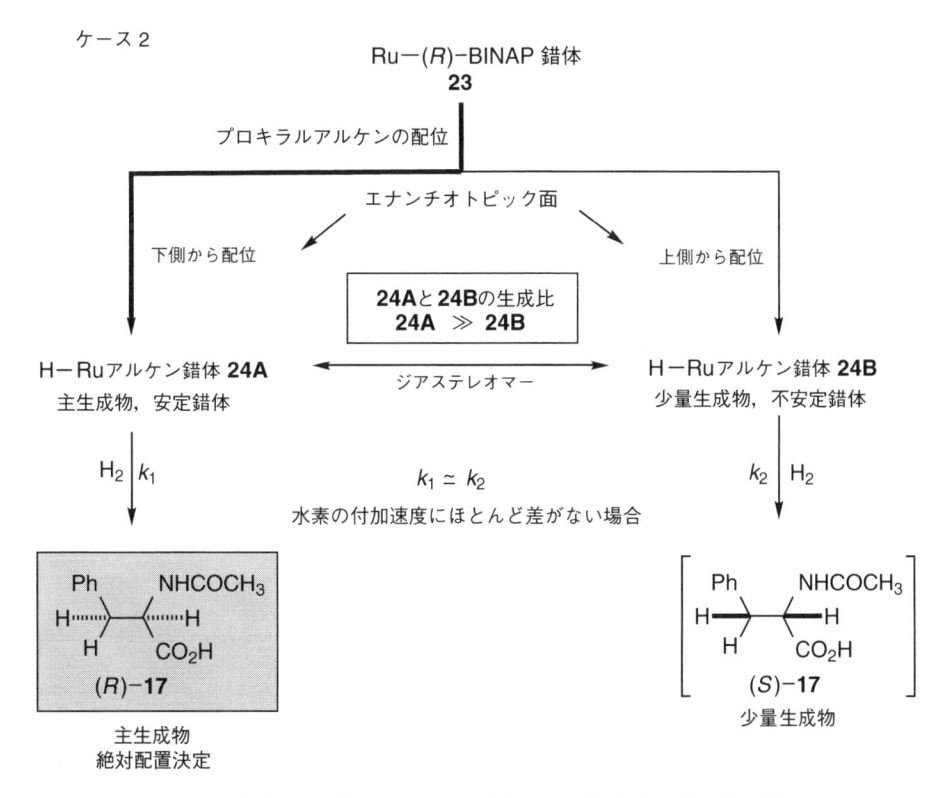

下側から配位 / 上側から配位

**24A** と **24B** の生成比
**24A ≫ 24B**

H–Ru アルケン錯体 **24A**　←ジアステレオマー→　H–Ru アルケン錯体 **24B**
主生成物，安定錯体　　　　　　　　　　　　　　　　　少量生成物，不安定錯体

$H_2 \downarrow k_1$　　　　$k_1 \simeq k_2$　　　　$k_2 \downarrow H_2$
水素の付加速度にほとんど差がない場合

(R)-**17** 主生成物　　　　　　　　　　　　　　　(S)-**17** 少量生成物
絶対配置決定

**図 4・7** 熱力学的要因による不斉水素化（錯体生成段階の重要性）

速度論的な要因よりも熱力学的要因に支配されたり，または反対の場合もあり複雑である．

種々のタイプの官能基をもつ多置換アルケンの不斉水素化は，光学活性化合物の重要な合成手段である．たとえば，β-二置換のエナミド **25** の水素化により二つの不斉中心ができる．(Z)-**25** を (R,R)-Me-BPE(**L-24**) や (R,R)-BisP(**L-22**) の配位したロジウム錯体で水素化すれば (2R,3S)-**26** になり，(E)-**25** を水素化すれば (2R,3R)-**26** になる．

(Z)-**25** + $H_2$ (6 気圧) →[RhOTf[(R,R)-me-bpe], 25 °C]→ (2R,3S)-**26**, 98.2% ee

(E)-**25** + $H_2$ (6 気圧) →[RhOTf[(R,R)-me-bpe], 25 °C]→ (2R,3R)-**26**, 98.3% ee

### 4・2・3 ルテニウム錯体を用いるアルケンの不斉水素化とその機構

ロジウム錯体だけでなくルテニウム錯体も，アルケンの不斉水素化の優れた触媒になる．野依らは (R)- または (S)-BINAP の配位したルテニウム(II)のジカルボキシラト錯体 (R)-**27**，または (S)-**27** が，キレート配位しやすいプロキラルなアルケンの不斉水素化に優れた触媒であることを見いだした

(図 4・8). この錯体はカルボキシラートを二座配位とすれば，18 電子で配位飽和であるが，カルボキシラートが単座で配位した 16 電子の不飽和で活性な錯体 (R)-28 にもなりやすい．錯体 (R)-28 は水素の存在下，酢酸の脱離を伴ってモノヒドリド錯体 (R)-29 になる[5),6)]．

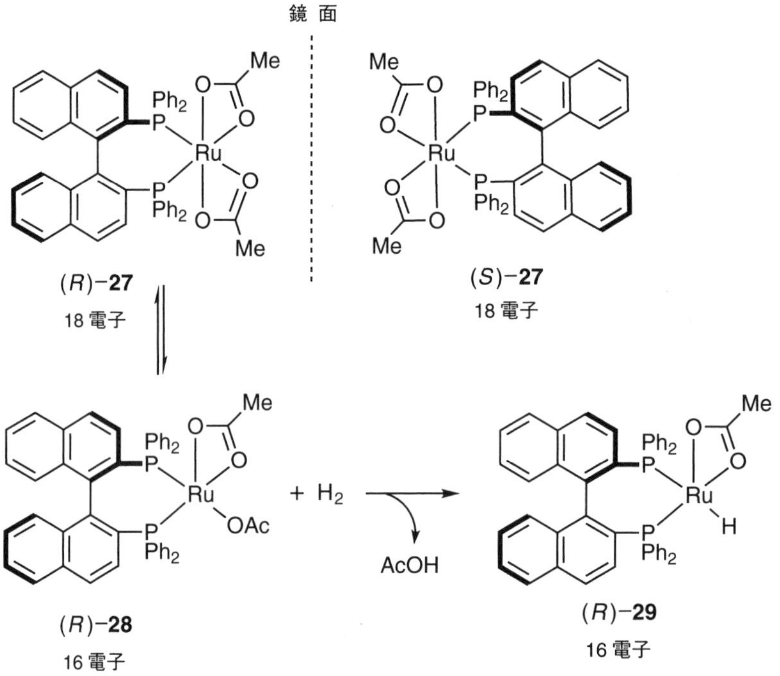

図 4・8 ルテニウムモノヒドリド錯体の生成

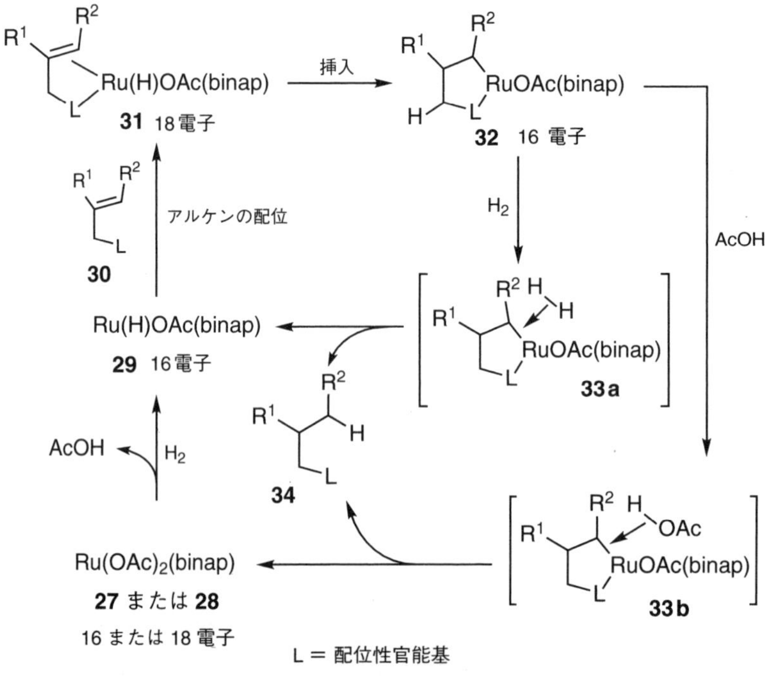

図 4・9 モノヒドリド機構による水素化

## 4·2 アルケンの不斉水素化

ルテニウム(II)のジアセトキシ錯体 **27** または **28** を触媒に用いる，配位性官能基 L をもつ置換アルケン **30** の不斉水素化は，先に述べたように次のようなモノヒドリド機構で理解できる(図 4·9)．まず，(R)-**27** または **28** は水素と反応し配位的不飽和なモノヒドリド錯体 **29** を生成する．それにアルケン **30** が配位して飽和の 18 電子のアルケン錯体 **31** となる．**31** の Ru-H 結合にアルケンが挿入するとアルキル錯体 **32** を与える．この中間体 **32** の基質がエナミド由来の場合，水素が反応すると **33a** のように水素化分解が起こり，水素化生成物のアルカン **34** を与え，同時にモノヒドリド **29** が再生する．また，基質が $\alpha,\beta$-不飽和カルボン酸の場合は，**27** と水素が反応して発生する酢酸やプロトン性溶媒により，**33b** 経由が優先して **34** を与え，同時にジアセチル体 **27** が再生する．それは水素と反応して酢酸を脱離してモノヒドリド **29** になり，触媒反応が進行することになる．このようなモノヒドリド機構による水素化反応の過程では，ルテニウムは常に Ru(II) であり変化しない．さらに，生成物の絶対配置はアルケンの面選択の段階で決定される．すなわち，図 4·7 のように熱力学的に安定なアルケン錯体から主生成物が得られる．

Ru-(R)-BINAP 錯体 **27** を前駆体とする触媒で，官能基をもつアルケンが水素化できる．(Z)-**35** の不斉水素化で，高い光学純度の (R)-イソキノリン誘導体 **36** が得られるので，それから光学的に純粋な (R)-テトラヒドロパパベリン (**37**) が合成されている．

アセト酢酸メチルとアンモニアから誘導できる $\beta$-アミノクロトン酸メチル (**38**) は，アミノ基を保護することなく (R)-TolBINAP (**L-26**) が配位したルテニウム錯体を用いて不斉水素化され，$\beta$-アミノ酸メチル **39** を与える．

$\alpha$ 置換 $\alpha,\beta$-不飽和カルボン酸は Ru-BINAP 錯体 **27** で不斉水素化され，$\alpha$ 位にキラル中心をもつカルボン酸を生成する．この反応を利用して医薬品である (S)-イブプロフェン (**41**) が，$\alpha$-アリール

アクリル酸誘導体 40 の (S) 錯体 27 を用いる，高圧下での不斉水素化で 97% ee の選択性で合成できる．

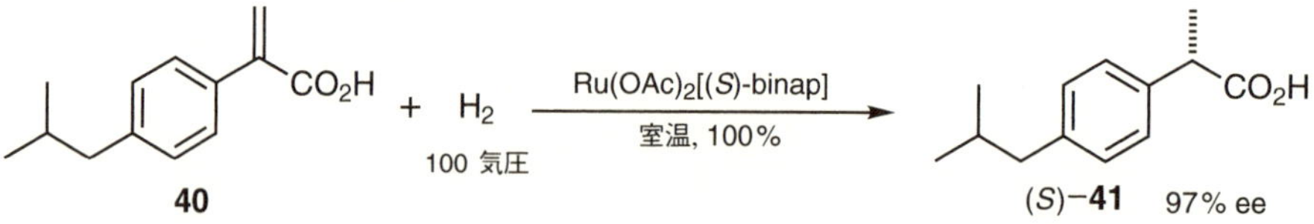

同様に錯体 27 を用いて，イタコン酸(42)を不斉水素化すれば，94% ee の(S)-メチルコハク酸(43)が得られる．また，ロジウムの軸不斉(R)-BICHEP(L-30)の錯体も，42 から室温，5 気圧で 94% ee の(S)-43 を与える有効な触媒である．

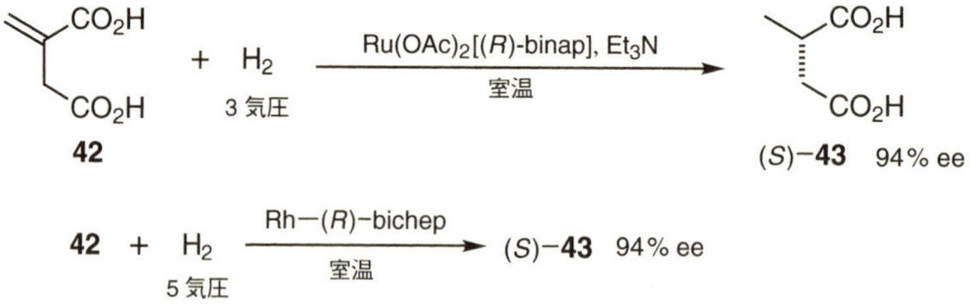

アリルアルコールは配位効果のあるヒドロキシ基をもつので，高選択的に不斉水素化される．トリフルオロ酢酸ルテニウム-BINAP 錯体を用いて，ゲラニオール(44)やネロール(45)を水素化すると，ヒドロキシ基の配位効果により，アリルアルコール部分の三置換二重結合だけが，位置選択的に水素化される(図4・10)．一方，近傍に配位できるヘテロ原子のない 6 位の二重結合は水素化されないので，(R)-シトロネロール(46)または(S)-シトロネロール(47)を選択的に合成できる．原料の 44 および 45 の E, Z 構造，BINAP の R または S 構造と，水素化生成物 46, 47 の立体化学との間には次のような関係がある．すなわち，ゲラニオール(44)は(S)-BINAP により(R)-シトロネロール(46)を与え，(R)-BINAP では(S)-シトロネロール(47)を生成する．ネロール(45)からは(S)-BINAP で(S)-のシトロネロール(47)が生成し，(R)-BINAP では(R)-シトロネロール(46)を与える．

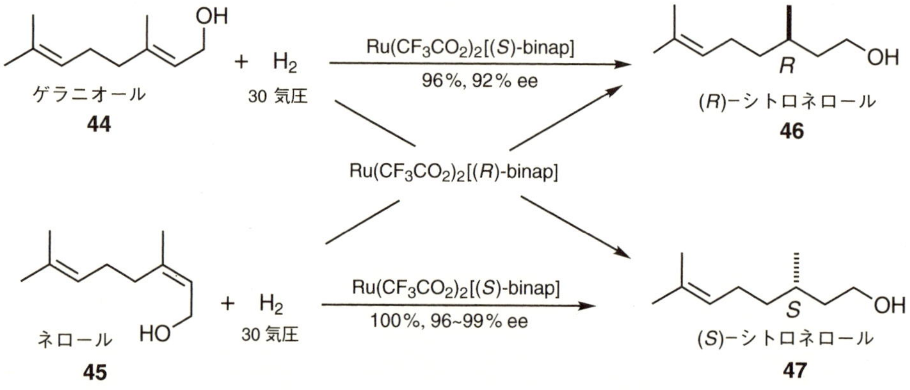

図4・10 (R) および (S)-シトロネロールの合成

Ru-(R)-TolBINAP 錯体を用いてキラルなアリルアルコール 48 を不斉水素化すれば，高いジアステレオ選択性で1β-メチルカルバペネム前駆体 49 が合成できる．1α体 50 はほとんど生成しない．一方，(S)-TolBINAP を使用すると 1α体 50 が主生成物である．

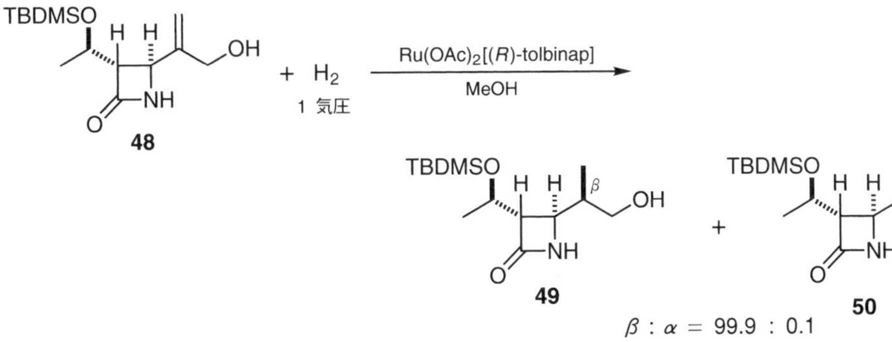
TBDMSO
H H
OH
NH
O
48
+ H2
1 気圧
Ru(OAc)2[(R)-tolbinap]
MeOH
TBDMSO
H H
β
OH
NH
O
49
+
TBDMSO
H H
α
OH
NH
O
50
β : α = 99.9 : 0.1

ラセミ体の3-メチル-2-シクロヘキセン-1-オール(**51**)の水素化では，速度論的分割（kinetic resolution)を伴ってジアステレオ選択的な不斉水素化が進行する．Ru－(*R*)-BINAP 錯体 **27** による **51** の水素化では，*R* 体の方が，*S* 体よりも圧倒的に速く水素化されるので，転化率 46 %で反応を止めると，95 % ee の(1*R*,3*R*)-**53** が得られる．そして水素化されずに，54 % 回収された(*S*)-3-メチル-2-シクロヘキセン-1-オール(**52**)の光学純度は 80 % ee である．回収された 80 % ee の(*S*)-**52** を Ru－(*S*)-BINAP 錯体 **27** を用いて水素化すれば，転化率 68 %で 99 % ee の(1*S*,3*S*)-**54** が得られ，未反応の 40 % ee の(*S*)-**52** が 32 % 回収される．

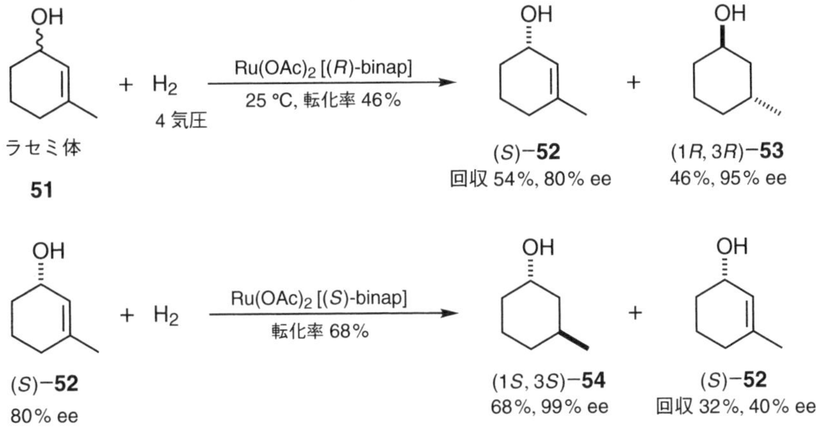
OH
ラセミ体
51
+ H2
4 気圧
Ru(OAc)2 [(R)-binap]
25 °C, 転化率 46%
OH
(S)-52
回収 54%, 80% ee
+
OH
(1R, 3R)-53
46%, 95% ee
OH
(S)-52
80% ee
+ H2
Ru(OAc)2 [(S)-binap]
転化率 68%
OH
(1S, 3S)-54
68%, 99% ee
+
OH
(S)-52
回収 32%, 40% ee

先に示したように BINAP の配位したルテニウムのジカルボキシラト錯体 **27** は，キレート配位しやすいアルケンの不斉水素化に優れているが，ジケテン(**55**)のようなエノール形二重結合の不斉水素化は，**27** でなくルテニウムの塩化物錯体が有効である．たとえば，ジケテン(**55**)から 92 % ee の β-メチルブチロラクトン(**56**)が得られ，その重合で生分解性ポリエステル **57** が製造されている．

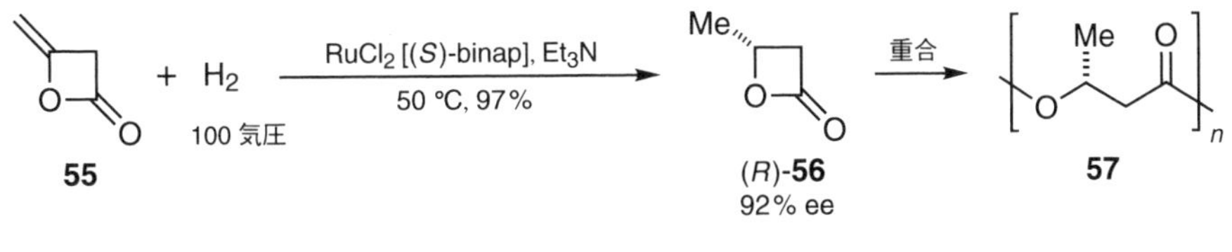
O
O
55
+ H2
100 気圧
RuCl2 [(S)-binap], Et3N
50 °C, 97%
Me
O
O
(R)-56
92% ee
重合
Me
O
O
n
57

### 4・2・4 共役ジエンの位置選択的水素化

反応の種類も触媒も全く異なるが，1,3-ジエンは位置および立体選択的にシス-アルケンに水素化できる．ベンゼントリカルボニルクロム(**58**)を触媒に用いると，やや高温，高圧下ではあるが，

1,3-ジエンに水素の1,4付加が起こり，位置および立体選択的にシス-アルケンに水素化される．たとえば，ソルビン酸メチル(**59**)から，(Z)-3-ヘキセン酸メチル(**61**)が合成できる．この選択的水素化は**60**で示すように，Cr(CO)₃が1,3-ジエンにシス形に配位した，16電子で配位不飽和の中間体を経て進行する．その応用として1,3-ジエン**62**からカルバサイクリン**63**の三置換(エキソ)-(E)-アルケン系を構築するのに利用されている．また，1,3-ジエンだけでなく二つのエノン部分をもつ**64**の水素化では，配位可能なシス形のエノンだけがCr(CO)₃に配位するので，選択的に**65**が生成する．

## 4・3 ケトンの水素化および不斉水素化
### 4・3・1 単純ケトンの水素化

従来からケトンは，NaBH₄やLiAlH₄のような金属ヒドリド反応剤を量論量以上用いて，第二級アルコールに還元されている．一方，ケトンはロジウム，ルテニウム錯体を触媒に用いて水素化できるので，量論量の高価な金属ヒドリド反応剤の代わりに，少量の金属触媒と安価な水素を用いて，より経済的，効率的に還元できる．

脂肪族ケトンは各種ロジウム，ルテニウム錯体を触媒として水素化される．三塩化ロジウムのビピリジル(bpy)錯体を触媒として，シクロヘキサノンとシクロヘキセンとの混合物を水素化すると，シクロヘキセンは水素化されることなく，シクロヘキサノンだけが選択的に水素化される．芳香族ケト

## 4・3 ケトンの水素化および不斉水素化

ンはロジウム，ルテニウム，イリジウム錯体を触媒として水素化される．アセトフェノン(**66**)は同じロジウム触媒により，塩基の存在下常圧で水素化され **67** を与える．

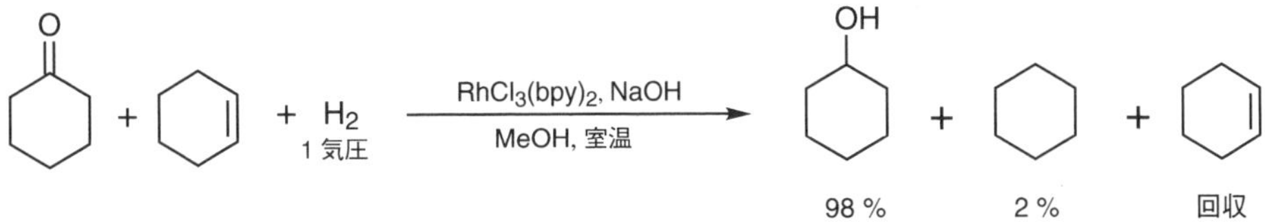

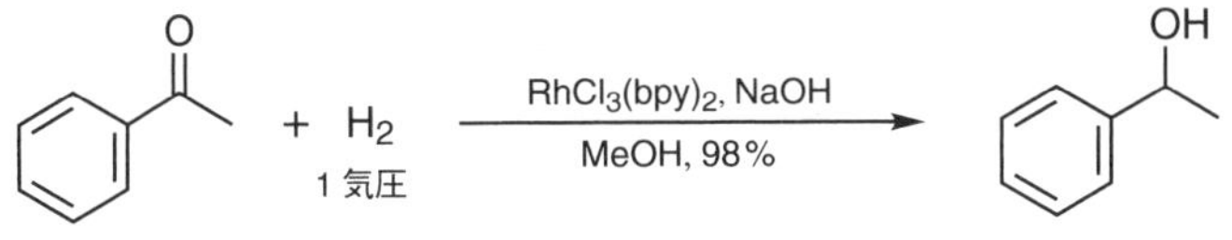

ルテニウム錯体はケトンの水素化に有効であるが，配位できる官能基のない単純ケトンは $RuX_2L_3$ だけでは水素化できない．しかし，ルテニウム錯体 **2** に 1,2-ジアミノエタンのようなジアミンを配位させ，反応系中で水酸化カリウムで処理し，水素を反応させて生成させた配位的に飽和のルテニウムアミン錯体 **70** は，最も活性なケトンの水素化触媒となり，シクロヘキサノンやアセトフェノン(**66**)のような単純ケトンも低圧で水素化できる．ジアミンと水酸化カリウム，および溶媒として 2-プロパノールの存在が単純ケトンの水素化に必須である．反応機構は次のように考えられている(図 4・11)．アミン錯体 **68** は水酸化カリウムによりアミド錯体 **69** になる．それに水素が付加し配位的

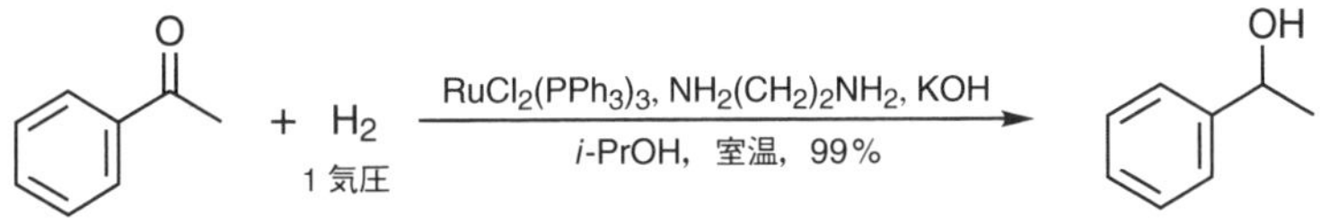

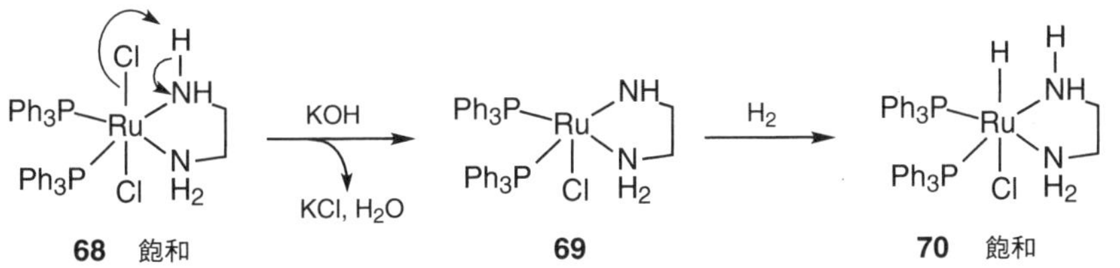

触媒的水素化反応

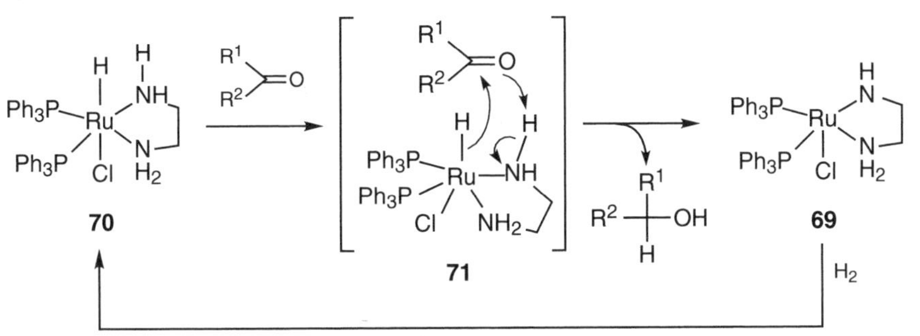

図 4・11 ルテニウム-ジアミン錯体によるケトンの水素化の機構

飽和の活性種ヒドリド錯体 **70** を発生する．配位によって電子がルテニウムに流れるために，この錯体のアミノ基の水素はルイス酸性を有するので，カルボニル基の酸素と強く相互作用する．結果としてルテニウムのモノヒドリドと，第一級アミン由来の水素とが，遷移状態でカルボニル基に **71** のように相互作用し，水素化を著しく促進するようになる．大事なことは，ケトンはルテニウムに配位する必要はないので，官能基のない単純ケトンも水素化されることになる．一方，極性の低いアルケンは **70** に対する親和性は低く，配位飽和な中心金属に直接に相互作用することもできないので，その水素化は妨げられる．

ここで，金属錯体の構造の表記法について注意を述べる．金属錯体の構造の表記法として，アニオン性配位子の共有結合と中性分子の供与性結合とは区別し，正確には **A** のように一本線と矢印でそれぞれ表記すべきであるが，通常は簡略法 **B** で示すように区別しないで一本線だけで示すことになっている〔"大学院講義有機化学 I"，野依良治ほか 編，p.303，東京化学同人(1999)〕．図 4・11 ではその簡略表記法に従い，結合をすべて一本線で示した．しかし，それではアミン錯体 **68** とアミド錯体 **69** のルテニウムと窒素との結合は同じ一本線で示され，その反応の経過が理解しにくく混乱を生じる．そこでわかりやすいように図 4・12 にかぎり，より正確にアミン錯体 **68a** の供与性結合を矢印で，アミド錯体 **69a** のアニオン性配位子の共有結合を一本線で区別して示した．

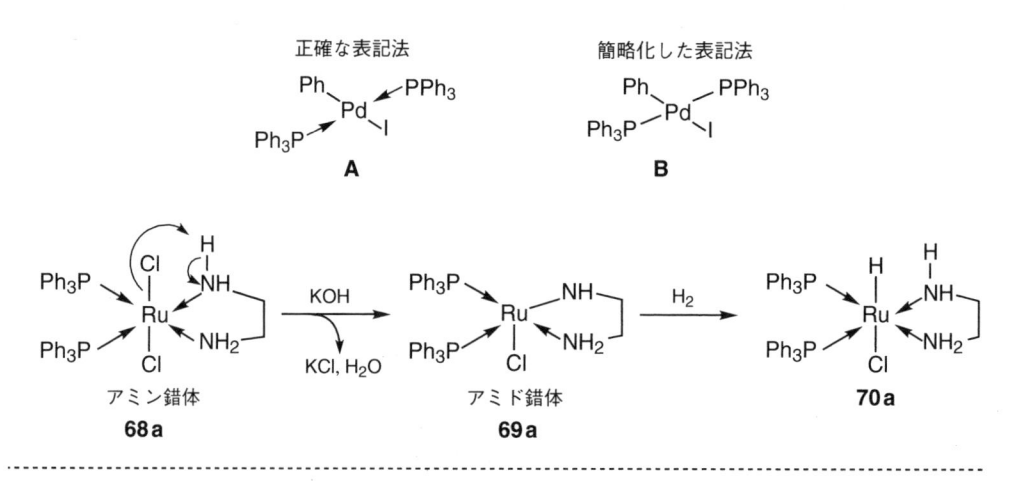

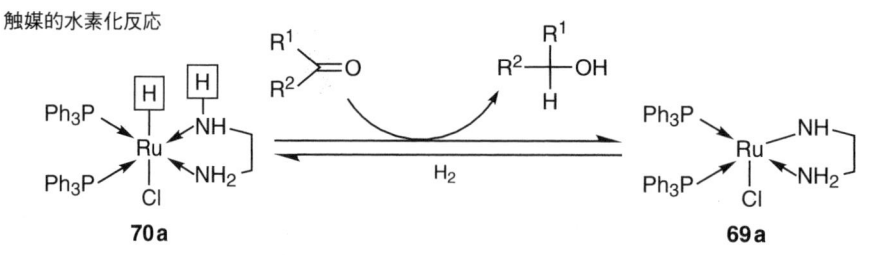

図 4・12　矢印で供与性結合を示した反応機構

実際に，ヘプタナール(**72**)と 1-オクテンとの混合物の水素化では，ルテニウム錯体 **2** だけを用いると，それに親和性のないアルデヒドは水素化されることなく，配位可能な 1-オクテンだけが選択的に水素化されオクタン(**74**)を与える．一方，水酸化カリウムと 1,2-ジアミノエタンの共存下では **70** が生成するので，この錯体と親和性のあるアルデヒド **72** だけがアルコール **73** に水素化されるが，飽和錯体 **70** に配位できない 1-オクテンは反応しない．同様に 1,2-ジアミノエタン存在下でルテニ

ウム錯体を用いると，α,β-不飽和ケトン **75** の二重結合は水素化されずに，ケトンがアリルアルコール **76** に還元される．

| Ru 触媒 | **73**：**74** |
|---|---|
| RuCl$_2$(PPh$_3$)$_3$　**2** | 1：250 |
| RuCl$_2$(PPh$_3$)$_3$, H$_2$N(CH$_2$)$_2$NH$_2$, KOH （1：1：2） | 1500：1 |

α置換脂肪族ケトンのジアステレオ選択的水素化は，ジアミンの配位したルテニウム触媒を用いることにより達成できる．すなわちルテニウム錯体 **2**, 1,2-ジアミノエタンと水酸化カリウム（1：1：2）から調製した触媒を用いて，2-メチルシクロヘキサノン（**77**）の水素化を行うと，シス-アルコール **78** が 98% de（ジアステレオマー過剰率）で得られる．同様に 4-*t*-ブチルシクロヘキサノン（**79**）は，シス-アルコール **80** を高いジアステレオ選択性で与える．

## 4・3・2　配位性官能基のないケトンの不斉水素化

プロキラルなケトンを不斉水素化するためにキラルなジアミン，およびキラルなジホスフィンの配位したルテニウム錯体がデザインされ，配位性官能基のない単純ケトンの不斉水素化が実現されている．しかも高い光学収率が達成できる場合もあるので，キラルアルコールの優れた合成法を提供する[3)～7)]．

たとえば，キラルホスフィンのBINAPとともに，キラルなジアミンである1,2-ジフェニルエチレンジアミン(DPEN, **84**)を配位させたルテニウム錯体**81**を用いて，ケトンが不斉水素化されている．ここでは**81**から得られるアミド錯体**82**を水素化し，ジヒドリド錯体**83**を生成させる．図で示したように**83**のルテニウムヒドリドと第一級アミン由来の水素の協奏効果により，不斉水素化が起こっているものと考えられている．

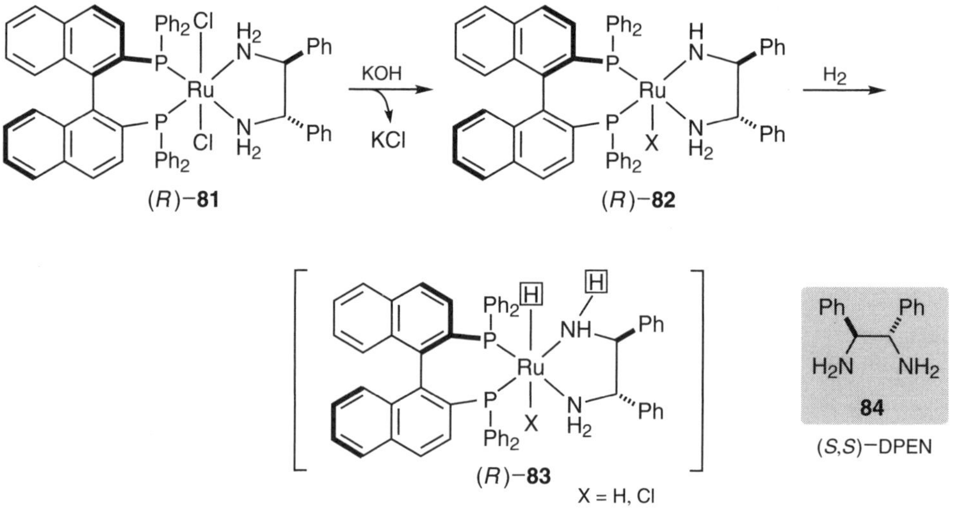

アセトフェノン誘導体**85**の不斉水素化(図4・13)は，**81**のBINAPの代わりに，TolBINAP(**L-26**)を配位させたRuCl$_2$(tolbinap)，(S,S)-DPEN(**84**)と水酸化カリウムとの1:1:2の比で調製された触媒を用いて，室温，4気圧で進行し，94%eeのアルコール**86**を与える．

1,2-ジアミンと水酸化カリウムの存在下では，ケトンとアルデヒドとが選択的に水素化され，配位できないアルケンやアルキン結合は水素化されない．これは，ルテニウムのアミン錯体とカルボニル基との親和性が大きく，アミンのないルテニウム錯体よりも，カルボニル基を非常に速く水素化す

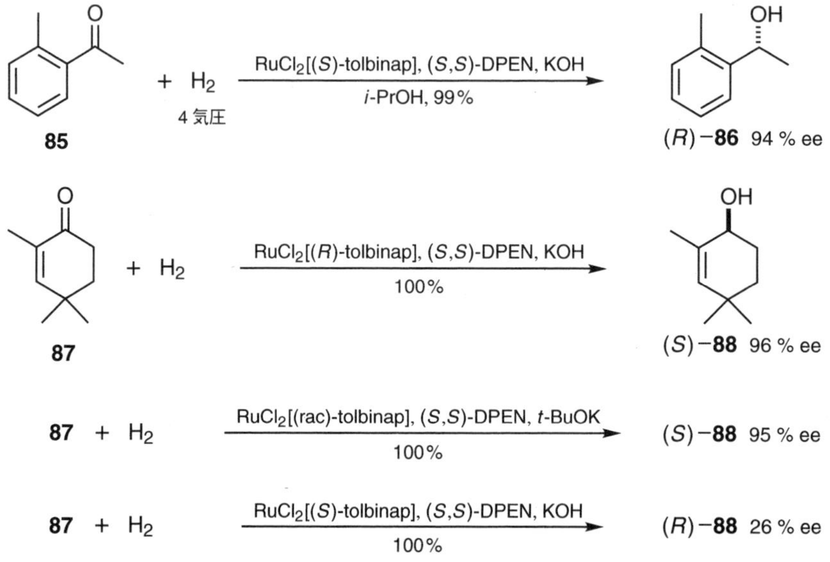

図4・13 ホスフィン，ジアミンの立体構造とケトンの水素化生成物の立体構造の関係

ることによる．キラルな(R)-TolBINAPと(S,S)-DPEN(84)を組合わせた触媒による，2,4,4-トリメチル-2-シクロヘキセノン(87)の不斉水素化では，オレフィン結合は水素化されないで，ケトンが選択的に還元され96％eeの88を生成する．興味あることに，ラセミ体のTolBINAPと当量の(S,S)-DPEN(84)を用いることによっても，95％eeの88が得られる．一方，(S)-TolBINAPと(S,S)-DPEN(84)を組合わせた場合は26％eeである．このことは(R,R)-DPENよりも(S,S)-DPEN(84)の方が，(R)-TolBINAPとの組合わせの相性がよく，不斉水素化でよりよい効果が発現することを示している．

(−)-メントン(89)は4Sと4R異性体との平衡状態にあるが，水酸化カリウムの存在下，(S,S)-DPEN(84)と錯体81で不斉水素化され，1R,3S,4Sのネオメントール(90)のみを与える．
(89，90の炭素の位置番号はテルペンの慣用命名法による)

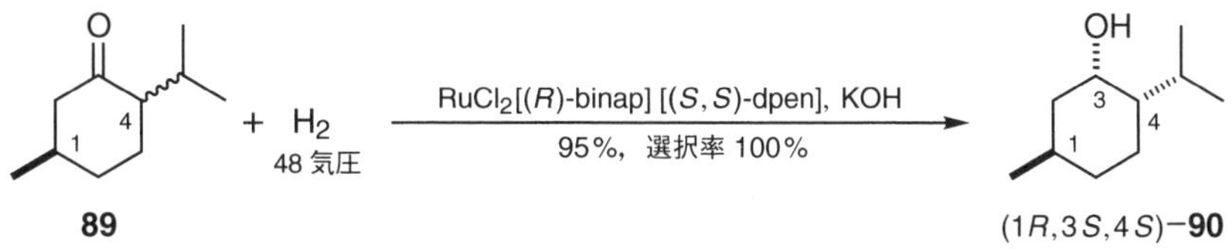

## 4・3・3 配位性官能基をもつケトンの不斉水素化

種々の配位性官能基をもつケトンの不斉水素化は，配位不飽和のRu-BINAP錯体を用いて効率的に達成できる．この場合は基質の官能基によるキレート効果が働くので，カルボニル基の面選択が効

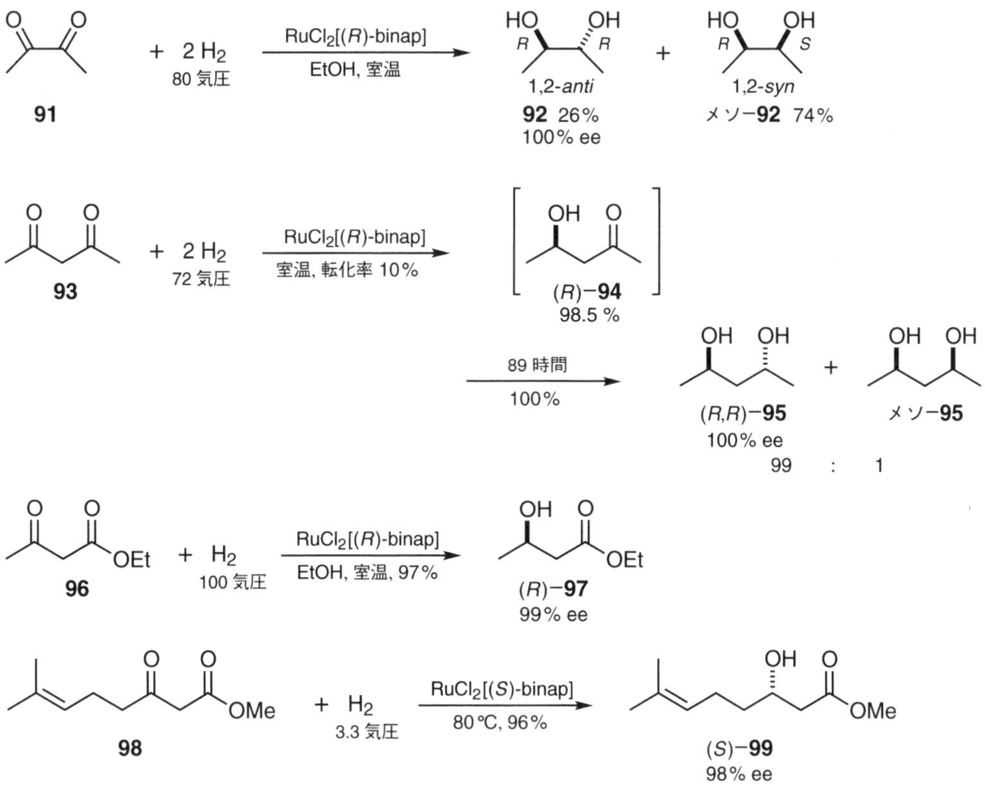

図4・14 1,2-および1,3-ジケトン，β-ケトエステルの不斉水素化

果的に起きる．中心のルテニウムと相互作用し，キレート配位できるアミノ，ヒドロキシ，アルコキシ，カルボニル，カルボキシやハロゲンのような官能基を適当な位置に有するケトンが，特にルテニウムのジクロロ錯体 $RuCl_2$(binap) で効率的に不斉水素化される．ハロゲンを含むルテニウムの触媒を使用するのが重要である．錯体 **27** に HCl を添加することによっても活性が発現する．配位性官能基をもつケトンの不斉水素化で，多くの医薬関連化合物が合成されている．

$RuCl_2[(R)$-binap$]$ を用いる 2,3-ブタンジオン (**91**) の水素化は (図 4・14)，ジアステレオ選択的ではないが，100 % ee の $(R,R)$-2,3-ブタンジオール (**92**) とメソ体のジオールの 26:74 混合物を与える．アセチルアセトン (**93**) はケトアルコール **94** を経て，ジアステレオ選択的に不斉水素化され，100 % ee の $(R,R)$-2,4-ペンタンジオール (**95**) のみを生成し，メソ体の生成は 1 % にすぎない．$\beta$-ケトエステルは官能基選択的に $\beta$-ヒドロキシエステルに水素化される．$Ru-(R)$-BINAP 触媒により，アセト酢酸エチル (**96**) は高圧の水素で，99 % ee の $(R)$-3-ヒドロキシブタン酸エチル (**97**) に水素化される．$(S)$-BINAP 錯体を用いるケトエステル **98** の水素化は，98 % ee の $(S)$-**99** を与える．

$(R)$-SEGPHOS(**L-31**) を用いる不斉水素化では，反応基質によっては BINAP よりもよい結果を与えることもある．この配位子を用いる $\alpha$-ヒドロキシアセトン (**100**) の不斉水素化は，98.5 % ee の $(R)$-1,2-プロパンジオール (**101**) を与える．

分子中に存在するハロゲンは水素化条件下で変化しない．ルテニウム触媒による $\gamma$-クロロアセト酢酸エチル (**102**) の 100 ℃ での不斉水素化で，97 % ee のクロロヒドリン **103** が得られる．この反応では興味あることに温度が高いほど高い % ee を与え，温度が低くなると % ee は低くなる．**103** から $(R)$-カルニチン (**104**) が合成されている．

### 4・3・4 動的速度論分割を伴う不斉水素化

$\alpha$ 置換-$\beta$-ケトホスホン酸エステル **105** や，$\alpha$ 置換-$\beta$-ケトエステルの不斉水素化では，ジアステレオマーの混合物の生成が予想される．しかし，実際には $\alpha$ 置換-$\beta$-ホスホン酸や，$\alpha$ 置換-$\beta$-ケトエステルの不斉水素化では，反応中に $\alpha$ 炭素上での速いラセミ化を伴うので，動的速度論分割 (dynamic kinetic resolution) が効果的に起こり，その結果高いジアステレオ選択性で，四つのエナンチオマーの中でただ一つのエナンチオマーだけを与えることになる．すなわち，$\alpha$-ブロモ-$\beta$-ケトホスホン酸エステル **105** の不斉水素化では，$(S)$-BINAP により高いジアステレオ選択性で 98 % ee の $(1R,2S)$-$\alpha$-ブロモ-$\beta$-ヒドロキシプロピルホスホン酸エステル **106** が得られ，ホスホマイシン (エナンチオマー **107**) に変換されている．

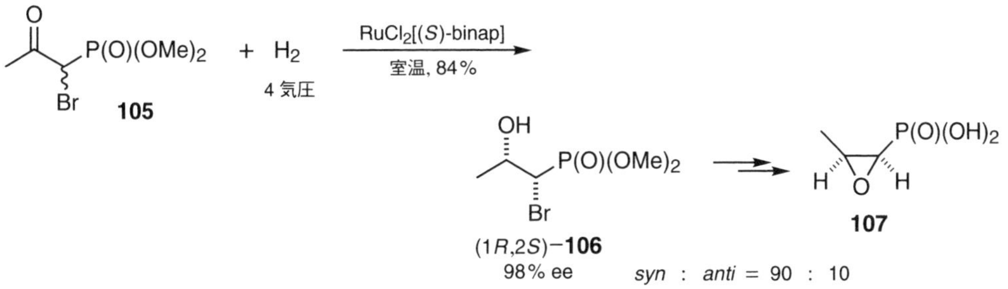

## 4・3 ケトンの水素化および不斉水素化

同様に，ラセミ体の β-N-ベンゾイルアミノメチルアセト酢酸メチル (**108**) の不斉水素化で，syn/anti 比 94：6 で 98% ee の (2S,3R)-**111** が得られ，カルバペネム (**114**) の製造原料 **113** となる (図 4・15)．異性体 **112** の生成は少ない．この高いジアステレオ選択性は 1：1 のジクロロメタン-メタノール混合溶媒中，Ru-BINAP 触媒により達成される．この結果は，(S)-**109** が (R)-**110** よりも 15 倍速く水素化されることと，(S)-**109** が水素化で消費されると同時に，水素化の遅い (R)-**110** は速やかに (S)-**109** にラセミ化し，ただちに水素化され **111** を生成していることによると説明されている．

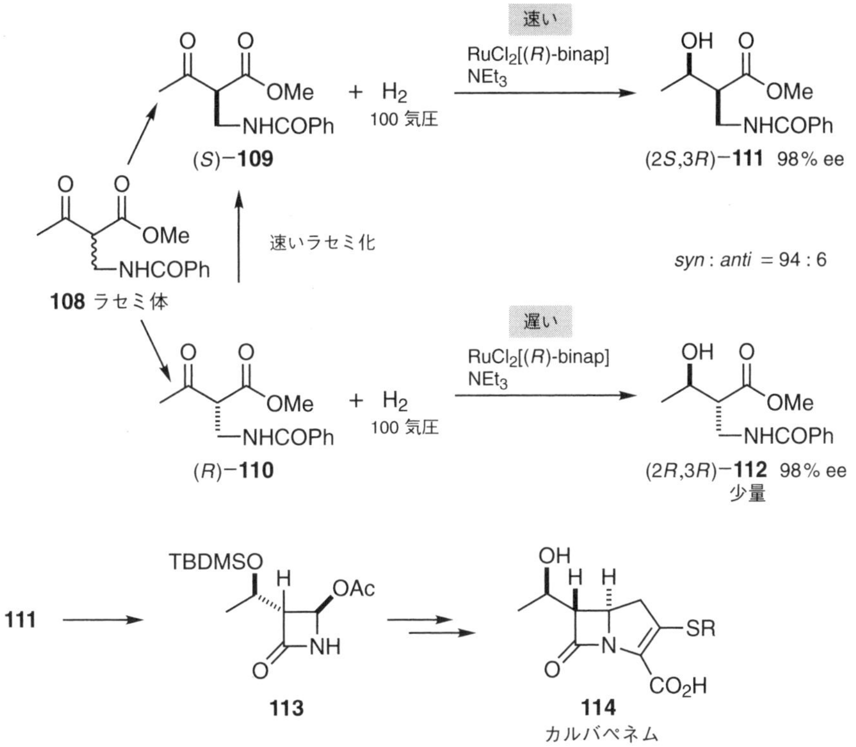

図 4・15 カルバペネム中間体の合成

近年多くの不斉配位子が合成され，それらを使用して不斉水素化は著しく発展した．BINAP のように優れた不斉配位子もあるが，多種類の基質に有効な万能の不斉配位子はない．どのようなキラル錯体がどのタイプの基質の不斉水素化に有効であるかは，簡単には予測できないのが現状である．したがって，個々の基質に適した金属とキラルホスフィンの組合わせを適切に選ぶとともに，溶媒，反応温度，水素圧など最適の反応条件を見つける努力が必要である．

## 参 考 書

・R. Noyori, "Asymmetric Catalysis in Organic Synthesis", John Wiley & Sons (1994).

## 参考になる総説

1) W. S. Knowles, "Asymmetric Hydrogenation" (Nobel Lecture), *Angew. Chem. Int. Ed.*, **41**, 1998 (2002),（ノーベル賞受賞講演）.
2) 塚本眞幸, 北村雅人, "ジホスフィンロジウムおよびルテニウム錯体を用いるデヒドロアミノ酸類の触媒的不斉水素化の機構研究の新展開", 有機合成化学協会誌, **63**, 899（2005）.
3) H. Kumobayashi, T. Miura, N. Sayo, T. Saito, X. Zhang, "Recent Advances of BINAP Chemistry in the Industrial Aspects", *Synlett*, 1055 (2001).
4) H. Shimizu, I. Nagasaki, T. Saito, "Recent Advances in Biaryl-type Bisphosphine Ligands", *Tetrahedron Report 719, Tetrahedron*, **61**, 5405 (2005).
5) R. Noyori, T. Ohkuma, "Asymmetric Catalysis by Architectual and Functional Molecular Engineering: Practical Chemo- and Stereoselective Hydrogenation of Ketones", *Angew. Chem. Int. Ed.*, **40**, 40 (2001).
6) R. Noyori, "Asymmetric Catalysis: Science and Opportunities" (Nobel Lecture), *Angew. Chem. Int. Ed.*, **41**, 2008 (2002),（ノーベル賞受賞講演）.
7) 大熊 毅, "単純ケトン類の水素化触媒の開拓", 有機合成化学協会誌, **59**, 446（2001）.

# 5. アルケン，共役ジエン およびアルキンの種々の反応

 3章および4章では遷移金属錯体の関与する代表的なタイプの反応をまとめて解説してきたが，本章ではそれ以外の合成的に有用な反応としてアルケン，アルキンのヒドロカルボニル化，ヒドロシリル化反応と共役ジエン，アルキンの環化反応をとり上げる．

## 5・1 アルケンおよびアルキンのヒドロカルボニル化とヒドロシリル化反応

 金属カルボニル錯体を触媒とするアルケンやアルキンのヒドロカルボニル化で，それぞれアルデヒドやエステルが生成する反応の共通点は，いずれも金属ヒドリドの生成から触媒反応が始まることである．

 実用的に重要なヒドロカルボニル化(hydrocarbonylation)反応は，アルケンにHとホルミル基(CHO)が1,2-付加するヒドロホルミル化(hydroformylation)で，その歴史は古い[1]．コバルトカルボニル[$Co_2(CO)_8$]を触媒として，プロピレンにCOと水素を反応させるヒドロホルミル化〔オキソ(oxo)反応ともよばれる〕によって，$n$-ブタナール(**1**)およびイソブタナール(**2**)が生成する．かさ高いホスフィンの添加によって，実用的に重要な直鎖アルデヒド**1**の比率を増やすことができる．主生成物の**1**のアルドール縮合で生成した不飽和アルデヒドを水素化して，2-エチルヘキサノール(**3**)が製造されている．そのフタル酸エステルはポリ塩化ビニルの可塑剤として大量生産されている．最近は触媒として$Co_2(CO)_8$よりも触媒活性の高いロジウムカルボニル[$Rh_3(CO)_4Cl_2$]が用いられている．

 $Co_2(CO)_8$を用いるヒドロホルミル化反応の機構は次のように説明されている(図5・1)．まず，二核錯体の$Co_2(CO)_8$が水素により水素化分解されヒドロコバルトテトラカルボニル錯体(**4**)が生成する．それから1分子のCOが脱離して配位不飽和の錯体**5**になる．ついで，プロピレンがコバルトに配位したのちCo–H結合に挿入するとプロピル錯体**6**を生成する．それにCOが挿入すればアシル錯体**7**になる．最後に水素の酸化的付加でジヒドロ錯体**8**となり，その還元的脱離が起これば，アルデヒド**1**が生成すると同時にヒドリド錯体**5**が再生するので触媒サイクルが成立する．

 いまひとつのヒドロカルボニル化はPd(0)錯体を触媒に用いるアルケン，アルキンのヒドロカルボニル化である．この場合，$PdCl_2(PPh_3)_2$のようなPd(II)化合物が触媒前駆体に用いられるが，反応系

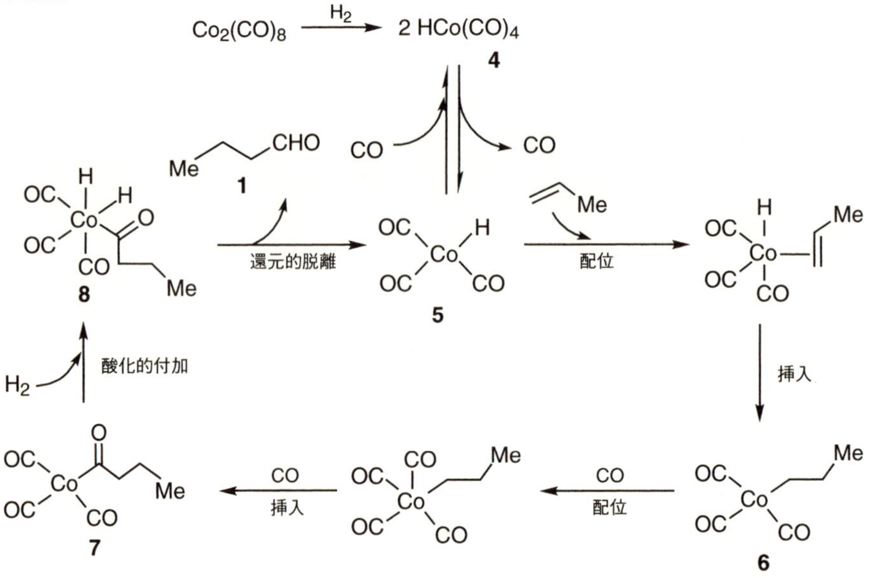

**図5・1** コバルト触媒によるプロピレンのヒドロホルミル化反応の機構

で CO, ROH や PPh$_3$ などにより Pd(II) は還元されて Pd(0)(PPh$_3$)$_n$ 錯体が生成して触媒活性種になる. アルケンは CO と H の 1,2-付加を受けてヒドロカルボニル化される (図5・2). アルコール中の反応では結果として H とエステル基が二重結合に 1,2-付加するヒドロエステル化が起こり, 飽和カルボン酸エステル **9**, **10** が合成できる. アルキンからは α,β-不飽和カルボン酸エステルが合成できる. Pd(0) 触媒だけでなく Ni(CO)$_4$ や Co$_2$(CO)$_8$ もヒドロエステル化反応の触媒になる.

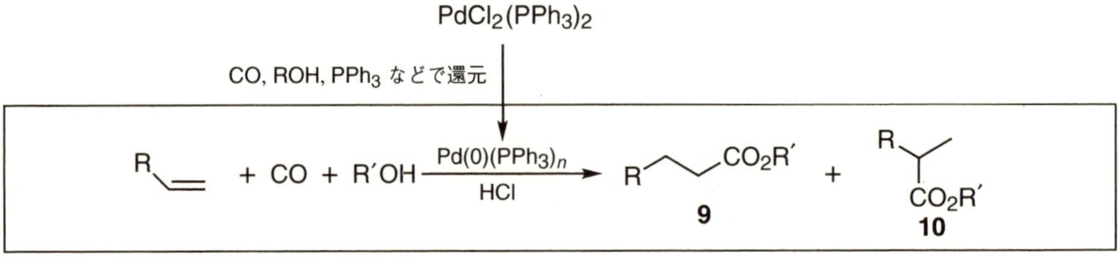

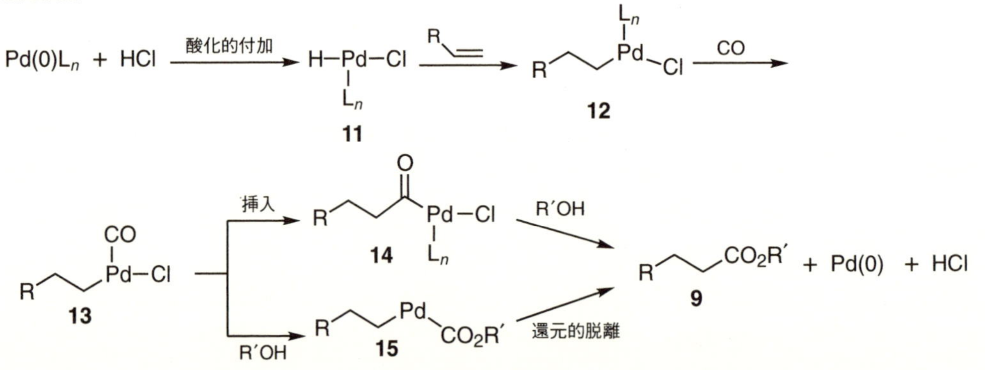

**図5・2** アルケンのカルボニル化によるエステルの合成

Pd(0)やNi(0)触媒のヒドロカルボニル化反応は塩酸の添加で反応が促進される．Pd(0)やNi(0)にHClが酸化的付加して生成する金属ヒドリド(H−Pd−Cl **11** やH−Ni−Cl)の生成から反応が始まる．まず，触媒活性種のパラジウムヒドリド **11** に二重結合が挿入すればアルキル錯体 **12** になる．つぎにCOの配位錯体 **13** を経てCOが挿入してアシル錯体 **14** を生成し，それがアルコールに攻撃されて脂肪酸エステル **9** が生成する．別の可能性としてカルボニル錯体 **13** にアルコールが反応して，アルコキシカルボニル錯体 **15** が生成し，その還元的脱離で脂肪酸エステル **9** を与えるとも考えられる．**11** にアルケンが逆方向に挿入すれば，分枝エステル **10** を与える．

混乱を招きやすいが，アルケンのヒドロカルボニル化は図2・38で説明したPd(II)化合物を用いるアルケンの酸化的カルボニル化とは機構的に異なる反応であるので，図5・2と図2・38とを比較してその違いを理解することが重要である．

アルキンのヒドロカルボニル化では$\alpha,\beta$-不飽和カルボン酸エステルが合成できる．$Ni(CO)_4$を触媒とするアセチレンのヒドロカルボニル化は，アクリル酸メチル(**16**)の古典的製造法である．アルケンのヒドロカルボニル化による飽和カルボン酸エステルの生成と同様の機構で進行する．すなわち，$Ni(CO)_4$にHClが酸化的付加したニッケルヒドリド錯体 **17** が触媒活性種で，それにアルキン，COの順に挿入する．この反応はPd(0)触媒でも進行し，メチルアセチレンからはメタクリル酸エステルが高い選択率で生成する．

Si，Sn，Alなどの典型金属のヒドリドが開裂してアルケンに1,2-付加するヒドロメタル化は，典型金属のアルキル化合物を合成するのに有用な反応で，白金，ロジウム，パラジウム，コバルトなど種々の遷移金属触媒で進行する．代表的なのは1-アルケンのヒドロシリル化によるアルキルシラン **18** の合成で，活性の高い白金触媒($H_2PtCl_4$)を用いて工業的に実施されている．反応はヒドロシランの白金触媒への酸化的付加に続く，アルケンの挿入でアルキル錯体になり，その還元的脱離で **18** が生成すると説明できる．

## 5・2 共役ジエンおよびアルキンの環化付加反応

無触媒では，共役ジエンとアルケンやアルキンは Diels–Alder 反応で環化するだけである．一方，種々の遷移金属触媒を用いると別の形式の触媒的な環化付加反応が進行し，四員環から六，八，十二員環，場合によってはそれ以上の多種類の環状化合物が合成できるので，多様な造環法を提供する．まず，代表的なブタジエンの環化付加をとり上げる．本章でとり上げる環化反応はいずれも，二重結合，三重結合の酸化的環化 (oxidative cyclization) によりメタラサイクルが生成して進行する．

### 5・2・1 ニッケル触媒を用いるブタジエンの環化付加反応

Ni(0) 錯体を触媒に用いるブタジエンの環化付加反応によって，環状二量体の 1,2-ジビニルシクロブタン (**19**)，4-ビニルシクロヘキセン (**20**) と 1,5-シクロオクタジエン (COD) (**21**)，および環状三量体の 1,5,9-シクロドデカトリエン (1,5,9-CDT) (**22**) が生成する．配位子を選ぶことによって，これらの環状二，三量体のいずれかを高い選択性で得ることができる[2), 3)]．

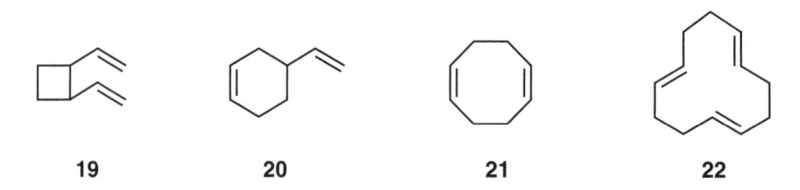

ブタジエンの環化付加は図 5・3 の機構で説明できる．ホスフィンの存在下で，2 分子のブタジエンは Ni(0) に酸化的環化してビス-π-アリル錯体 **23** を生成する．その錯体の構造はメタラサイクル (ニッケラサイクル) **24**, **25**, **26** の平衡系から成り立つと考えられる．

この 3 種のメタラサイクル中間体 **24**, **25**, **26** のそれぞれが還元的脱離すれば，結果として [2+2]，[2+4]，[4+4] 環化付加が起こることになり，環状化合物 **19**, **20**, **21** が生成する．Ni(0) にホスフィンが 1:1 で配位した触媒を用いると，二量体 **19**, **20**, **21** が生成する．特に立体障害の大きいトリ (o-フェニルフェニル) ホスファイト (**27**) が配位した錯体では **19** と **21** が高い選択性で生成する．

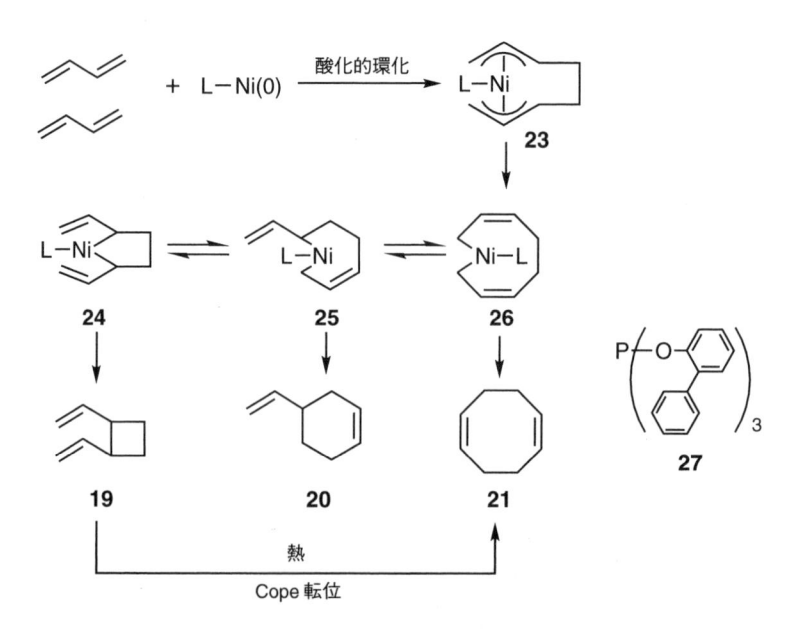

**図 5・3 ブタジエンの環状二量体の生成機構**

## 5・2 共役ジエンおよびアルキンの環化付加反応

1,2-ジビニルシクロブタン(**19**)は Cope 転位で，容易に 1,5-シクロオクタジエン(COD)(**21**)に異性化するので，異性化の起こらない低温でのみ単離できる．PCy₃ の配位した Ni(0)触媒は主として 4-ビニルシクロヘキセン(**20**)を与える．

Ni(cod)₂(**28**)のような Ni(0)錯体は，COD が解離して配位子のない裸のニッケルといわれる活性種となって作用する．**23** の配位子 L として，もう 1 分子のブタジエンが配位した **23a** ではブタジエンの挿入が起こり，三量体のビス-π-アリル錯体 **29a** が生成するが，それはメタラサイクル **29b** とみなせる．それが還元的脱離すれば，結果として[4+4+4]環化付加が起こり，1,5,9-シクロドデカトリエン(**22**)が生成する．適当な触媒と条件を選ぶとさらにブタジエンの挿入が進行し，確認は難しいが，超大員環と考えられるポリブタジエンが生成する．それは合成ゴムとして生産されている．シクロヘキサノンからナイロン 6 が製造されるのと同様に，**22** の水素化，酸化によりシクロデカンからシクロデカノン(**30**)を経てオキシム **31** が得られ，その Beckmann 転位で生成するラクタムを重合させナイロン 12 が製造されている．

これらのニッケル触媒を用いるブタジエンの環化反応は，各種の共役ジエン誘導体に拡張できる．たとえば，COD(**21**)の生成反応の拡張として，置換共役ジエン **32** の分子内[4+4]環化付加で八員環 **33** が合成され，五員環と八員環が結合したタキサンの基本骨格 **34** に誘導されている．

ブタジエンの環状二量化による 1,2-ジビニルシクロブタン(**19**)の生成反応を，イソプレンを用いて行うと，3 種類の異性体 **35**，**36**，**37** の混合物が得られる．この混合物を Cope 転位が起こらないよ

うに低温で単離し，それらの一置換の二重結合部分だけを，Sia$_2$BH(ジシアミルボラン)を用いて選択的にヒドロホウ素化し，その生成物を酸化すると，**35** からジオール **38** が，**36** から不飽和アルコール **39** が生成する．不飽和アルコール **39** はジオール **38** から容易に分離できる．この **39** はグランジソールという名称の昆虫フェロモンであって，それがこのように安価なイソプレンを原料とし，わずか2段階で合成できる．

### 5・2・2 パラジウム触媒を用いるブタジエンの鎖状二量化および求核剤の付加反応

ブタジエンの反応でパラジウム触媒はニッケル触媒と異なる挙動をする．すなわち，Pd(0)–(PPh$_3$)$_n$ 触媒では環化反応は起こらずに，ブタジエンの鎖状二量体の 1,3,7-オクタトリエン(**40**)を与える．これは環化反応ではないので本節でとり上げるのは適切ではないかもしれないが，ブタジエンの関連反応として，比較のためあえてここでとり上げる．とりわけ PPh$_3$ の配位した Pd(0)触媒に特徴的なブタジエンの反応は，水，アルコール，カルボン酸，活性メチレン化合物，アミンなどの求核剤が導入された鎖状二量体 **41** と **42** の生成である[4]．

Nu–H = H$_2$O, ROH, RCO$_2$H, RNH$_2$, CH$_2$(CO$_2$R)$_2$

鎖状二量体の生成はつぎのように説明できる．2分子のブタジエンが Pd(0) と反応すると酸化的環化が起こり，ニッケル錯体 **23** に相当するビス-π-アリルパラジウム錯体 **43** が生成するが，これは **23** と異なり還元的脱離による環化は起こらない．代わりにパラダサイクル **44** で示したように，4位の水素が脱離して **45** となり，その還元的脱離を経て水素が6位に移り，1,3,7-オクタトリエン(**40**)を生成する．さらに **43** はπ-アリルパラジウム錯体の性質として，**44a**, **44b** で示すように種々の求核剤(Nu–H)が1位または3位を攻撃し，同時に6位にプロトン化が起こり，官能基をもつ鎖状二量体 **41** と **42** を生成する．すなわち Nu–H の 1,6- または 3,6- 付加が起こる．

## 5・2 共役ジエンおよびアルキンの環化付加反応

このように，ブタジエンと求核剤との反応によって，二つの二重結合と種々の官能基をもつ有用な二量体 **41**, **42** が合成できる．たとえば，水との反応で，2,7-オクタジエン-1-オールが生成し，その水素化で n-オクタノールが合成できる[5]．水との反応は水溶性ホスフィン **46** を用いて $CO_2$ の存在下で行うのがよい．二つの活性水素をもつマロン酸ジエチルは，4分子のブタジエンと反応して **47** を与えるが，その加水分解，脱炭酸，水素化でジオクチル酢酸 (**48**) が合成できる．ブタジエン以外の共役ジエンは反応性が低く，二量化しない場合が多い．たとえば，1,3-シクロヘプタジエンのような環状共役ジエンは二量化せず，求核剤のアニリンが1,4-付加し，ヒドロアミノ化 (hydroamination) されて **49** を生成する．

アルコール中のブタジエンのカルボニル化は触媒種により異なるエステルを与える．$PPh_3$ を配位子とする $PdCl_2$ を触媒に用いると3-ペンテン酸エチル(**50**)が得られ，一方，$Pd(OAc)_2$ と $PPh_3$ を触媒にすると二量化-カルボニル化が起こり，3,8-ノナジエン酸エチル(**51**)が得られる．**50** の生成では少量存在する HCl の酸化的付加で発生する **52** が触媒活性種と考えられる．**52** では Cl が強くパラジウムに配位しているので，1分子のブタジエンの反応により4配位で飽和の π-メタリルパラジウム **53** となる．ついで CO が挿入し，結果的にはブタジエン：CO の比が1:1のカルボニル化で **50** が生成する．一方，Pd-Cl に比べて解離しやすい $Pd(OAc)_2$ 由来の Pd-OAc 結合をもつ触媒では2分子のブタジエンが配位できるので，二量化した **43** にカルボニル化が起こり **51** を生成する．

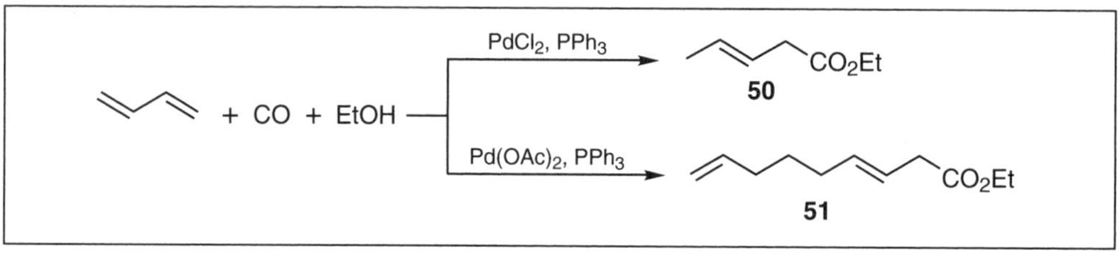

反応機構

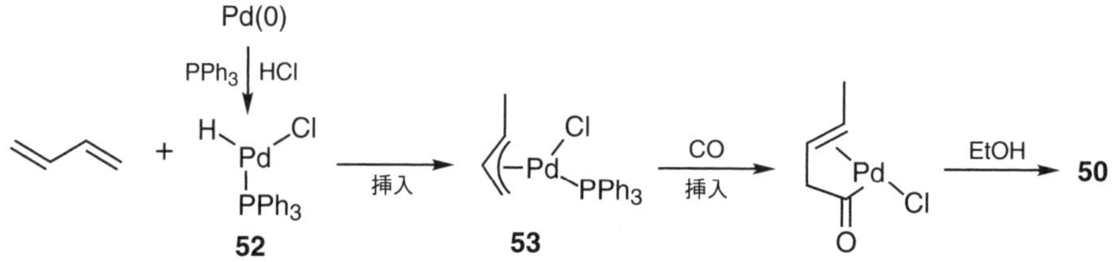

### 5・2・3 アルキンおよびベンザインの環化付加による多環状芳香環の合成

パラジウム，コバルト錯体などを触媒に用いると，アセチレンは三量化してベンゼンに環化する（図5・4）．置換基をもつアルキン類は[2+2+2]環化付加により多置換ベンゼンを生成する．この反応は通常の合成方法では合成し難い各種の置換ベンゼン **54** のみならず，さらに種々の多環状芳香環

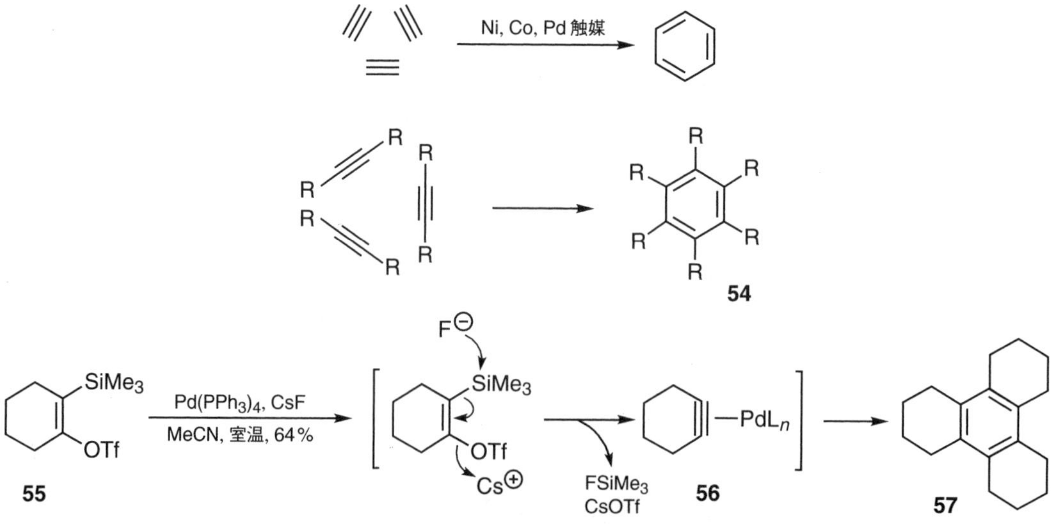

図5・4 アセチレンの環化三量化

## 5・2 共役ジエンおよびアルキンの環化付加反応

の簡単で有用な合成法に拡張できる[6),7)].

アルキンの環化付加の興味ある一例として環状アルキンの三量化がある．2-(トリメチルシリル)シクロヘキセニルトリフラート(**55**)を，Pd(0)触媒の存在下，脱シリル剤のCsFで処理すると，歪が大きくて通常の方法では合成不可能と考えられるシクロヘキシン(**56**)がパラジウムに配位した活性中間体として発生し，ただちに三量化してドデカヒドロトリフェニレン(**57**)を与える(図5・4)．これはシクロヘキシンの三重結合がPd(0)に配位することにより，パラジウムと電子を授受する結果，その三重結合性が減少し分子内の歪が一部解消されるからである．このように分子内の歪が大きくて，通常の条件では合成が困難な環状アルケンやアルキン類を，遷移金属錯体に配位させて二重結合性，三重結合性を減少させ安定化することで合成し，ただちにそれ自体か，または他の不飽和結合と共環化付加させる．この方法は遷移金属錯体触媒ならではの，多種類の環状化合物の有用な合成手段および三重結合の新しい反応を提供する[6)〜10)].

ニッケル触媒によってアセチレンは四量化し，シクロオクタテトラエン(**58**)を生成する．この反応を置換アルキンに拡張しアセチレンカルボン酸メチルの四量化で，八員環のテトラエステル**59**が得られている．

このようなアルキンの環化付加は次の機構で説明できる．まず，2分子のアルキンの酸化的環化でメタラシクロペンタジエン**60**が発生し，それにアルキンが挿入すれば七員環メタラサイクルの**61**になる．それが還元的脱離すればベンゼンが生成する．**61**にさらにアルキンが挿入すると環拡大が起こり，九員環のメタラサイクル**62**となり，それが還元的脱離することでシクロオクタテトラエン(**58**)が生成する．

反応機構

よい合成法になる．アセチレンとベンゾニトリルとの反応で，2-フェニルピリジン (**63**) が得られ，プロピンとアセトニトリルとの反応でトリメチルピリジンの位置異性体 **64a**, **64b** が合成されている．

コバルト触媒を用いる 1,5-ジイン **65** と大過剰のビス(トリメチルシリル)アセチレン (**66**) との分子間共環化付加でベンゾシクロブテン **67** が生成する．それを 180 °C に加熱すると開環しジエン **68** になるが，ただちに分子内 Diels–Alder 反応が進行しステロイド骨格 **69** が形成される．この場合 **66** は立体障害のため，それ自体の三量化によるヘキサ置換ベンゼンを生成しないで，選択的に 1,5-ジイン **65** と分子間で共三量化してベンゾシクロブテン **67** になるのが特徴である．

パラジウム触媒の存在下，トリフラート **70** を CsF で処理すると，1,2-脱離が起こり歪の大きい三重結合をもつベンザイン錯体 (benzyne complex) (**71**) を活性中間体として発生させることができる．それを単離することなく存在するパラジウム触媒の作用で環化付加させ，トリフェニレン (**72**) のような種々の多環状芳香環が合成されている[8] (図 5・5)．

メトキシ基置換体 **73** から発生できる非対称の 3-メトキシベンザイン (**74**) の三量化は，高い位置選択性で進行し，トリメトキシトリフェニレン **78** と **79** を 93：7 の比で与える．この反応の経路を

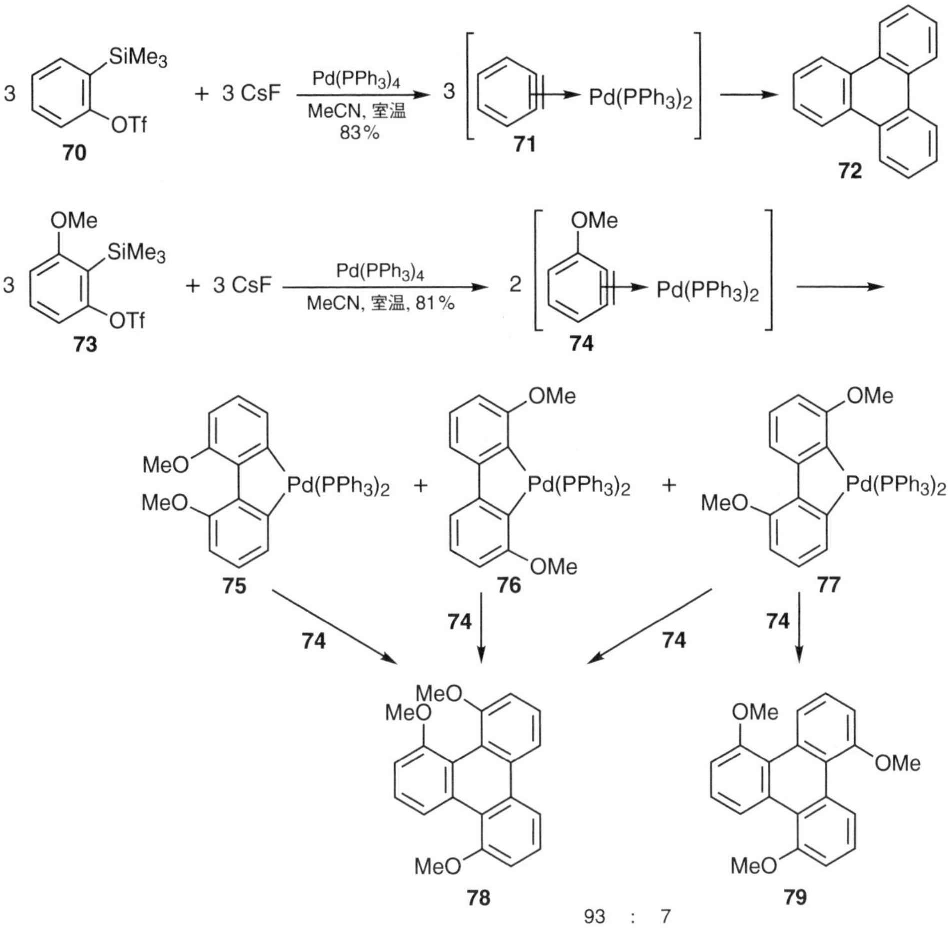

5・2 共役ジエンおよびアルキンの環化付加反応　　143

図5・5　ベンザイン中間体の三量化

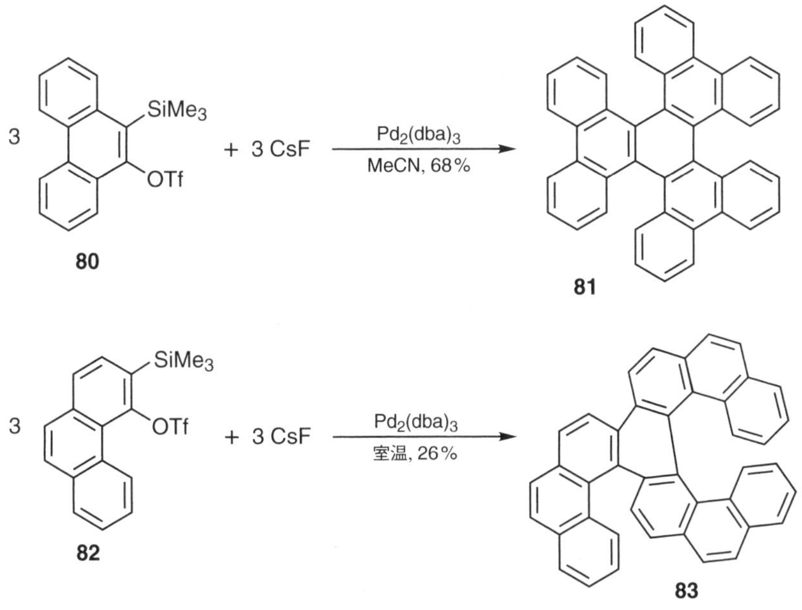

図5・6　ベンザインの環化付加による多環状芳香環の合成

わかりやすく説明すると，2 分子の 3-メトキシベンザイン(**74**)の酸化的環化により，**60** に相当するパラダサイクル **75**, **76**, **77** が発生する．それらがベンザイン **74** と反応すれば，**75**, **76**, **77** から主生成物として **78** を，また **77** からのみ少量生成物 **79** を生成すると考えられる．

ベンザインの三量化をさらに拡張すると，他の方法では合成困難な多環状芳香環の簡単で優れた合成法になる(図 5・6)．たとえば，フェナントレン誘導体 **80** や **82** からは，ヘキサベンゾ[*a*,*c*,*g*,*i*,*m*,*o*]

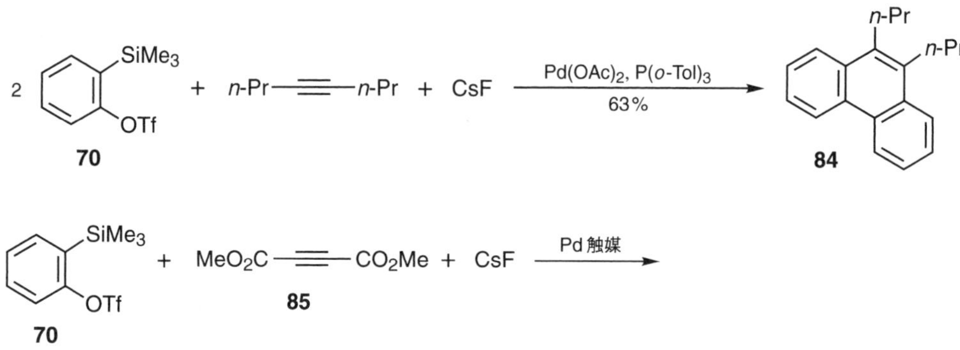


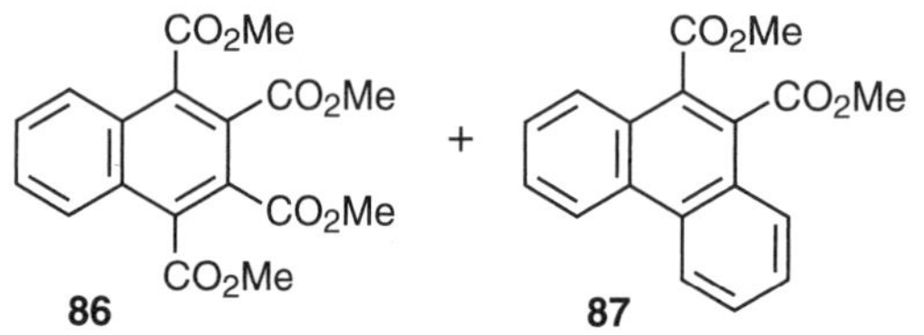


| Pd 触媒 | **86** | **87** |
|---|---|---|
| $Pd(PPh_3)_4$ | 7 % | 84 % |
| $Pd_2(dba)_3$ | 83 % | 10 % |

図 5・7　ベンザインとアルキンの共環化付加反応（1）

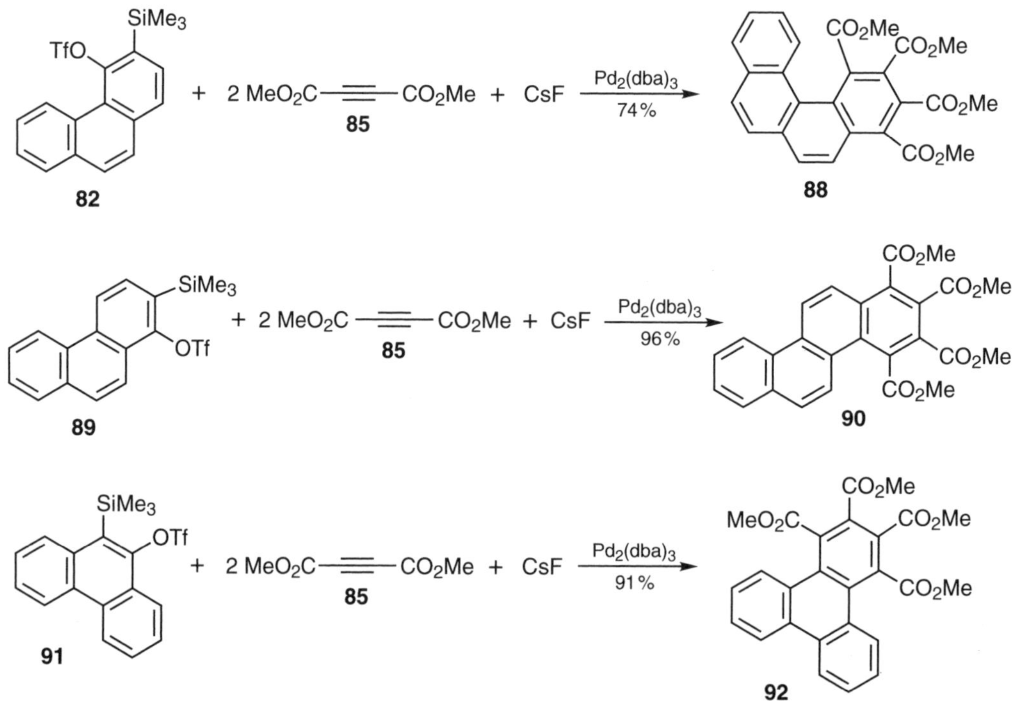


図 5・8　ベンザインとアルキンの共環化付加反応（2）

## 5・2 共役ジエンおよびアルキンの環化付加反応

トリフェニレン(**81**)や**83**が得られる。このようにベンザインの環化付加は、さらに多くの多環状芳香環合成の可能性をもっている。

ベンザイン(**71**)と内部アルキンとの2:1の共環化付加によって、フェナントレン誘導体**84**が生成し、アセチレンジカルボン酸エステル(**85**)との1:2の共環化付加ではナフタレン誘導体**86**やフェナントレン誘導体**87**が、触媒種を選ぶことにより高い選択性で合成できる(図5・7)。

3種類のフェナントレン誘導体**82**, **89**, **91**から誘導されるベンザインと、**85**とを1:2で共環化付加させることにより、**88**, **90**, **92**が合成されている(図5・8)。

このように、パラジウム触媒を用いる置換アルキンの新しい環化付加により、種々の芳香環が合成できるようになった。さらに共役エンインの[4+2]環化付加も起こるので、その反応によってアルケニル、アルキニル置換芳香族化合物が合成できる[7), 9)]。エニン**93**の2分子の位置選択的な[4+2]環化付加(図5・9)では、アニソール誘導体**94**が生成し**95**に変換できる。この反応では**96**で示すように、エニンと三重結合とが位置選択的に[4+2]環化しHが転位して、パラ置換体**94**を与えると考えられる。**97**を経て生成する可能性のあるメタ置換アニソール**98**は生成しない。

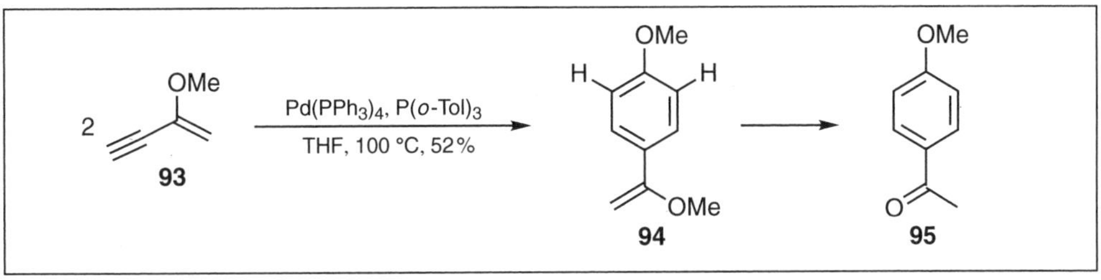

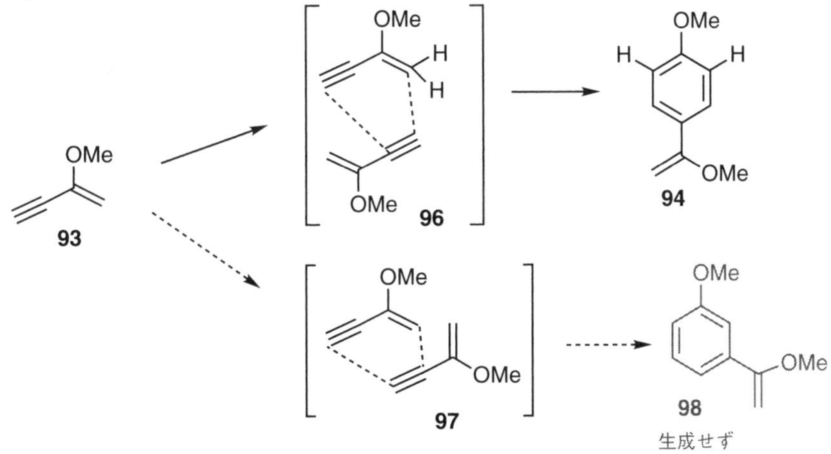

図5・9 1,3-エンインの環化付加

3-アミノエニン**99**と共役ジイン**100**との共環化付加は、**102**で示すような位置選択性で進行し、パラアルキニル置換アニリン誘導体**101**を与える。**103**のような位置選択性で生成する可能性のあるメタ置換体**104**は生成しない(図5・10)。

この反応を大環状エニン**105**と大環状共役ジイン**106**に拡張することで、15, 16員環をもつメタシクロファン**107**が72%という高い収率で得られている(図5・11)。エニン部分と共役ジイン部分をもつ不飽和エステル**108**の分子内[4+2]環化で、フタリド**109**が合成されている。

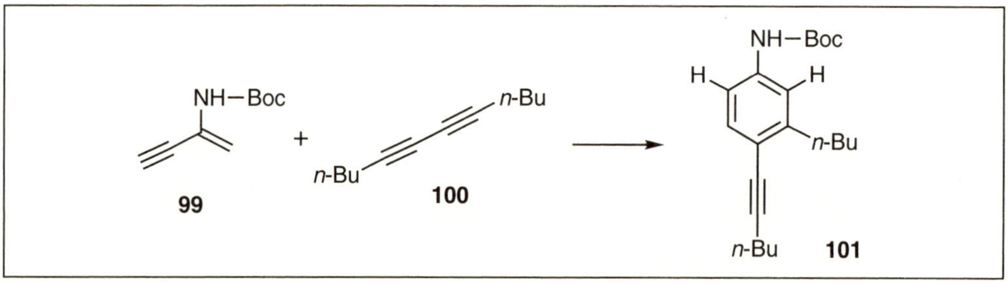

反応経路

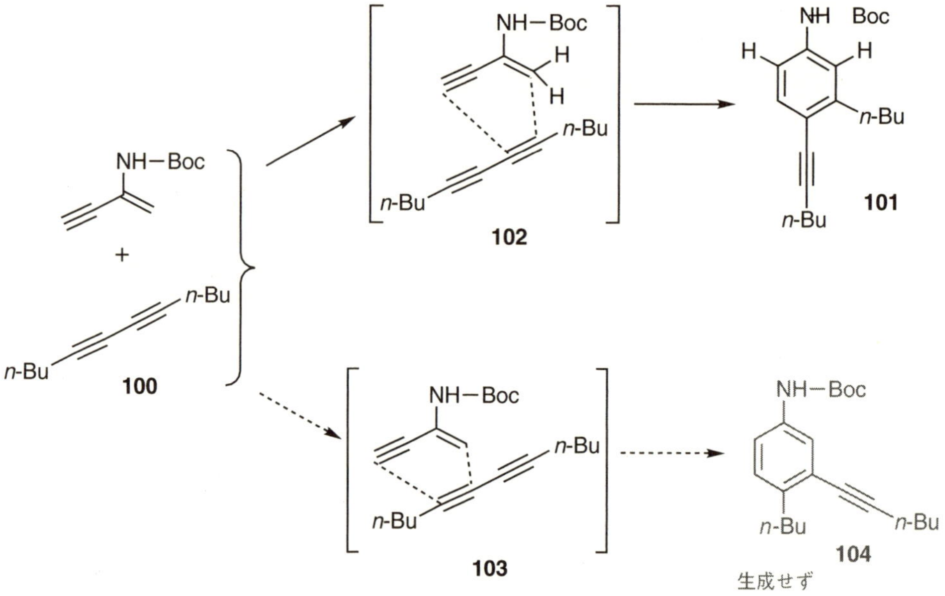

生成せず

図5・10　共役エンインと共役ジインの共環化付加

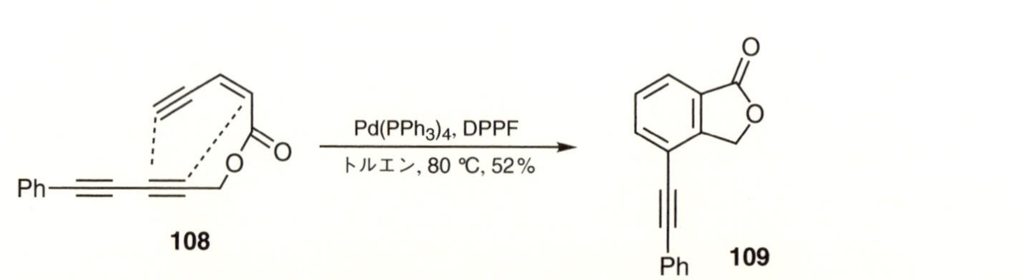

図5・11　環状共役エンインと共役ジインの環化付加

## 参考になる総説

1) I. Ojima, C. Y. Tsai, M. Tzamarioudaki, D. Bonafoux, "The Hydroformylation", *Org. React.*, **56**, 1 (2000).
2) K. Fischer, K. Jonas, P. Misbach, R. Stabba, G. Wilke, "The Nickel Effect", *Angew. Chem. Int. Ed. Engl.*, **12**, 943 (1973).
3) P. Heimbach, "Cyclooligomerization with Transition Metal Catalysts", *Angew. Chem. Int. Ed. Engl.*, **12**, 975 (1973).
4) J. Tsuji, "Addition Reactions of Butadiene Catalyzed by Palladium Complexes", *Acc. Chem. Res.*, **6**, 8 (1973).
5) 吉村典昭, 時任康雄, 松本光郎, 田村益彦, "貴金属錯体触媒による1-オクタノールおよびジオール類の新規製造法", 日本化学会誌, 119 (1993).
6) 磯部 稔, 吉良和信, "アセチレンコバルト錯体を利用した化学合成", 有機合成化学協会誌, **58**, 23 および 99 (2000).
7) 斉藤慎一, 山本嘉則, "共役エンインを用いる新規芳香環構築反応", 有機合成化学協会誌, **59**, 346 (2001); S. Saito, Y. Yamamoto, "Recent Advances in the Transition Metal Catalyzed Regioselective Approaches to Polysubstitued Benzene Derivatives", *Chem. Rev.*, **100**, 2901 (2000).
8) H. Pellissier, M. Santelli, "The Use of Arynes in Organic Synthesis", Tetrahedron Report 629, *Tetrahedron*, **59**, 701 (2003).
9) 白川英二, "遷移金属触媒を用いる炭素-炭素不飽和結合のカルボスタニリル化に関する研究", 有機合成化学協会誌, **62**, 616 (2004).
10) 山本芳彦, "2価ルテニウム錯体触媒を用いるアルキン類の環化三量化反応", 有機合成化学協会誌, **63**, 112 (2005).

# 索　引

## 欧　文

(1,5,9-CDT)　136
9-BBN　50, 52
Ar-OTf　8, 30, 43, 49, 53, 60
BICHEP　116
BINAP　6, 38, 66, 70, 75, 76, 115, 116, 122, 127
BisP　116
(Bpin)$_2$　54, 55
CAMP　115, 116
Co$_2$(CO)$_8$　133
COD　50, 136
Cr(CO)$_3$　124
Cs$_2$CO$_3$　63〜65, 67, 72, 74
CsF　55, 141, 143, 144
Cu(OAc)$_2$　78
CuCl　27, 81, 85
CuCl$_2$　27, 78, 83, 85
CuI　58
DABCO　75
DBA　33
DIOP　115, 116
DIPAMP　115, 116
DPEPHOS　6, 72
DPPB　6, 76
DPPE　6, 75
DPPF　42, 50, 51, 70
DPPP　43, 50, 75
DuPHOS　115, 116
H-Co(CO)$_4$　5, 134
H$_2$PtCl$_4$　135
HSiCl$_3$　75
HSiR$_3$　61
HSn($n$-Bu)$_3$　17, 59, 63
KN(TMS)$_2$　66
KOSiMe$_3$　57
LiN(TMS)$_2$　66
Mo(CO)$_6$　3, 109
MOP　50, 72, 76
$n$-Bu$_4$NF　56
$n$-PBu$_3$　61
NH$_2$(CH$_2$)$_2$NH$_2$　125, 127
Ni(CO)$_4$　1, 3, 134
Ni(cod)$_2$　3, 137
NiCl$_2$(dppe)　75
NiCl$_2$(dppp)　49
P($n$-Bu)$_3$　5, 33, 61
P($o$-Tol)$_3$　5, 34, 70, 144, 145
P($t$-Bu)$_2$Me　51, 56
P($t$-Bu)$_3$　5, 32, 34, 53, 55, 58, 63, 65, 70

PCy$_3$　5, 49〜51, 137
PdCl$_2$　18, 27, 78, 81, 85, 140
PdCl$_2$(dppf)　49, 51, 54
PdCl$_2$(dppp)　49
PdCl$_2$(MeCN)$_2$　83
PdCl$_2$(mop)　49
PdCl$_2$(PhCN)$_2$　42, 59
PdCl$_2$(PPh$_3$)　33
PdCl$_2$(PPh$_3$)$_2$　3, 58, 60, 65, 133
Pd(dba)$_2$　26, 33, 64, 66
Pd(dppe)$_2$　68
Pd(OAc)$_2$　26, 28, 32, 42, 44, 49, 52, 57, 64, 66, 71, 73, 74, 77, 78, 80, 82, 139, 140, 144
Pd(PPh$_3$)$_4$　1, 3, 8, 26, 31, 33, 37, 46, 53, 59, 60, 76, 139, 140, 143〜146
Pd(PPh$_3$)$_5$　3
Pd$_2$(dba)$_3$　33, 41, 55, 61, 67, 69, 70, 75, 143, 144
Ph$_2$PH　74
PHOX　69
PhPH$_2$　74
PMe$_3$　5
POPd　7
POPd1　7
Rh-($R$)-bichep　122
RhCl(CO)(PPh$_3$)$_2$　46, 47, 114
RhCl(PPh$_3$)$_3$　4, 13, 47, 113
($R$)-BICHEP　122
($R$)-SEGPHOS　130
($R$)-TolBINAP　121, 122
($R,R$)-BisP　119
($R,R$)-DIOP　116
($R,R$)-DIPAMP(L-21)　115
($R,R$)-Me-BPE　119
Ru(CF$_3$CO$_2$)$_2$[($R$)-binap]　122
Ru(CF$_3$CO$_2$)$_2$[($S$)-binap]　122
Ru(OAc)$_2$[($R$)-tolbinap]　121, 123
Ru(OAc)$_2$[($S$)-binap]　122
RuBr$_2$[($S$)-binap]　130
RuCl$_2$(PPh$_3$)$_3$　113, 125, 127
RuCl$_2$[($R$)-binap]　129
RuCl$_2$[($S$)-binap]　123
RuCl$_2$[($R$)-segphos]　130
RuCl$_2$(tolbinap)　128
SEGPHOS　116
Sia$_2$BH　138
($S$)-BINAP　130
($S$)-DOPA[L-DOPA]　115, 116
($S,S$)-DPEN　128
$t$-BuOH　73
$t$-BuONa　63, 70, 73
TBAF　56
TolBINAP　64, 65, 128
XANTPHOS　6

## あ, い

アクリル酸メチル　32, 34, 135
亜硝酸エステル　34, 86
アシル錯体　13
アシルパラジウム　14, 35, 44, 46
アセチルアセトン　130
($Z$)-$N$-アセチルアミノケイ皮酸　115
($R$)-$N$-アセチルフェニルアラニン　115
アセチレン　142
　──の環化三量化　140
アセチレンカルボン酸エステル　58, 85
アセチレンカルボン酸オルトエステル　58
アセチレンカルボン酸メチル　141
アセチレンジカルボン酸エステル　145
アセトアルデヒド　81
アセトキシパラジウム化　81, 82
アセトキシベンゼン　84
アセト酢酸エチル　130
アセト酢酸メチル　121
アセトニトリル　142
アセトフェノン　11, 18, 125, 128
アニオン性配位子　126
アニソール誘導体　145
アニリン　72
アミド錯体　125, 128
3-アミノエンイン　145
アミノ化合物
　──の$N$-アリール化　70
アミノ化反応　27
$\beta$-アミノクロトン酸メチル　121
$\beta$-アミノ酸メチル　121
アミン錯体　125
$\alpha$-アリール-$\alpha$-アミノ酸エステル　66
アリール-アリールカップリング　53
アリールエーテル　73
アリール化
　アルコールの──　73
　カルボニル化合物の──　63
　フェノールの──　73
　リン求核剤の──　74
アリール錯体
　──へのアルキンの挿入　13
アリールトリフラート(Ar-OTf)　8, 30, 34, 38, 43, 60, 72, 142
アリール-$t$-ブチルエーテル　73

索　引

アリールボロン酸エステル　54
アリルアミン　36
α-アリルケトン　67, 69
π-アリル錯体アルキンの分子内挿入　40
2-アリルシクロヘキサノン　81
π-アリルパラジウム　22, 61
π-アリルパラジウムエノラート　67
π-アリルパラジウム錯体　19, 30, 35, 36, 138
　　──とマロン酸エステル　19
アリルフェニルケトン　56
アリルベンゼン　94
アルキニル銅　58
アルキルアリールエーテル　73
アルキル-アルキルカップリング　52
1-アルキン
　　──のアリール化　57
　　──のアルケニル化　57
アルキン
　　──の環化付加反応　136
　　──の挿入　13
アルキンメタセシス　108
アルケニル錯体　38
アルケニルジメチルシラノール　57
アルケニルホウ素化合物　53
アルケニルボラン　52
アルケン　100
　　──の挿入　13
　　──の不斉水素化　115
アルケンメタセシス反応　90
アルコール
　　──のアリール化　73
　　──の酸化　64
アルデヒド　41, 44, 133
　　──の脱カルボニル　13, 46
アレーンジアゾニウム塩　30, 44
アレン誘導体　36
安息香酸　42
安定化配位子　4

イコサン　51
(R)-イソキノリン誘導体　121
イソニトリル　4
イソプレン　137
イタコン酸　122
位置選択的水素化分解　61, 63
1価アニオン性配位子　2, 4
E2 反応　16
(S)-イブプロフェン　121
イブプロフェン誘導体　65
インドールアルカロイド　38
インドール類　40

う〜お

Wilkinson 錯体　3, 13, 47, 113

エイコサン　51
エキソ形の閉環　103
p-エチニルアニソール　58
エチルビニルエーテル　95
2-エチルヘキサノール　133

エチレン　34, 80, 96, 100, 102, 106
エチレングリコールモノエステル　79
エナンチオ過剰率　38
エナンチオトピック面　38, 117〜119
N-アリール化
　　アミノ化合物の──　70
エノールトリフラート　30, 34, 42
エノールホスファート　30, 56
エストロン　142
エンイン　59, 103
　　──の環化　10
　　──の還化付加　145
1,5-エンイン　105
1,6-エンイン　10
1,8-エンイン　105
エンインのメタセシス　102, 104
塩化アシル　46
　　──の脱カルボニル　13, 46
塩化アリール類　53
塩化 p-クロロベンゾイル　46
塩化ゲラニル　45
塩化フェニルアセチル　47
塩化 p-ブロモベンゾイル　35
塩化ベンゾイル　13, 45
エンジイン (endiyne)　59
円錐角 (cone angle)　5
エンテロラクトン　60
エンド形　106
エンド形の閉環　103

オキシパラジウム化 (oxypalladation)　79, 80
2,7-オクタジエン-1-オール　139
1,3,7-オクタトリエン　138
n-オクタノール　139
1-オクテン　51, 126
オルトメタル化　9

か

開環閉環メタセシス　100, 101
開環メタセシス　101
加エチレン分解 (ethenolysis)　97
カスケード (cascade)　14
(R)-カルニチン　130
カルバサイクリン　124
カルバペネム　131
カルバミン酸アリル　63
カルビン (carbyne) 錯体　108
カルベン　3, 65, 72
カルベン錯体 (carbene complex)　89
カルベン配位子　5, 7, 34
カルボニル化　26, 31, 63, 85, 140
カルボニル化反応　13, 41〜45
カルボニル錯体　13
カルボパラジウム化　13, 19, 83, 85
カルボメタル化　13
カルボン　113
環化　10, 51
環化付加 (cycloaddition)　91, 137, 140, 145
　　アルキンの──　136
　　共役ジエンの──　136

還元的脱離 (reductive elimination)　6, 11
環状共役エンイン　146
含窒素ヘテロ環カルベン　4
gambierol　99
関与配位子　4

き

ギ酸アリル　63
XANTPHOS　6
ギ酸の Et₃N 塩　59〜63
ギ酸パラジウム　59, 61
ギ酸ミルテニル　61
擬ハロゲン化物　8, 22, 25, 30, 63
　　──のカルボニル化反応　42
　　──の水素化分解　59
逆供与 (back donation)　2
Carroll 転位　67
CAMP　115
求核剤の 1,2-付加　79
求核置換　31
　　──Pd(0) を用いる　27
共環化付加　141, 145
共酸化剤　26
共役エンイン　145
共役酸の pKa　5
共役ジイン
　　──の環化付加　146
共役ジエン　53, 102, 106
　　──の環化付加　136, 146
　　──の立体選択的合成　52
　　──の合成　34
　　──の水素化　123
供与性結合　126
極性求電子剤　8
キレート効果　6, 10
金属交換　16

く〜こ

Grubbs 触媒　3, 90, 99
グランジソール　138
グリコールモノエステル　80, 83
Grignard 反応　21, 22
Grignard 反応剤
　　──とのクロスカップリング　17, 49
　　──と芳香族ハロゲン化物　17
　　──の生成　7
o-クレゾール　73
クロスカップリング (cross-coupling)　16, 31, 47, 55
　　──の可能性　48
　　──Pd(0) を用いる　27
　　ケイ素化合物の──　57
クロスメタセシス　92, 95, 102, 109
クロトンアルデヒド　96
クロメン誘導体　100
γ-クロロアセト酢酸エチル　130
p-クロロアニソール　34, 58, 65

# 索 引

2-クロロピリジン 42
p-クロロフェノール 56
1-クロロヘキサン 50

ケイ皮アルデヒド 47
ケイ皮酸エステル 13, 32, 83
ケテンシリルアセタール 70
β-ケト酸のアリル形エステル 67
β-ケト酸エステル 45, 63
ケトン 41, 44
　——の水素化 124
　——の不斉水素化 127
ゲラニオール 122

光学活性のジエンイン 108
交差カップリング
　→クロスカップリングを見よ
小杉-右田-Stille 反応 26, 27, 55
コハク酸誘導体 85
コバルトカルボニル 133
コバルトヒドリド錯体 5, 133
Cope 転位 97, 137

## さ

酢酸アリル 83
酢酸の工業的製法 43
酢酸ビニル 28, 79, 80
酢酸 t-ブチル 65
サリチルアルデヒド 46
酸化数 (oxidation number) 2
酸化的カルボニル化 85
酸化的環化 (oxidative cyclization) 10, 136
酸化的付加 (oxidative addition) 6, 32
　ハロゲン化物の—— 29
酸化ホスフィン 74
三置換アルケン 96

## し

ジアステレオ選択性 130
ジアステレオ選択的 123
ジアステレオ選択的水素化 127
ジアステレオマー (diastereomer) 117, 130
ジアステレオマー過剰率 127
ジアゾニウム塩 8, 22, 34, 44
シアノ酢酸-t-ブチル 65
1,2-ジアミノエタン 125〜127
ジアリールエーテル 73
N,N'-ジアリルジアミド 101
ジイン
　——の環化 10
1,5-ジイン 142
1,6-ジイン 10
ジイン閉環メタセシス 109
ジェミナル二置換アルケン 96
ジエン
　——の環化 10
α,ω-ジエン 93, 97, 98

1,3-ジエン 108, 123
1,5-ジエン 97
1,6-ジエン 98
1,7-ジエン 98
ジエンイン 39, 108
　——の分子内メタセシス 107
ジオクチル酢酸 139
軸不斉配位子 117
σ 電子供与性 5
シクロオクタジエン (COD) 83, 97
1,5-シクロオクタジエン (COD) 136, 137
シクロオクタジエン錯体 18
　——とマロン酸エステル 18
シクロオクタテトラエン 141
1,5,9-シクロドデカトリエン 136, 137
シクロドデカノン 137
シクロブテン 104
1,3-シクロヘキサジエン 36
シクロヘキサノン 64, 65, 124, 125
シクロヘキシン 141
シクロヘキセン 83
1,3-シクロヘプタジエン 139
シクロヘプテン 100
シクロペンタジエン 67
1,3-シクロペンタンジオン 65
シクロペンテン 94
(Z)-1,2-ジクロロエチレン 59
o-ジクロロベンゼン 49
ジケテン 123
ジシアミルボラン 138
2-ジシクロヘキシルビフェニル ホスフィン 56
ジシクロペンタジエン 95
支持配位子 4
シス-カルボパラジウム化 38
シス-ジエチル錯体 12
シス-デカリン環 61
(R)-シトロネロール 122
ジヒドリド (dihydride) 機構 114
ジヒドロピロール 98
1,2-ジビニルシクロブタン 136, 137
ジフェニルアセチレン 109
1,2-ジフェニルエチレンジアミン (DPEN) 127
1,4-ジフェニル-2-ブテン 94
ジフェニルホスフィン 74, 76
ジフェニルホスフィンオキシド 74
ジフェニルホスフィン酸メチル 76
ジ-t-ブチル亜ホスフィン酸 7, 32
2-ジ-t-ブチルビフェニルホスフィン 73
1,2-ジ-n-ブチルベンゼン 49
1,1-ジブロモアルケン 60
ジボロン酸ピナコールエステル 55
N,N-ジメチルアミノビナフチル ホスフィン 73, 74
2-N,N-ジメチルアミノビフェニル ホスフィン類 65
ジメチルインドール 40
N,N-ジメチルベンジルアミン 9
4,6-ジメチル-2-ヨードピリミジン 50
臭化ゲラニル 49
シュウ酸ジメチル 85

18 電子則 2
16 電子の錯体 3
Schrock 触媒 89, 90, 99
触媒サイクルの成立 20
シリカ担持のパラジウム触媒 82
シリルエノールエーテル 69
シン (syn) 脱離 38

## す〜そ

水素化
　ケトンの—— 124
水素化分解 (hydrogenolysis) 59
鈴木-宮浦反応 26, 27, 50, 53
スチルベン 28, 83
スチルベン誘導体 34
スチレン 34, 47, 83
(−) stemoamide 105
ステロイド骨格 142
ステロイド誘導体 42
ストリキニン 37, 38
スルホニルニトロメタン 69

生産的シクロブタン 92
生分解性ポリエステル 123
(R)-SEGPHOS 116, 130

挿入 (insertion) 6
　アルキンの—— 38
　アルケンの—— 32
　アルケンの α, β —— 13
　CO の α, α —— 13
　ジエンの—— 32
　連続—— 14
　不飽和結合の—— 12
速度論的分割 (kinetic resolution) 123
速度論的要因
　——による不斉水素化 118
薗頭-萩原反応 57〜59
薗頭反応 38
ソルビン酸メチル 124

## た

第一世代の Grubbs 触媒 90
大員ラクトン類 99
DIOP 115, 116
大環状アルキン 109
大環状エンイン 145
大環状共役ジイン 145
DIPAMP 115, 116
多環状芳香環 140
タキサン 137
タキソール 61, 81
タキソール誘導体 38
多重結合
　——の酸化的環化 10
脱カルボニル 8, 13, 30, 113
玉尾-熊田-Corriu 反応 17, 47, 49
単座配位子 (monodentate ligand) 6
炭酸アリルエステル 67, 68

# 索引

炭酸アリルエチル　43
炭酸アリルメチル　30
炭酸ジメチル　85
タンデム(tandem)　14

## ち～て

β-置換カルボン酸誘導体　85
2-置換ブタジエン　103
Ziegler 触媒　15
中性配位子　2, 4

辻-Trost 反応　19, 26, 27, 30, 67

d 電子数　3
DPPF　146
Diels-Alder 反応　38, 142
デカリン環　61
(R)-テトラヒドロパパベリン　121
デヒドロアミノ酸　116
DPEPHOS　6, 72
DuPHOS　115, 116
δ 水素脱離　35
電子求引性配位子　2, 5
電子供与性　2, 5
電子数 16 の錯体　3
電子数 18 の錯体　3

## と

動的速度論分割(dynamic kinetic resolution)　130
渡環反応(transannular reaction)　19
ドデカヒドロトリフェニレン　141
(S)-DOPA[L-DOPA]　116
ドミノ反応　14, 39, 100
トランス-ジエチル錯体　12
トランス-デカリン環　61
トランスメタル化(transmetalation)　6, 16, 47
トリオレフィンプロセス　93, 94
トリクロロトリヨードベンゼン　58
トリ(o-フェニルフェニル)ホスファイト　136
トリフェニレン　142, 145
トリフラート
　　――のカルボニル化　43
トリフリルホスフィン　40
トリフルオロ酢酸アリル　56
トリフルオロ酢酸パラジウム　56
トリフルオロメタンスルホン酸　8
トリフルオロメタンスルホン酸アリール　30
2,4,4-トリメチル-2-シクロヘキセノン　129
2-トリメチルシリルシクロヘキセニルトリフラート　141
トリメチルピリジン　142
トリメトキシトリフェニレン　142
TolBINAP　64, 65, 128
(R)-TolBINAP　121, 122

## な行

ナイロン 12　137
nakadomarin A　99
ナプロキセン誘導体　65

二座配位子　12, 115
二座ホスフィン(bidentate phosphine)　6
　　――の配位挟角　6
二置換共役ジエン　103
ニッケラサイクル(nickelacycle)　10, 136
ニッケルカルボニル　1
ニッケル触媒　136
ニトリル　141
ニトロアルカン　67
ニトロ酢酸エチル　67
ニトロスチレン　113

ネオメントール　129
根岸反応　50
熱力学的要因
　　――による不斉水素化　119
ネロール　122

3,8-ノナジエン酸エチル　140
ノルボルネン　94

## は

配位挟角(bite angle)　6
配位子
　　――への求核攻撃　6, 18
配位子置換反応　6
配位数(coordination number)　2
配位的に不飽和　4, 8
配位的に飽和　3
BICHEP　116
(R)-BICHEP(L-30)　122
BINAP　6, 66, 70, 75, 76, 115, 116, 127
(S)-BINAP　130
白金触媒　135
パラジウムエノラート　69
パラジウム化(palladation)　79
パラジウム(II)化合物　78
Pd(II)化合物の酸化反応　25, 79
Pd(0)錯体
　　――とブタジエン　138～140
　　――の触媒反応　25, 29, 31
　　――へのアルケンの挿入　32
　　――へのジエンの挿入　32
パラダサイクル(palladacycle)　10, 40, 138, 144
パラダシクロペンタジエン　10
ハロゲン化アシル　22
ハロゲン化アリール　64
　　――の鈴木-宮浦カップリング　54
ハロゲン化アリールの反応　31
ハロゲン化物
　　――のカルボニル化反応　42

## ひ

非関与配位子　4
ビシクロ環　19
ビシクロパラダシクロペンタジエン　10
ビシクロパラダシクロペンタン　10
ビシクロパラダシクロペンテン　10
ビス(トリメチルシリル)アセチレン　142
ビス-π-アリルパラジウム錯体　138
BisP　116
非生産的シクロブタン　92
非対称アルキン　109
ヒドリド　4, 126
ヒドリド錯体
　　――の生成　9
　　――へのアルケンの挿入　13
ヒドロアミノ化(hydro amination)　139
ヒドロエステル化　134
ヒドロカルボニル化　133
α-ヒドロキシアセトン　130
α-ヒドロキシビタミンD　38
(R)-3-ヒドロキシブタン酸エチル　130
ヒドロシラン　44
ヒドロシリル化　135
ヒドロホウ素化
　　――立体選択的　52
　　――カップリング法　51
ヒドロホルミル化(hydroformylation)　133
ヒドロメタル化　13, 135
(R)-BINAP　38
ビナフトールビストリフラート　76
ビニルカルベン錯体　103, 104, 106, 108
4-ビニルシクロヘキセン　136, 137
α-ピネン　61
β-ピネン　61
ビフェニル　28, 84
ビフェニルテトラカルボン酸　84
檜山反応　56, 57
ピリジン誘導体　141

## ふ

フェナントレン誘導体　144, 145
フェニル化　76
フェニルデカン　56
フェニルトリメトキシシラン　56
2-フェニルピリジン　142
フェニルホスフィン　75
フェニルホスフィン酸メチル　76, 77
フェニルホスホン酸ジメチル　76
フェニルボロン酸　53, 55
フェノール　46, 73, 84
　　――のアリール化　73
フェノール類　42
フェロセン　3
PHOX　69

# 索 引

藤原反応　83
不斉アリル化　69
不斉水素化(asymmetric hydrogenation)
　　　　　115, 117
　アルケンの——　115
　ケトンの——　124
ブタジエン　136, 139
n-ブタノール　133
フタリド　145
フタル酸エステル　84
(R,R)-2,3-ブタンジオール　130
2,3-ブタンジオン　130
4-t-ブチルシクロヘキサノン　127
t-ブチルペルオキシド　83
1-ブテン　16
2-ブテン　92, 94
α,ω-不飽和エステル分子内メタセシス
　　　　　99
α,β-不飽和カルボン酸　42, 134
β,γ-不飽和カルボン酸　42
α,β-不飽和カルボン酸誘導体　85
不飽和結合
　——の挿入　12
α,β-不飽和ケトン　65
3-フリルスズ化合物　45
プロキラル(prochiral)　113, 115, 117,
　　　　　118
プロキラルなケトン　127
プロスタグランジン$E_2$-1,15-ラクトン
　　　　　110
2-プロパノール　125
1,2-プロパンジオール　130
プロピオフェノン　65
プロピオン酸 t-ブチル　65
(Z)-1-ブロモアルケン　60
p-ブロモクロロベンゼン　55
p-ブロモケイ皮酸メチル　34
α-ブロモ-β-ケトホスホン酸エステル
　　　　　130
1-ブロモデカン　56
β-ブロモナフタレン　65
(1R,2S)-α-ブロモ-β-ヒドロキシ
　プロピルホスホン酸エステル　130
p-ブロモヨードベンゼン　33
分子内メタセシス　93
　——ジエンインの——　107

## へ

閉環メタセシス　99, 103, 106
　ポリエンインの——　108
　末端ジエンの——　98
ヘキサベンゾ[a,c,g,i,m,o]トリフェニ
　レン　144
n-ヘキシルベンゼン　50
3-ヘキセン　91, 92
(Z)-3-ヘキセン酸メチル　124
β水素脱離(β-hydrogen elimination)
　　　　　6, 13, 15, 20
β ヒドリド脱離(β-hydride elimination)
　　　　　15
Heck 反応
　——→溝呂木-Heck 反応を見よ

ヘテロ環カルベン　32
1,6-ヘプタジエン　10
ヘプタナール　126
ベンザイン　1, 144, 145
　——による多環状芳香環合成　143
ベンザイン錯体　1, 142
ベンザイン中間体
　——の三量化　143
ベンゼンジアゾニウム塩　34, 42
ベンゼントリカルボニルクロム　123
β-N-ベンゾイルアミノメチルアセト
　　　酢酸メチル　131
ベンゾイルメチルパラジウム錯体　11
ベンゾキノン　78, 83, 85
ベンゾシクロブテン　142
ベンゾチアゾール　40
ベンゾニトリル　142
ベンゾフラン　40
(R,R)-2,4-ペンタンジオール　130
2-ペンテン　92
3-ペンテン酸エチル　140

## ほ

芳香族アミン　70
芳香族アルデヒド　44
芳香族カルボン酸エステル　42
芳香族求核置換　32
ホウ酸トリメチル　53
ホスフィン　5, 74
　——の円錐角　5
ホスフィン錯体　1
ホスフィン酸メチル　76, 77
ホスフィン類似物(phosphine mimic)
　　　　　5
ホスホマイシン　130
ホスホン酸ジメチル　76
Pauson-Khand 反応　10
ホモメタセシス　91, 92, 102, 108
9-ボラビシクロ[3.3.1]ノナン　50
ポリエチレン
　——の生成　15
ポリエンイン
　——の閉環メタセシス　108
ポリ環状エーテル　99
ボロン酸ピナコールエステル　50

## ま 行

末端ジエン
　——の閉環メタセシス　98
Markovnikov 則　81
マロン酸エステル　9, 26, 63, 83
マロン酸エステル
　——とπ-アリルパラジウム錯体
　　　　　19
　——とシクロオクタジエン錯体　18
　——のアリル化　26
マロン酸ジアリル　68
マロン酸ジエチル　139
マロン酸ジ-t-ブチル　65

溝呂木-Heck 反応　7, 13, 26, 31, 32,
　　　　　38, 84
　アリルアルコール類の——　35
　共役ジエンの——　36
　分子内——　37
　アレンの——　36
メタクリル酸エステル　135
メタクリル酸メチル　96
メタシクロファン　145
メタセシス重合　94, 98
メタラサイクル　10, 91, 137, 141
メタラシクロブタジエン　108
メタラシクロブタン　91
メタラシクロブテン　104, 108
メタラシクロペンタジエン　141
メタリルアルコール　35
メチルアセチレン　135, 142
1β-メチルカルバペネム　72
1β-メチルカルバペネム前駆体　122
メチルケトン　81
(S)-メチルコハク酸　122
2-メチルシクロヘキサノン　127
3-メチル-2-シクロヘキセン-1-
　　　　オール　123
β-メチルブチロラクトン　123
p-メトキシアニリン　34
p-メトキシケイ皮酸　34
3-メトキシベンザイン　142, 144
(−)-メントン　129

MOP　50, 72, 76
モノヒドリド(monohydride)機構
　　　　　114, 120
モリブデン触媒
　——を使うクロスメタセシス　96
モリブデンイミドアルキリデン錯体
　　　　　89
モリブデントリアミド錯体　110
Monsanto 法　43

## や 行

矢印表記　126

有機亜鉛化合物　50
有機ケイ素化合物　56
有機スズ化合物　55
有機ホウ素化合物　50

p-ヨードアニソール　55, 58
o-ヨードアニリン　36, 40
p-ヨードトルエン　58
o-ヨードフェノール　40

## ら〜わ

立体選択的
　——ヒドロホウ素化　52
立体選択的水素化分解　61
量論的 Heck 反応　83

リン求核剤
　——のアリール化　74

ルテナシクロブタン　93〜95, 101
ルテナシクロブテン　103, 106
ルテニウム–ジアミン錯体　125
ルテニウム錯体　119, 125

ルテニウム(Ⅱ)ジカルボキシラト錯体
　119
Ru–BINAP 錯体　116, 118, 121, 123, 130
ルテニウムメチリデン錯体　93
ルテニウムモノヒドリド錯体
　——の生成　120

Reformatsky 反応剤　45, 50

六員環エーテル　100
ロジウムカルボニル　133
Rh–BINAP 錯体　116〜118

Wacker 反応　28, 33, 79〜81

辻 二郎
つじ じろう

1927 年 滋賀県に生まれる
1951 年 京都大学理学部 卒
東レ(株)基礎研究所 研究主幹，東京工業大学工学部 教授
岡山理科大学工学部 教授，倉敷芸術科学大学 教授を歴任
東京工業大学名誉教授
専攻 有機合成化学
Ph.D. (米国コロンビア大学)


第1版 第1刷 2008 年 2 月 25 日 発行
第4刷 2016 年 7 月 1 日 発行

### 有機合成のための遷移金属触媒反応

© 2 0 0 8

| 編　集 | 公益社団法人 有機合成化学協会 |
| --- | --- |
| 著　者 | 辻　二　郎 |
| 発行者 | 小　澤　美奈子 |
| 発　行 | 株式会社東京化学同人 |

東京都文京区千石3丁目36-7(〒112-0011)
電話 (03) 3946-5311・FAX (03) 3946-5317
URL: http://www.tkd-pbl.com/

印　刷　大日本印刷株式会社
製　本　株式会社 松岳社

ISBN978-4-8079-0681-9
Printed in Japan
無断転載および複製物(コピー、電子データなど)の配布、配信を禁じます．